首批国家一流本科课程配套教材

“十三五”江苏省高等学校重点教材　编号：2018-2-026

大 学 物 理

（核心知识）

周雨青

刘　甦　董　科　彭　毅　侯吉旋　**编著**

东南大学出版社
SOUTHEAST UNIVERSITY PRESS

·南京·

内 容 简 介

《大学物理（核心知识）》立体化教材根据教育部高等学校物理学与天文学教学指导委员会 2010 年颁布的"理工科类大学物理课程教学基本要求"，将课堂教学内容分解为 76 条知识点(66 条核心内容、10 条扩展内容)，涵盖了力学、振动与波、热学、电磁学、波动光学、狭义相对论基础、量子物理基础的内容。本教材辅以近 100 个富媒体资料，包括了彩图、动画、视频，以帮助学习者更好地理解所学知识，增加教材的可读性和趣味性。本教材可供全日制非物理专业理工科学生使用，亦可为在线学习大学物理专题 MOOC 的学习者提供阅读与参考。

图书在版编目(CIP)数据

大学物理. 核心知识/周雨青等编著. —南京：东
南大学出版社，2019.4(2022.8 重印)
ISBN 978 - 7 - 5641 - 8127 - 7

Ⅰ. ①大⋯　Ⅱ. ①周⋯　Ⅲ. ①物理学-高等
学校-教材　Ⅳ. ①O4

中国版本图书馆 CIP 数据核字(2018)第 261614 号

大学物理(核心知识)

周雨青　刘　甦　董　科　彭　毅　侯吉旋　**编著**

出版发行	东南大学出版社
社　　址	南京市四牌楼 2 号　邮编：210096
出 版 人	江建中
责任编辑	夏莉莉
网　　址	http://www.seupress.com
经　　销	全国各地新华书店
印　　刷	江苏扬中印刷有限公司
版　　次	2019 年 4 月第 1 版
印　　次	2022 年 8 月第 4 次印刷
开　　本	787 mm×1 092 mm　1/16
印　　张	17.5
字　　数	322 千
书　　号	ISBN 978-7-5641-8127-7
定　　价	40.00 元

本社图书若有印装质量问题，请直接与营销部联系。电话(传真)：025-83791830

前　言

本教材的编写思路来源于江苏省在线开放课程的立项项目"大学物理专题MOOC"的成功运营:课程于2017年9月11日在中国大学MOOC平台上线开课。开课伊始,吸引了上万学生的关注和学习,以不同IP地址为指标的统计,该课程共吸引了176所高校过万人学习。这一现象引起了我们团队的思考:富媒体的运用有助于推动学生的学习! 建设《大学物理(核心知识)》立体化教材的想法应运而生。

《大学物理(核心知识)》立体化教材根据教育部高等学校物理学与天文学教学指导委员会2010年颁布的"理工科类大学物理课程教学基本要求",将课堂教学内容分解为76条知识点(66条核心内容、10条扩展内容),保证了知识点的完整性和系统性,并且为了让更多读者获益,这本教材还应该有一定的普适性,因此确定以下编写原则和特色:

(1) 教材的深度适中偏下。考虑到知识点的有用性,我们对知识点的阐述尽可能简洁,不做很深入的推导与讨论,比如电磁学中的各定理、定律和近代物理中的各理论等。

(2) 教材章节缩编。一般大学物理的教材有十四五章左右,我们确定的章节是七章,力学和电磁学部分做了较大的缩编,以配合少学时教学和自学的需要。

(3) 彩图、动画、视频大量融合。教材以二维码形式将"大学物理专题MOOC"中的35个视频全部有机结合在教材中,这样能将课程与教材直接拉近到"零距离",除此之外,还有配合知识点的彩图和动画,全书的富媒体资料约为100个。这为本教材提供了丰富的"附加值",增加了可读性和趣味性。

本教材可为普通高等院校在校学生提供50～80学时的教学内容,也可为学习"大学物理专题MOOC"的学生提供较全面的知识储备,希望能获得教师和学生的认可与接受。

全书编写工作分工如下:周雨青负责第一章至第三章、刘甦负责第四章、董科负责第五章、彭毅负责第六章、侯吉旋负责第七章,周雨青做全书统稿工作。

感谢东南大学出版社对本教材建设的支持。同时感谢东南大学计算机软件学院的白丰硕、刘骁、高语伦和叶绵四位同学,他们为我们修编了"大学物理专题MOOC"视频之外的所有动画和视频。感谢东南大学教务处原处长雷威教授,是他的关怀与包容成就了我们的选题——"大学物理专题MOOC",使我们得以突破传统课程的概念,以专题的形式出现在"中国大学MOOC"平台。最后感谢教务处所有领导,有了领导们的关心,本教材才能被列入东南大学2018年重点建设教材,并获2018年江苏省高等学校重点教材立项!

编者:周雨青

2018年8月于成贤小楼

目　　录

第一章　力学 ··· 1
  1-1　质点运动的描述　相对运动 ························· 1
  1-2　牛顿运动定律及其应用 ····························· 9
  1-3　非惯性系　惯性力 ································· 23
  1-4　质点系的动量定理和动量守恒 ··················· 25
  1-5　功　保守力的功　动能定理　机械能守恒 ········· 32
  1-6　对称性与守恒定律 ································· 44
  1-7　刚体定轴转动 ····································· 46
  1-8　理想液体的流动和伯努利方程 ··················· 62
  习题 ··· 66

第二章　振动与波 ··· 70
  2-1　简谐振动　旋转矢量法 ··························· 70
  2-2　阻尼、受迫振动　共振 ··························· 77
  2-3　一维简谐振动的合成　拍 ························· 81
  2-4　机械波　简谐波波函数 ··························· 84
  2-5　惠更斯原理　波的衍射 ··························· 90
  2-6　波的叠加原理　波的干涉和驻波 ················· 91
  2-7　多普勒效应 ······································· 99
  习题 ·· 101

第三章　热学 ·· 106
  3-1　理想气体状态方程 ······························ 106
  3-2　理想气体压强和温度 ···························· 108
  3-3　能量均分定理 ·································· 111
  3-4　麦克斯韦速率分布律 ···························· 113
  3-5　气体分子的平均自由程和平均碰撞频率 ·········· 115
  3-6　热力学第一定律　典型热力学过程 ·············· 118
  3-7　卡诺循环　热机效率　制冷系数 ················ 125
  3-8　热力学第二定律　熵与熵增原理 ················ 127

习题 ·· 131

第四章　电磁学 ·· 134

4-1　库仑定律　电场强度及其叠加原理 ·········· 134

4-2　静电场的高斯定律 ································ 141

4-3　电势　电势叠加原理　静电场的环路定理 ·········· 148

4-4　导体的静电平衡　电容 ·························· 153

4-5　稳恒电流　磁感强度　毕奥-萨伐尔定律 ·········· 159

4-6　恒定磁场的高斯定理和安培环路定理 ·········· 164

4-7　安培定律　洛伦兹力 ···························· 169

4-8　法拉第电磁感应定律 ···························· 173

4-9　动生电动势和感生电动势 ······················ 174

4-10　自感　互感和磁场能 ·························· 176

4-11　位移电流　麦克斯韦方程组的积分形式 ·········· 180

习题 ·· 182

第五章　波动光学 ·· 185

5-1　相干光 ··· 185

5-2　光的干涉 ··· 186

5-3　光的衍射 ··· 195

5-4　光的偏振 ··· 201

习题 ·· 207

第六章　狭义相对论基础 ·· 209

6-1　经典力学的相对性原理　伽利略变换 ·········· 209

6-2　狭义相对论的基本原理　洛伦兹变换 ·········· 213

6-3　狭义相对论的时空观 ···························· 219

6-4　狭义相对论动力学 ······························· 224

习题 ·· 236

第七章　量子物理基础 ·· 240

7-1　波粒二象性　薛定谔方程 ······················ 241

7-2　原子与光谱 ·· 255

习题 ·· 266

习题答案 ·· 268

参考文献 ·· 274

第一章　力　学

机械力学通常可分为运动学和动力学两部分。运动学只描述物体的运动状态随时间的变化规律，而不涉及引起运动和改变运动的原因；动力学则研究物体的运动与物体间相互作用的内在联系。

本章主要讨论的内容包括质点力学、刚体力学和部分的流体基本概念。质点、刚体和理想流体都是理想的物理模型，其中尤以质点模型最为重要，刚体模型可看作没有相对运动的质点的集合（质点系），理想流体可看成能流动的质点集合体。

1-1　质点运动的描述　相对运动

1-1-1　参照系　坐标系

运动是物体存在的形式，是物质的固有属性，这称为**运动的绝对性**。但选择不同的物体作为参照物来描述同一个物体的运动，其结果往往是不同的。例如，当你在行驶的车上伸手向车窗外释放一颗石头，在你看来这颗石头将向下做（近匀加速）直线运动。而对于静止于地面上的观察者来说，这颗石头做（近）平抛运动，其运动轨迹为（近）抛物线。又如，人造地球卫星的运动，若以地球为参照物，其运动轨道是圆或椭圆，如图 1-1(a)所示；如果以太阳为参照物，卫星的运动轨道则是形如图 1-1(b)所示的复杂曲线。这种以不同物体作为参照物，得出对同一物体运动的不同描述，称为**运动描述的相对性**。由于运动的描述具有相对性，因此在描述一个物体的运动时，必须首先选择一物体作为参照物。例如，要观察轮船在大海中的航行，可以选择海岸、灯塔甚至恒星作为参照物。这种研究物体运动时被选作参照物的物体，称为**参照系**。同一物体的运动，由于参照系不同，对其运动的描述就不同。当我们描述一个物体的运动时，必须指明是相对于哪个参照系。

为了定量地表示出一个物体在各时刻相对于参照系的精确位置，通常还需要建立一个固定在参照系上的坐标系，运动物体

动画:参照系

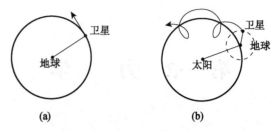

图 1-1　不同参照系中的卫星轨道

的位置就由它在坐标系中的坐标值决定。可以选择的坐标系有多种，如直角坐标系、极坐标系、自然坐标系、球坐标系等。选择合适的坐标系，可以大大方便问题的求解。在讨论直线运动、抛体运动时，通常选择直角坐标系，而在讨论圆周运动、刚体的定轴转动时，采用极坐标系更方便。

1-1-2　质点

　　任何物体都有一定的大小和形状。但是在很多情况下，由于物体的大小和形状与所研究的问题关系很小，在研究这类问题时，物体的大小和形状可以不加考虑。例如地球在绕太阳公转的同时，也绕地轴自转，地球上的各点相对于太阳的运动是各不相同的。但是由于地球到太阳的距离为地球直径的十万多倍，所以在研究地球的公转时，地球的大小和形状可不加考虑地当作**质点**来处理。所谓质点，是指只有质量而没有大小、形状和结构的点，是一个理想模型。一个物体是否可以看成质点，应根据具体问题而定。

　　研究质点具有普遍的意义。当物体的大小和形状不可以忽略时，常把物体看作是由无数个质点组成的质点系。通过分析质点系内所有质点的运动，可以弄清整个物体的运动，研究质点的运动是研究一般物体运动的基础，所以质点是物理学中一个非常重要的物理模型。

1-1-3　质点运动的描述

　　1. 位置矢量　运动方程

　　为了研究质点的运动情况，首先需要知道质点在任意时刻的位置。在直角坐标系中，为了确定一个运动质点 P 在任意时刻 t 所在的位置，可以用三个坐标 x、y、z 来表示。当质点的位置随时间变化时，x、y、z 都是时间 t 的函数，即

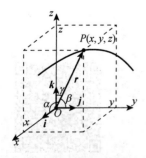

图 1-2　位置矢量

$$x = x(t), y = y(t), z = z(t) \tag{1-1}$$

确定一个质点的位置,也可以用从原点 O 指向 P 点的有向线段 r 来表示。r 称为质点的**位置矢量(位矢)**,又称为**矢径**,如图 1-2 所示。在直角坐标系中位矢 r 可以表示成

$$r = r(t) = x(t)i + y(t)j + z(t)k \qquad (1-2)$$

式中 i、j、k 分别为沿坐标轴 x、y、z 三个方向的单位矢量。

位置矢量 r 的大小为

$$r = |r| = \sqrt{x^2 + y^2 + z^2} \qquad (1-3)$$

它表示质点离坐标原点的距离,而位置矢量 r 的方向可用其与三个坐标轴之间的夹角的余弦表示

$$\cos \alpha = \frac{x}{r}, \cos \beta = \frac{y}{r}, \cos \gamma = \frac{z}{r} \qquad (1-4)$$

式(1-1)或者式(1-2)称为**质点的运动方程**。如果知道了运动方程,质点的运动就完全确定了。根据具体问题的条件,求解质点的运动方程是力学的基本任务之一。

质点在运动过程中,在空间所经历的路径称为**轨迹**。从式(1-1)中消去时间 t,就可以得到质点的轨迹方程。质点若做平面运动或一维直线运动,则在上式中分别减少一个或两个坐标变量即可。

2. 位移

知道了质点的运动方程,就可以讨论质点的位置随时间的变化。设一质点在 xOy 平面内沿图 1-3 所示的曲线轨迹 AB 运动。t 时刻,质点的位置在始点 A 处,$t + \Delta t$ 时刻,质点运动到终点 B 处。则 A、B 间曲线的长度 Δs 称为质点在 Δt 时间内走过的**路程**。实际上,质点从始点 A 到达终点 B 可以有很多条路径,但出发地到目的地的直线距离和出发地指向目的地的方向是唯一的,此即称为位置的变化。在讨论质点的运动时,更重要的是要知道它的位置的变化。

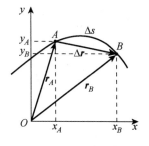

图 1-3 位移矢量

因此,我们由质点的初位置 A 向末位置 B 引一个矢量 Δr,用它来表示质点位置的变动,其矢量的大小为位置改变的大小,方向为位置改变的方向。矢量 Δr 叫作质点在给定时间间隔 $t \rightarrow t + \Delta t$ 内的**位移矢量**,简称位移。记作

$$\Delta r = r(t + \Delta t) - r(t) = r_B - r_A \qquad (1-5)$$

因此质点在 $t \rightarrow t + \Delta t$ 时间内的位移 Δr 等于质点在这段时间内位置矢量的增量。

考虑到式(1-2),位移矢量 Δr 也可写成

$$\Delta r = r_B - r_A = (x_B - x_A)i + (y_B - y_A)j \qquad (1-6)$$

位移矢量的大小为

$$|\Delta r| = \sqrt{(x_B - x_A)^2 + (y_B - y_A)^2}$$

位移矢量的方向可由它与 x 轴之间的夹角 α 确定，即

$$\tan \alpha = \frac{y_B - y_A}{x_B - x_A}$$

需要特别注意的是，路程 Δs 和位移 Δr 是两个完全不同的概念。路程 Δs 是标量而位移 Δr 是矢量，位移只反映在一段时间内质点位置变动的总效果，它并不代表质点实际走过的路程。在国际单位制中，位置矢量、位移和路程的常用单位是米（m）。

3. **质点运动的速度**

为简单起见，我们只讨论质点在一平面（如 xOy 平面）上的运动情况。设时刻 t，质点位于 A 点，时刻 $t + \Delta t$，它沿曲线 AB 运动到 B 点（图1-3），则该质点在 Δt 时间内的位移 Δr 是（见式1-6）

$$\begin{aligned} \Delta r &= r_B - r_A = (x_B - x_A)i + (y_B - y_A)j \\ &= \Delta x i + \Delta y j \end{aligned} \qquad (1-7)$$

我们把位移 Δr 与时间 Δt 之比，定义为在时间 Δt 内质点的**平均速度**，用矢量 $\bar{v}$ 表示

$$\bar{v} = \frac{\Delta r}{\Delta t} \qquad (1-8)$$

平均速度的大小等于 $|\Delta r|/\Delta t$，其方向与位移 Δr 的方向相同，即由 A 指向 B 的方向。平均速度只能反映质点在 Δt 时间内运动的平均情况，为了精确地描述质点在轨道上每一点的运动情况，把 $\Delta t \to 0$ 时平均速度 $\bar{v}$ 的极限称为质点在某一时刻的**瞬时速度**，简称**速度**，用矢量 v 表示

$$v = \lim_{\Delta t \to 0} \frac{\Delta r}{\Delta t} = \frac{dr}{dt} \qquad (1-9)$$

式（1-9）表明，瞬时速度等于位置矢量对时间的一阶导数。

由图1-4可见，当质点沿着某曲线从 A 向 B 运动时，位移 Δr 以及平均速度 $\bar{v}$ 沿割线的方向。当 $\Delta t \to 0$ 时，割线趋向于轨迹曲线的切线方向。因此，质点瞬时速度 v 的方向总是沿着轨迹上质点所在点的切线方向。

在平面直角坐标系中，位置矢量为式（1-2），则按式（1-9），瞬时速度可表示为

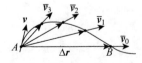

图1-4　瞬时速度的方向

$$v = \frac{dx}{dt}\boldsymbol{i} + \frac{dy}{dt}\boldsymbol{j} = v_x\boldsymbol{i} + v_y\boldsymbol{j} \qquad (1\text{-}10)$$

式中 $v_x = \dfrac{dx}{dt}$ 和 $v_y = \dfrac{dy}{dt}$ 为速度沿 x 轴和 y 轴的分量。

速度的方向由它与 x 轴正方向之间的夹角 θ 给定

$$\tan\theta = \frac{v_y}{v_x} \qquad (1\text{-}11)$$

动画:平均速度和
平均速率

瞬时速度的大小称为**瞬时速率**,简称**速率**,用字母 v 表示,其数值为

$$v = |\boldsymbol{v}| = \sqrt{v_x^2 + v_y^2} \qquad (1\text{-}12)$$

当 $\Delta t \to 0$ 时,位移的大小 $|\Delta\boldsymbol{r}|$ 可认为与路程 Δs 相等,所以

$$v = |\boldsymbol{v}| = \lim_{\Delta t \to 0}\frac{|\Delta\boldsymbol{r}|}{\Delta t} = \lim_{\Delta t \to 0}\frac{\Delta s}{\Delta t} = \frac{ds}{dt} \qquad (1\text{-}13)$$

式(1-13)表明,速率等于路程对时间的一阶导数。

4. 质点运动的加速度

一般来说,质点做曲线运动时,其速度矢量的大小和方向都会随时间变化,用加速度这一物理量来表示速度随时间变化的快慢情况。设在 t_1 时刻,质点在 A 处,速度为 $\boldsymbol{v}_1$,在 t_2 时刻,质点在 B 处,速度为 $\boldsymbol{v}_2$,见图 1-5。在 $\Delta t = t_2 - t_1$ 时间内,质点速度的大小和方向都发生了变化,速度在 Δt 时间内的增量应由矢量减法来表示,即

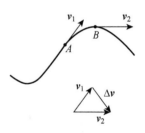

图 1-5　速度增量

$$\Delta\boldsymbol{v} = \boldsymbol{v}_2 - \boldsymbol{v}_1 \qquad (1\text{-}14)$$

$\Delta\boldsymbol{v}$ 和 Δt 之比可以反映出在 Δt 时间内质点速度变化的平均情况,称为**平均加速度**,用矢量 $\bar{\boldsymbol{a}}$ 表示

$$\bar{\boldsymbol{a}} = \frac{\Delta\boldsymbol{v}}{\Delta t} \qquad (1\text{-}15)$$

为了精确描述质点在某一时刻速度变化的情况,把 $\Delta t \to 0$ 时平均加速度的极限称为质点在某一时刻的**瞬时加速度**,简称为**加速度**,用矢量 $\boldsymbol{a}$ 来表示,即

$$\boldsymbol{a} = \lim_{\Delta t \to 0}\frac{\Delta\boldsymbol{v}}{\Delta t} = \frac{d\boldsymbol{v}}{dt} = \frac{d^2\boldsymbol{r}}{dt^2} \qquad (1\text{-}16)$$

也就是说,加速度等于速度对时间的一阶导数,或位置矢量对时间的二阶导数。

在平面直角坐标系中,加速度可表示为

$$a = \frac{\mathrm{d}v_x}{\mathrm{d}t}i + \frac{\mathrm{d}v_y}{\mathrm{d}t}j = \frac{\mathrm{d}^2x}{\mathrm{d}t^2}i + \frac{\mathrm{d}^2y}{\mathrm{d}t^2}j = a_x i + a_y j \quad (1-17)$$

式中, $a_x = \frac{\mathrm{d}v_x}{\mathrm{d}t} = \frac{\mathrm{d}x^2}{\mathrm{d}t^2}$ 和 $a_y = \frac{\mathrm{d}v_y}{\mathrm{d}t} = \frac{\mathrm{d}y^2}{\mathrm{d}t^2}$ 为加速度沿 x 轴和 y 轴的分量。

加速度的大小为

$$a = |a| = \sqrt{a_x^2 + a_y^2} \quad (1-18)$$

加速度的方向就是当 $\Delta t \to 0$ 时,平均加速度速度 $\Delta v/\Delta t$ 或速度增量 Δv 的极限方向,它由加速度矢量 a 与 x 轴正方向之间的夹角 θ 确定

$$\tan \theta = \frac{a_y}{a_x} \quad (1-19)$$

需要注意的是,与直线运动不同,曲线运动中速度的方向总在不断变化。由图 1-5 可见,速度增量 Δv 的方向及其极限方向一般不在轨道的切线方向,因而曲线运动中,加速度 a 的方向与同一时刻速度 v 的方向一般是不一致的,即加速度的方向一般不指向轨道的切线方向。

例 1-1 质点运动方程为

$$r = 2ti + (4t^2 + 2)j$$

式中 r 的单位为 m, t 的单位为 s。试求:

(1) 质点运动的轨迹方程;

(2) 质点在 $t = 1$ s 至 $t = 3$ s 内的位移;

(3) 速度的直角坐标分量表达式;

(4) 加速度的直角坐标分量表达式。

解 (1) 由题意可知, $x = 2t$, $y = 4t^2 + 2$,消去 t 可得抛物线轨迹方程为

$$y = x^2 + 2$$

(2) 将 $t = 1$ s 和 $t = 3$ s 代入位矢的表达式,得

$$r(t = 1 \text{ s}) = 2i + 6j$$
$$r(t = 3 \text{ s}) = 6i + 38j$$

因此,质点在 $t = 1$ s 至 $t = 3$ s 内的位移为

$$\Delta r = r(t = 3 \text{ s}) - r(t = 1 \text{ s}) = 4i + 32j$$

（3）速度的 x 和 y 方向分量分别为

$$v_x = \frac{\mathrm{d}x}{\mathrm{d}t} = 2 \text{ m} \cdot \text{s}^{-1} , \ v_y = \frac{\mathrm{d}y}{\mathrm{d}t} = 8t \text{ m} \cdot \text{s}^{-1}$$

可得速度的大小为

$$v = \sqrt{v_x^2 + v_y^2} = 2\sqrt{1 + 16t^2}$$

（4）加速度的 x 和 y 方向分量分别为

$$a_x = \frac{\mathrm{d}v_x}{\mathrm{d}t} = 0, \ a_y = \frac{\mathrm{d}v_y}{\mathrm{d}t} = 8 \text{ m} \cdot \text{s}^{-2}$$

因此，加速度恒定，其大小为

$$a = \sqrt{a_x^2 + a_y^2} = 8 \text{ m} \cdot \text{s}^{-2}$$

1-1-4 相对运动

质点运动的轨迹因参照系（观察者）的不同选择而不同。我们研究物体运动时，通常总是选取地球或者相对于地球静止的物体作参照系（称为**实验室参照系**），但也可以选取相对于地球运动的物体作参照系。由于运动的描述是相对的，因此，同一物体的运动，在不同的参照系中有不同的描述。例如，在无风的雨天，坐在车内的旅客看到雨滴的运动情况是随着车辆运动情况的不同而变的。当车辆静止时，旅客若看到雨滴是竖直下落的，则当车辆运动时，旅客看到雨滴运动的轨迹是倾斜的，车速越快，雨滴运动的轨迹倾斜得越厉害。在不同的参照系中对同一物体运动的不同描述之间存在着什么变换关系呢？

设有两个参照系，一个为 S 系（即 xOy 坐标系），另一个为 S' 系（即 $x'O'y'$ 坐标系）。两参照系的各对应坐标轴保持相互平行，参照系 S' 相对于 S 以速度 $\boldsymbol{u}$ 沿 x 轴正向做匀速直线运动，$t = 0$ 时刻，S 和 S' 系完全重合，则在 t 时刻，$OO' = ut$（图 1-6）。设 t 时刻，质点 P 在 S 系中的位置矢量是 $\boldsymbol{r}$，在 S' 系中是 $\boldsymbol{r}'$，由图 1-6 中的矢量关系可知

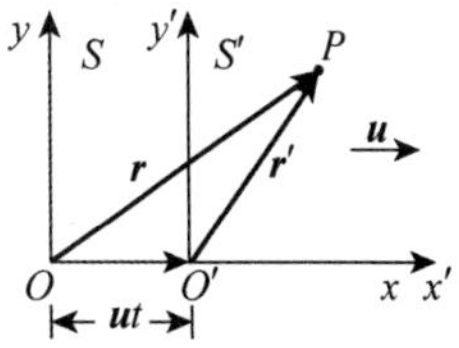

$$\boldsymbol{r} = \boldsymbol{r}' + \boldsymbol{u}t \tag{1-20}$$

对式（1-20）求时间的一阶导数，有

$$\frac{\mathrm{d}\boldsymbol{r}}{\mathrm{d}t} = \frac{\mathrm{d}\boldsymbol{r}'}{\mathrm{d}t} + \boldsymbol{u}$$

即

图 1-6 相对运动

$$v = v' + u \qquad (1\text{-}21)$$

其中,v 是质点相对于 S 系的速度,v' 是质点相对于 S' 系的速度。式(1-21)的物理意义是:质点相对于 S 系的速度等于它相对于 S' 系的速度与 S' 系相对于 S 系的速度的矢量和。

再对式(1-21)求时间的一阶导数,并考虑到 S' 系相对于 S 系做匀速直线运动,u 为常矢量,有

$$\frac{\mathrm{d}v}{\mathrm{d}t} = \frac{\mathrm{d}v'}{\mathrm{d}t}$$

即

$$a = a' \qquad (1\text{-}22)$$

其中,a 是质点相对于 S 系的加速度,a' 是质点相对于 S' 系的加速度。

由上讨论可见,在两个相对做匀速直线运动的参照系中观察同一个质点的运动时,关于该质点的运动方程(或位置)和速度的描述是不同的,与两参照系的相对速度有关,但在两参照系中关于该质点的加速度的描述是完全相同的,这表明质点的加速度对于相互做匀速直线运动的各参照系来说是个绝对量。

动画:飞机投弹

式(1-20)、式(1-21)和式(1-22)三式给出了在两个以恒定的相对速度运动的参照系中,质点的位矢、速度和加速度之间的变换关系,称为**伽利略变换公式**。应当指出,这些变换公式并不是在任何情况下都是正确的,当质点的速率接近于光速时,伽利略变换公式应由洛伦兹变换公式代替。关于这一点将在狭义相对论中加以论述。

例 1-2 一艘小船要横渡一条宽 D 为 200 m 的大河,河水的流速是1.5 m/s,流动方向平行于河岸,小船相对于静水的行驶速率是 2.0 m/s,见图 1-7。

(1)如果小船向着正对岸驶去,要用多少时间到达对岸?到达对岸的位置偏离正对方多少距离?

(2)如果要使小船到达正对岸,小船应如何行驶?用多少时间到达对岸?

解 以小船为研究对象,设河岸为参照系 S,流动的河水为参照系 S',则小船在 S' 系中的速度是其相对于静水的航速 v',在 S 系中的速度是其相对于河岸的速度 v,S' 相对于 S 的速度 u 就是河水的流速。由式(1-21)

$$v = v' + u$$

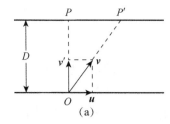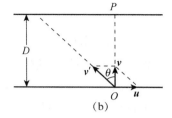

图 1-7　例 1-2

（1）若小船向着正对岸行驶，则 v' 指向正对岸的 P 点，而 v 就指向偏下游的 P' 点，如图 1-7(a) 所示。小船到达对岸的时间

$$t = \frac{D}{v'} = \frac{200}{2.0} = 100 \text{ s}$$

偏离正对岸的距离

$$\overline{PP'} = ut = 1.5 \times 100 = 150 \text{ m}$$

（2）要使小船到达正对岸，则小船相对于河岸的速度 v' 应指向正对岸的 P 点，如图 1-7(b) 所示。这时小船相对于河水的航向应向上游偏 θ 角，且 $v' \sin \theta = u$，即

$$\sin \theta = \frac{u}{v'} = \frac{1.5}{2.0} = 0.75$$

解得

$$\theta = 48.6°$$

所以，小船到达正对岸的时间

$$t = \frac{D}{v' \cos \theta} = \frac{200}{2.0 \times \cos 48.6°} = 151 \text{ s}$$

动画：小船过河

1-2　牛顿运动定律及其应用

1687 年，牛顿在他的名著《自然哲学的数学原理》中提出了关于机械运动的三条规律，这三条定律称为**牛顿运动定律**。牛顿运动定律是质点动力学的基础，虽然牛顿运动定律一般只对质点才成立，但复杂物体原则上可以看成是由大量质点组成的系统，因此牛顿运动定律也是研究一般物体（如刚体、弹性体、流体等）机械运动的基础。

1-2-1　力

1. 力的基本概念

经验告诉我们,要使静止的物体开始运动,或使物体的运动速度发生改变,都需要对它施以某种作用。所以,对力这一概念的一般认识是:力是物体间的相互作用,只有在力的作用下,物体的运动状态才会发生变化。

力对物体的作用效果取决于三个因素,即力的大小、方向和作用点,称为**力的三要素**。对质点力学而言,由于不考虑物体的大小,所以力的作用点就可以看作是作用在物体的质心上,但是当物体的大小和形状必须考虑时,力作用在物体不同位置上的效果是不同的,比如在讨论刚体的定轴转动时,就必须要考虑力的作用点对刚体定轴转动的影响。

2. 力学中常见的几种力

(1) 万有引力和重力

宇宙中任意两个物体间都存在着相互吸引的力,称为**万有引力**。万有引力定律的表述如下:

在两个相距为 r、质量分别为 m_1、m_2 的质点间存在相互作用的引力,其方向沿着它们的连线,其大小与它们质量的乘积成正比,与它们之间距离的平方成反比,即

$$F = G\frac{m_1 m_2}{r^2} \tag{1-23}$$

式中 G 为普适常量,对任何物体都适用,叫作**万有引力常量**。万有引力常量最早是由英国物理学家卡文迪许于 1790 年由扭秤实验测出的。根据近代的实验测定:$G = 6.672 \times 10^{-11}$ N·m²/kg²。

需要指出的是,只有在物体的大小远小于物体间的距离时,即只有当物体可以看作质点时,万有引力定律才适用。若物体不能被看作质点,则可将两物体都看成是由许多质点所组成的质点系,这样,组成一个物体的所有质点对组成另一物体的所有质点的引力的合力,才是两物体间的万有引力。按照这种方法可以证明,一个质量均匀分布的球体对球外一质点的引力,或两个质量均匀分布的球体之间的引力,都可以将均匀球体看作是质量全部集中于球心的质点,可用式(1-23)来计算。这时,m_1、m_2 分别代表两球的质量,而 r 则为球心到球外质点,或两球心之间的距离。这就是说,两均匀球体之间的万有引力与把球的质量集中于球心的质点间的万有引力是完全一样的。

地球表面附近的物体受到地球施予的万有引力称为**重力**,

用 $\boldsymbol{P}$ 表示,其方向指向地心。

$$\boldsymbol{P} = m\boldsymbol{g} \tag{1-24}$$

式中,$g = G\dfrac{m_{\mathrm{E}}}{R^2}$ 称为**重力加速度**,m_{E} 为地球质量,一般取为 5.98×10^{24} kg,R 为地球半径,一般取为 6.38×10^6 m。代入后有 $g = 9.80$ m/s^2。

(2) 弹性力

物体在外力作用下发生形变时,在物体内部因企图恢复其原来的形状而产生的力称为**弹性力**。弹性力产生在相互接触的物体之间,其方向视物体形变的具体情况而定。弹性力是普遍存在的一种力,如被伸长或压缩的弹簧作用于物体上的力,绳子因被拉伸而作用在系于其末端物体上的力和放在桌子上的重物与桌面间的正压力和支持力等都属于弹性力。

如图 1-8 所示,设弹簧左端固定,右端与一物体相连。弹簧为原长时,物体位于坐标原点 O,此时由于弹簧没有形变,弹性力为零。若移动物体,使弹簧伸长或压缩了长度 x,则实验表明,在弹簧的形变量不是很大时,弹性力 $\boldsymbol{f}$ 的大小与弹簧伸长或压缩量 x 成正比,而弹性力 $\boldsymbol{f}$ 的方向和弹簧形变量 x 的方向相反,即

$$\boldsymbol{f} = -k\boldsymbol{x} \tag{1-25}$$

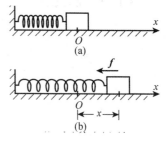

图 1-8　弹簧的弹性力

式 (1-25) 称为**胡克定律**,式中 k 称为弹簧的**劲度系数**,它的单位为牛 / 米(N/m)。

用力拉绳子时,绳子会(微小)形变,绳子内部会产生弹性力。如图 1-9 所示,设想在绳子上的某点 A 处,将绳子分为左右两段,则在 A 点两侧的绳子之间会互施弹性力 $\boldsymbol{T}$ 和 $\boldsymbol{T}'$,且 $T = T'$,这一对作用力和反作用力称为**张力**。如果绳子的质量可以忽略,则无论绳子是静止还是运动,其上各点处的张力都是相等的。

弹簧的弹性力

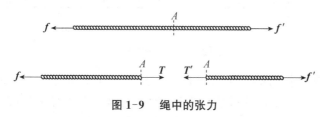

图 1-9　绳中的张力

正压力和支持力也是常见的弹性力。例如在图 1-10 中,一个重物 A 压在桌面 B 上,尽管重物和桌面产生的形变量小到难以察觉的地步,但它们之间仍可以产生很大的弹性力。物体对桌面

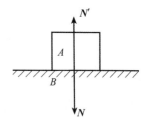

图 1-10　正压力和支持力

的作用力 **N** 和桌面对重物的作用力 **N′** 是一对作用力和反作用力。由于 **N** 垂直于重物和桌面的接触面，所以称为**正压力**，而将 **N′** 称为**支持力**。

（3）摩擦力

两个物体(指固体)相互接触，而且沿接触面的方向有相对滑动，或有相对滑动的趋势时，在接触面的切线方向产生的阻碍相对滑动的力，称为**摩擦力**。粗略地讲，摩擦力产生的原因是由于两物体的接触面不光滑。如果两个物体间接触面光滑，则不存在摩擦力。

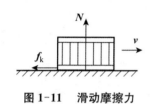

图 1-11 滑动摩擦力

当两个相互接触的物体间有相对滑动时(图 1-11)，在接触面间产生的与接触面平行的摩擦力称为**滑动摩擦力**，它的方向总是与相对滑动的方向相反。实验证明，当相对滑动的速度不是太大或太小时，滑动摩擦力 f_k 的大小与滑动的速度及接触面的大小无关，而与正压力成正比，即

$$f_k = \mu_k N \tag{1-26}$$

式中 μ_k 称为**滑动摩擦系数**，它与相接触的两个物体的表面材料和表面状况(如粗糙程度、干湿程度等)有关。当两个有接触面的物体没有相对滑动，而只有相对滑动趋势时，它们之间也有摩擦力产生，称为**静摩擦力**。静摩擦力的方向也与接触面平行，和一物体相对于另一物体的运动趋势方向相反。如图 1-12(a) 所示，用力推放在地面的重物，重物没有被推动，就是因为重物底面受到了与推力 **f** 方向(即与运动趋势方向)相反、大小相等的静摩擦力 f_s。亦如图 1-12(b)，静摩擦力沿传送带运动方向，以抵消重力向下的作用，使物体保持与传送带的相对静止。

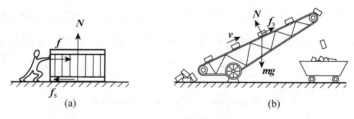

（a）　　　　　　　　　　（b）

图 1-12 静摩擦力

静摩擦力的大小可以是从零到某个最大值之间的任一数值，这个最大值叫作**最大静摩擦力**。当推力大于最大静摩擦力时，重物就会被推动。实验证明，最大静摩擦力 $f_{s\,max}$ 的大小也与两物体之间的正压力 N 成正比，即

$$f_{s\,max} = \mu_s N \tag{1-27}$$

式中 μ_s 称为**静摩擦系数**,它也取决于物体接触面的材料和表面状况。对于相同的两个接触面,静摩擦系数 μ_s 总是大于滑动摩擦系数 μ_k。在求解某些问题时,当静摩擦系数和滑动摩擦系数差别不大时,对两者可不加以区分,而用摩擦系数 μ 表示。

1-2-2　牛顿第一定律

牛顿在伽利略等人研究成果的基础上,第一次用概括性的语言把力与物体运动状态变化的关系表达为

任何物体都将保持静止或匀速直线运动状态,直到其他物体对它的作用力迫使它改变这种状态为止。

这就是**牛顿第一定律**,用数学形式可表示为

$$F = 0 \text{ 时} , v = \text{恒矢量} \qquad (1-28)$$

牛顿第一定律说明,当物体的静止或匀速直线运动状态发生改变时,必定受到了其他物体对它的作用,即力不是维持运动的原因,而是改变运动(即获得加速度)的原因。但完全不受力的物体是不存在的。例如,一个静止于地面的物体,会受到重力和地面支持力的作用,物体之所以静止,是因为重力和支持力大小相等方向相反,使物体受到的合力为零;又比如,沿平直路面匀速直线行驶的汽车,在水平方向要受到牵引力的作用,但该牵引力被地面的摩擦力所平衡。所以,一个物体是否保持静止或做匀速直线运动,关键要看它所受到的各个作用力是否相互平衡,即要看它所受到的合力是否为零。如果合力为零,则物体保持静止或做匀速直线运动。物体具有保持其运动状态不变的特性称为**惯性**,所以牛顿第一定律也称为**惯性定律**。

1-2-3　牛顿第二定律

牛顿第一定律指出,力是物体运动状态发生变化的原因。牛顿第二定律则在第一定律的基础上,进一步阐明了力与物体运动状态变化之间的关系。

设有一个物体,在合外力 $F = \sum_{i=1}^{n} F_i$ 的作用下做加速运动。实验表明:物体加速度 a 的大小与作用在物体上的合外力 F 的大小成正比,且加速度的方向与合外力的方向相同,即

$$a \propto F \qquad (1-29)$$

式(1-29)给出了一个物体所受的合外力与物体所获得的加速度的关系。如果我们以一定的合外力 F 作用在不同的物体

上,各物体获得的加速度是不同的。获得加速度大的物体,说明其运动状态较易改变,我们称其为惯性较小;反之,获得加速度小的物体,其运动状态不易改变,称其为惯性较大。度量物体惯性大小的物理量,称为物体的**质量**,以 m 表示。实验发现:在相等合外力的作用下,各物体获得的加速度的大小与其质量成反比,即

$$a \propto \frac{1}{m} \tag{1-30}$$

归纳以上两方面的实验结果,可得出如下结论:

物体受到合外力作用时,物体所获得的加速度的大小与作用在物体上的合外力的大小成正比,与物体的质量成反比;加速度的方向与合外力的方向相同。

在各物理量皆以国际单位为准时,**牛顿第二定律**的数学表达式可写为

$$\boldsymbol{F} = m\boldsymbol{a} \tag{1-31}$$

式(1-31)也常称为**质点动力学方程**。从这个方程出发,在已知合外力和物体质量的情况下,可以求出受力物体的加速度,从而进一步可求出物体的速度和位置与时间的关系。在应用牛顿第二定律时,应注意以下几点:

(1) 牛顿第二定律只适用于质点的运动。

(2) 牛顿第二定律表示的合外力与加速度之间的关系是瞬时关系,也就是说,加速度只有在合外力作用时才出现,合外力改变时,加速度也随之改变。当合外力为零时,物体的加速度也为零,保持原有的运动状态不变。

(3) 式(1-31)是矢量式,在实际应用时,常常要用它的分量式,例如在直角坐标系 xOy 中,物体所受到的合外力可以分解为在 x 方向和 y 方向的分量

$$F_x = \sum_{i=1}^{n} F_{ix}, \quad F_y = \sum_{i=1}^{n} F_{iy}$$

而式(1-31)在 x 轴和 y 轴上的分量式为

$$F_x = ma_x$$
$$F_y = ma_y \tag{1-32}$$

其中 a_x 和 a_y 分别表示物体的加速度在 x 轴和 y 轴上的分量。

1-2-4 牛顿第三定律

通常把两个物体间相互作用的一个力称为**作用力**,而把另

一个力称为**反作用力**。**牛顿第三定律**就是表明它们之间的相互关系的。牛顿第三定律内容的表述如下：

两个物体之间的作用力 F 和反作用力 F' 沿同一直线，大小相等，方向相反，分别作用在两个物体上（图 1-13）。其数学表达式为

$$F = -F' \qquad (1-33)$$

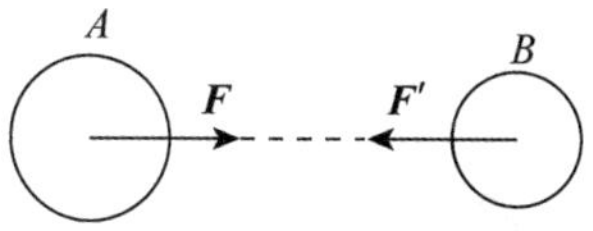

图 1-13　作用力和反作用力

为了更好地掌握牛顿第三定律，需要注意以下几点：

（1）作用力和反作用力同时存在，也同时消失。没有作用力就没有反作用力，反之亦然。

（2）不管相互作用的两个物体是静止还是运动，作用力和反作用力的大小总是相等。

（3）作用力和反作用力是分别施于两个不同物体上的，因此不能相互抵消。

（4）作用力和反作用力是性质相同的力。如果作用力是万有引力，或弹性力，或摩擦力，则反作用力一定也是相应的这些力。

牛顿定律并不是在任何参照系中都成立的。我们称牛顿定律成立的参照系为**惯性参照系**，简称**惯性系**。牛顿定律不能成立的参照系称为**非惯性参照系**。相对于一个惯性系做匀速直线运动的所有参照系也都是惯性系。

1-2-5　牛顿运动定律的应用

应用牛顿运动定律可以解决两类问题。一类是已知物体所受的外力，求其运动的加速度，从而可以进一步求解其运动的速度和运动学方程；另一类是已知物体的运动情况，比如，已知物体的位置或速度随时间变化的函数关系，可求出其加速度，从而求出物体所受的力。

例 1-3　如图 1-14(a) 所示，一细绳跨过一个定滑轮，绳的两端各悬挂质量分别为 m_1 和 m_2 的物体，其中 $m_1 < m_2$，定滑轮固定在转轴上，这种装置称为阿特伍德机。设定滑轮和绳子的质量以及它们之间的摩擦力均可忽略不计，绳子无伸缩性。试求物体的加速度和绳子中的张力。

解　这是一个已知受力情况求物体运动的问题。选地面为参照系，x 轴竖直向上为正方向。以两个物体为研究对象，分别画出它们的受力图，见图 1-14(b)。

由于 $m_1 < m_2$，所以物体 m_1 在绳子张力 T_1 和重力 $m_1 g$ 的作用下，以加速度 a_1 向上运动，根据牛顿第二定律

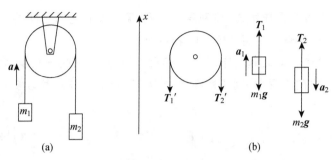

图 1-14　例 1-3

$$T_1 - m_1 g = m_1 a_1 \qquad ①$$

物体 m_2 在绳子张力 T_2 和重力 $m_2 g$ 的作用下,以加速度 a_2 向下运动,所以有

$$T_2 - m_2 g = -m_2 a_2 \qquad ②$$

由于绳子无伸缩性,所以物体 m_1 向上运动的加速度和物体 m_2 向下运动的加速度在数值上相等,即 $a_1 = a_2 = a$。另外,在忽略定滑轮和绳子质量的情况下,作用于定滑轮两侧绳子的张力 $T_1' = T_2'$,而物体作用于绳子的拉力 T_1' 和 T_2' 是绳子作用于物体的拉力 T_1 和 T_2 的反作用力,在数值上也相等,即

$$T_1' = T_1 = T, \quad T_2' = T_2 = T$$

由上讨论,可将 ①、② 两式写作

$$T - m_1 g = m_1 a \qquad ③$$

$$T - m_2 g = -m_2 a \qquad ④$$

联立求解方程 ③、④ 可得

$$a = \frac{m_2 - m_1}{m_1 + m_2} g$$

$$T = \frac{2 m_1 m_2}{m_1 + m_2} g$$

视频:一个古老的例题

例 1-4　如图 1-15(a) 所示,水平地面上有一质量为 $m = 60\ \text{kg}$ 的木箱。木箱受到一个与地面成 $\theta = 30°$ 仰角的拉力 $\boldsymbol{F}$ 的作用而沿地面滑动。设木箱与地面间的滑动摩擦系数为 $\mu_k = 0.20$。

(1) 要使木箱沿水平地面匀速运动,求拉力 $\boldsymbol{F}$ 的大小和木箱对地面的正压力;

(2) 要使木箱以加速度 $a = 1.0\ \text{m/s}^2$ 沿地面加速运动,求拉力 $\boldsymbol{F}$ 的大小;

(3) 拉力 $\boldsymbol{F}$ 为多大时,木箱对地面的正压力刚好为零?

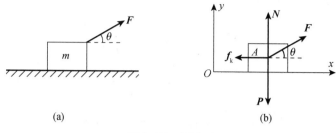

(a)　　　　　　　　　　(b)

图 1-15　例 1-4

解　这是一个已知物体的运动求力的问题。

（1）木箱沿地面做匀速直线运动，根据牛顿第一定律，木箱所受合外力为零。选木箱为研究对象，分析它的受力情况，并画出受力图，见图 1-15(b)。因木箱只有平动，可当作质点处理，它所受的所有外力可看作集中于一点。木箱受四个力的作用：重力 $\boldsymbol{P} = m\boldsymbol{g}$，方向竖直向下；地面的支持力 $\boldsymbol{N}$，方向竖直向上；拉力 $\boldsymbol{F}$，斜向右上方与水平地面成 θ 角；地面施于木箱的滑动摩擦力 $\boldsymbol{f}_{\mathrm{k}}$，水平向左与木箱运动方向相反。

以地面为参照系，并取图示的直角坐标系 xOy，分别沿 x 轴和 y 轴方向应用牛顿第二定律。

木箱沿 x 方向所受各力的合力为

$$F_x = F \cos \theta - f_{\mathrm{k}}$$

因木箱沿 x 方向做匀速直线运动，所以

$$a_x = 0$$

按牛顿第二定律，沿 x 方向的投影式为

$$F \cos \theta - f_{\mathrm{k}} = 0 \qquad\qquad ①$$

木箱沿 y 方向所受各力的合力为

$$F_y = F \sin \theta + N - mg$$

木箱沿 y 方向没有运动，即

$$a_y = 0$$

按牛顿第二定律沿 y 方向的投影式为

$$F \sin \theta + N - mg = 0 \qquad\qquad ②$$

滑动摩擦力 f_{k} 与正压力 N 的关系为

$$f_{\mathrm{k}} = \mu_{\mathrm{k}} N \qquad\qquad ③$$

联立求解方程 ①、②、③,得

$$F = \frac{\mu_k mg}{\mu_k \sin\theta + \cos\theta}$$

$$N = \frac{mg\cos\theta}{\mu_k \sin\theta + \cos\theta}$$

代入已知数据 $\mu_k = 0.20$, $m = 60$ kg, $g = 9.80$ m/s^2, $\theta = 30°$,得

$$F = \frac{0.20 \times 60 \times 9.80}{0.20 \times \sin 30° + \cos 30°} = 122 \text{ N}$$

$$N = \frac{60 \times 9.80 \times \cos 30°}{0.20 \times \sin 30° + \cos 30°} = 527 \text{ N}$$

木箱对地面的正压力 N' 与地面对木箱的支持力 N 为一对作用力和反作用力,根据牛顿第三定律,有

$$N' = -N$$

所以正压力的大小为 $N' = 527$ N。

(2) 根据题意,$a_x = a = 1.0$ m/s^2, $a_y = 0$,所以只需将式①改为

$$F\cos\theta - f_k = ma \qquad\qquad ④$$

联立求解方程 ②、③、④,得

$$F = \frac{(\mu_k g + a)m}{\mu_k \sin\theta + \cos\theta} = 184 \text{ N}$$

(3) 令式②中 $N = 0$,求得木箱对地面的正压力刚好为零时的拉力为

$$F = \frac{mg}{\sin\theta} = 1.18 \times 10^3 \text{ N}$$

例 1-5 如图 1-16(a) 所示,一质量 $m_2 = 20$ kg 的小车,可以在水平地面上无摩擦地运动。车上放有一质量 $m_1 = 2$ kg 的木块,木块与小车之间的静摩擦系数为 $\mu_s = 0.30$,滑动摩擦系数为 $\mu_k = 0.25$,在木块上施加一个水平向右的拉力 **F**。

(1) 求木块与小车之间的最大静摩擦力 $f_{s\max}$,并分析使木块与小车之间无相对滑动时的最大拉力 F 等于多少?

(2) 若作用在木块上的水平拉力 $F = 20$ N,求小车和木块的加速度分别为多大?

解 将木块和小车分别作为隔离物体,分析它们的受力情

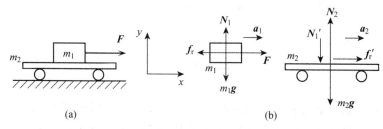

图 1-16　例 1-5

况，如图(b) 所示。木块受到四个力的作用，分别是重力 m_1g、小车对木块的支持力 N_1，小车对木块的摩擦力 f_r 和拉力 F；小车也受到四个力的作用，即重力 m_2g、地面对小车的支持力 N_2、木块对小车的正压力 N_1' 和木块对小车的摩擦力 f_r'。其中，小车对木块的支持力和木块对小车的正压力为一对作用力和反作用力，所以 $N_1 = -N_1'$；小车对木块的摩擦力和木块对小车的摩擦力也是一对作用力和反作用力，即 $f_r = -f_r'$。小车前进的动力就是来自木块对小车的摩擦力 F_r'。

(1) 若作用于木块的拉力 F 较小，则木块与小车之间无相对滑动，两者将以相等的加速度一起向右运动。当 F 大于某一定值时，木块就会在小车上滑动，此时木块的加速度 a_1 就会大于小车的加速度 a_2。木块与小车之间有没有相对滑动取决于两者之间的最大静摩擦力，即

$$f'_{r\,max} = \mu_s N_1 = \mu_s m_1 g = 0.3 \times 2 \times 9.8 = 5.88 \text{ N}$$

因此，小车可能获得的最大加速度为

$$a_{2max} = \frac{f'_{r\,max}}{m_2} = \frac{5.88}{20} = 0.294 \text{ m} \cdot \text{s}^{-2}$$

若小车与木块一起以加速度 a 运动，则可将两者作为一个整体来考虑，由牛顿第二定律

$$F = (m_1 + m_2)a$$

当 $a > a_{2max}$ 时，木块与小车之间有相对滑动，以 $a = a_{2max}$ 代入上式，得两者间无相对滑动时的最大拉力为

$$F = (m_1 + m_2)a_{2max} = (2 + 20) \times 0.294 = 6.47 \text{ N}$$

(2) 由(1)中讨论可知，拉力 $F = 20$ N 时，木块与小车的加速度不同，即 $a_1 \neq a_2$。此时，木块与小车之间的摩擦系数为滑动摩擦系数 μ_k。由牛顿第二定律，在 x 轴方向：

对木块：　　$F - f_r = f - \mu_k m_1 g = m_1 a_1$

对小车：$\quad f_r' = \mu_k m_1 g = m_2 a_2$

所以 $\quad a_1 = \dfrac{F - \mu_k m_1 g}{m_1} = 7.55 \ \mathrm{m \cdot s^{-2}}$

$$a_2 = \dfrac{\mu_k m_1 g}{m_2} = 0.245 \ \mathrm{m \cdot s^{-2}}$$

请读者分析：若水平拉力 $F = 4 \ \mathrm{N}$，第(2)问的答案将如何？

例 1-6 如图 1-17(a) 所示为一圆锥摆。长为 l 的细绳一端固定在天花板上，另一端悬挂一质量为 m 的小球。小球经推动后，在水平面内做匀速圆周运动，转动的角速度为 ω。求绳和竖直方向所成的角度 θ 为多少？

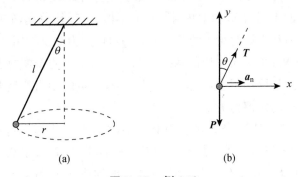

(a)　　　　　(b)

图 1-17　例 1-6

解 取图 1-17(b) 所示的直角坐标系，作小球的受力分析图。小球受重力 P 和绳子的张力 T 的作用，其做匀速圆周运动的向心加速度 a_n 指向圆轨道中心，a_n 的大小为

$$a_n = \frac{v^2}{r} = r\omega^2 = l\omega^2 \sin\theta$$

根据牛顿第二定律

$$T \sin\theta = ma_x = ma_n = ml\omega^2 \sin\theta$$
$$T \cos\theta - P = ma_y = 0$$

得：

$$T = ml\omega^2 \qquad\qquad ①$$

$$T\cos\theta = P = mg \qquad\qquad ②$$

将式①代入式②，得

$$\cos\theta = \frac{g}{l\omega^2}$$

所以

$$\theta = \arccos \frac{g}{l\omega^2} \qquad ③$$

如以 $l = 0.5$ m，$\omega = 2\pi$ rad/s 代入式 ③，得 $\theta = 60.2°$。

由式 ③ 可见，当 ω 越大时，绳子与竖直方向所成的夹角 θ 也越大，但与小球的质量 m 无关。

例 1-7 计算在地球赤道平面上空的地球同步卫星距离地面的高度。已知地球质量 $m_E = 5.98 \times 10^{24}$ kg，地球半径 $R = 6.37 \times 10^6$ m，万有引力常量 $G = 6.67 \times 10^{-11}$ N·m²/kg²。

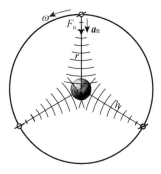

图 1-18 地球同步卫星

解 设卫星质量为 m，绕地运行的轨道半径为 r（图 1-18）。根据题意，卫星与地球自转同步，即卫星在地球赤道平面内做匀速圆周运动，且绕地转动的周期与地球的自转周期相同。选地心为参照系，写出牛顿第二定律沿轨道的法线方向和切线方向的分量式，即

$$F_n = ma_n = m\frac{v^2}{r}$$

$$F_t = ma_t = m\frac{dv}{dt}$$

卫星的高度在地球大气层之外，所以空气的阻力不计，如果也忽略其他星体（如月球）对它的作用，则可以认为卫星只受到地球对它的万有引力的作用，引力的方向指向地球的中心，卫星绕地球做匀速圆周运动的向心力即为此万有引力 F_n。

由于除万有引力之外，卫星不受其他的力，所以卫星在轨道切向方向的受力 $F_t = 0$，因此有

$$F_n = G\frac{mm_E}{r^2} = m\frac{v^2}{r} \qquad ①$$

而卫星运动的线速度 v 可表示为

$$v = r\omega = \frac{2\pi r}{T} \qquad ②$$

式中 T 为卫星绕地球一周所需要的时间，即地球的自转周期，$T = 24 \times 3\,600$ s。

联立 ①、② 两式，可得卫星的轨道半径，即卫星到地心的距离为

$$r = \left(\frac{Gm_E T^2}{4\pi^2}\right)^{\frac{1}{3}}$$

代入数据，得

$$r = 4.23 \times 10^4 \text{ km}$$

卫星到地心的距离约为地球半径的 6.6 倍,与卫星的质量无关,这个半径是由万有引力定律和卫星与地球同步转动的要求所决定的。由此可见,并不是在地球赤道平面的任意半径的轨道上都能实现卫星与地球同步运行的。

设卫星离地面的高度为 h,则

$$h = r - R = 3.59 \times 10^4 \text{ km}$$

地球同步卫星主要用于地面通信等,为了使卫星发射的信号能覆盖整个地球表面,可在地球赤道平面上空一定方位上分别发射至少三颗同步卫星作为中继站,这样由卫星发射的无线电信号可以传播到地球表面的任何角落而不会出现盲点。所以利用人造卫星来传播音频、视频等信息,有独特的优越性。

例 1-8 如图 1-19 所示,一个质量为 m 的小球系在一根长为 l 的轻绳的一端,轻绳的另一端固定在 O 点。先拉动小球使轻绳保持水平静止,然后松手使小球自然下落。求轻绳摆下 θ 角时,小球的速率 v 和轻绳中的张力 T。

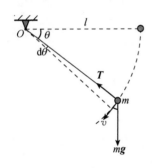

图 1-19   例 1-8

解 这也是一个变加速的问题。由于小球沿圆周运动,所以按切线和法线方向来列牛顿第二定理的分量式比较方便。小球受的力有重力 $m\boldsymbol{g}$ 和轻绳对它的张力 $\boldsymbol{T}$。设任意时刻 t,小球摆下的角度为 θ,牛顿第二定律的切向和法向分量式分别为

$$mg \cos \theta = ma_\text{t} = m \frac{\mathrm{d}v}{\mathrm{d}t} \qquad ①$$

$$T - mg \sin \theta = ma_\text{n} = m \frac{v^2}{l} \qquad ②$$

式 ① 两边同时乘以 $\mathrm{d}s$,得

$$mg \cos \theta \mathrm{d}s = m \frac{\mathrm{d}v}{\mathrm{d}t} \mathrm{d}s = m \frac{\mathrm{d}s}{\mathrm{d}t} \mathrm{d}v$$

由于 $\mathrm{d}s = l\mathrm{d}\theta$,$v = \dfrac{\mathrm{d}s}{\mathrm{d}t}$,所以上式可写成

$$gl \cos \theta \cdot \mathrm{d}\theta = v\mathrm{d}v$$

对上式两边积分,由于摆角从 0 增大到 θ 时,速率从 0 增大到 v,所以有

$$\int_0^\theta gl \cos \theta \cdot \mathrm{d}\theta = \int_0^v v\mathrm{d}v$$

由此得

$$gl \sin \theta = \frac{1}{2}v^2$$

从而

$$v = \sqrt{2gl \sin \theta}$$

将上面的结果代入式 ②,得轻绳对小球的拉力,即绳中的张力为

$$T = 3mg \sin \theta$$

当小球下落到最低点时,$\theta = 90°$,这时绳中的张力最大,为 $T_{max} = 3mg$。

通过以上各例题的求解过程,可以把应用牛顿定理解题的步骤简单地归纳如下:

(1) 看清题意,明确已知条件和要求解的问题;

(2) 将所要研究的物体从其他物体中隔离出来,并将其他物体对它的作用以力的形式表示,即画出示力图;

(3) 按照解题的方便选择适当的坐标系,由牛顿第二定律列出运动方程;

(4) 先求运动方程的文字解(代数解),得出未知量和已知量的函数关系式,最后代入具体数值求出未知量的数值解。注意求数值解时各物理量的单位要统一。

1-3　非惯性系　惯性力

前面所讲述的理论都只适用于惯性系,但在实际生活中,经常会遇到非惯性系,所谓非惯性系就是相对于惯性系做加速运动的参考系。在非惯性系中如何处理力学问题呢?下面讨论两种特殊的非惯性系。

1. 平动非惯性系

当参考系的坐标原点相对惯性系做加速运动,而坐标轴没有转动时,就称为平动非惯性系。设想有一质点 m,相对于惯性系 S 的加速度为 $\boldsymbol{a}$,相对于平动非惯性系 S' 的加速度为 $\boldsymbol{a}'$,S' 相对于 S 的加速度为 $\boldsymbol{a}_0$,由伽利略加速度变换公式可知

$$\boldsymbol{a} = \boldsymbol{a}' + \boldsymbol{a}_0$$

在 S 系中质点所受合力满足 $\boldsymbol{F} = m\boldsymbol{a}$。在牛顿力学中,质量 m 和力 $\boldsymbol{F}$ 与参考系的选取无关,因此有

$$F = ma' + ma_0$$

或者写成

$$F - ma_0 = ma'$$

动画:惯性力

此式表明在 S' 系中牛顿第二定律不成立,但是如果将上式中的 $-ma_0$ 假想为质点在 S' 系中受到的一种力,则上式在形式上就符合牛顿第二定律的表达形式。我们把这个假想的力称为**惯性力**,用 F_i 表示,则有

$$F_i = -ma_0 \tag{1-34}$$

可见,在平动非惯性系中引入的惯性力的方向与该参考系相对于惯性系运动的加速度方向反向,力的大小等于物体质量与这一相对加速度的大小的乘积。

定义了惯性力后,非惯性系中的力和加速度的关系就可以写成

$$F + F_i = ma' \tag{1-35}$$

这里,F 是实际存在的相互作用力;惯性力 F_i 是虚拟的,不是真实力,没有施力物体,可以把它理解为物体的惯性在非惯性系中的表现;a' 是物体相对非惯性系的加速度。

2. 转动非惯性系

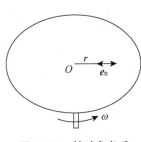

图 1-20 转动参考系

下面讨论转动非惯性系,假定参考系相对惯性系只有坐标轴的转动,没有平移。如图 1-20 所示,一转台绕垂直于地面的固定轴以角速度 ω 匀速转动,有一质量为 m 的铅块静止在转台上,铅块到圆心的距离为 r,则铅块相对于地面的加速度为

$$a = \omega^2 r e_n$$

这里 e_n 为沿径向指向圆盘中心的单位矢量。设铅块所受合力为 F,则在地面参考系和旋转参考系中,其运动方程为

$$F = ma$$
$$F + F_i = ma' \tag{1-36}$$

因为铅块相对转台的加速度为 $a' = 0$,所以铅块受到的惯性力为

$$F_i = m(a' - a) = -m\omega^2 r e_n \tag{1-37}$$

式(1-37)中的惯性力又称为**惯性离心力**,从转台非惯性系上看,就是这个力与静摩擦力达到平衡才保持铅块静止的。

如果铅块相对转台以一定的速度 v' 运动,除了受惯性离心力外还将受到另外一个惯性力,叫作科里奥利力,在此不做讨论。

在日常生活中,我们经常遇到惯性力问题。比如乘坐汽车拐

弯时,我们体验到的被甩向弯道外侧的"力"就是惯性离心力;再比如,从赤道上空下落的物体总是向东偏,这是地面上的物体受到科里奥利力的结果。

例 1-9　质量为 m 的小环套在半径为 R 的光滑大圆环上,后者绕竖直轴以匀角速度 ω 转动,试求在不同转速下小环能静止在大环上的位置(也就是求对应的图 1-21 中 θ 角的大小)。

解　以转动大环为参考系,小环受的力有:重力 $m\boldsymbol{g}$、支持力 $\boldsymbol{N}$ 和惯性力 $\boldsymbol{F}_{\mathrm{i}}$,它们的方向如图 1-21 所示,惯性力的大小为

$$F_{\mathrm{i}} = m\omega^2 R \sin\theta$$

小环静止在大环上的平衡条件为

$$N\cos\theta = mg, \; N\sin\theta = F_{\mathrm{i}}$$

联立以上各式,求解可得

$$\sin\theta(\omega^2 R\cos\theta - g) = 0$$

由此可得

$$\theta = 0, \; \theta = \pi, \; 或\; \theta = \arccos\frac{g}{\omega^2 R}$$

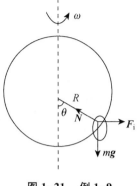

图 1-21　例 1-9

1-4　质点系的动量定理和动量守恒

牛顿第二定律指出,质点在外力作用下会获得加速度,这一定律揭示的是力和加速度之间的瞬时关系。实际上,力作用在物体上总要持续一段时间,在这段时间内,力将产生什么样的效果?

1-4-1　质点的动量定理

定义物体的质量 m 和它速度 $\boldsymbol{v}$ 的乘积 $m\boldsymbol{v}$ 为物体的**动量**,以字母 $\boldsymbol{p}$ 表示,即

$$\boldsymbol{p} = m\boldsymbol{v} \tag{1-38}$$

动量是一个矢量,它的大小与物体的质量和速率成正比,其方向与速度的方向相同。由于质点的质量在经典物理学中不随速度变化,由加速度公式(1-16)和式(1-38)可将牛顿第二定律的数学表达式(1-31)写作

$$\boldsymbol{F} = \frac{\mathrm{d}(m\boldsymbol{v})}{\mathrm{d}t} = \frac{\mathrm{d}\boldsymbol{p}}{\mathrm{d}t} \tag{1-39}$$

式(1-39)说明,某时刻作用在物体上的合外力等于该时刻物体动量的时间变化率,即物体动量变化的快慢及方向,反映了它所受合外力的大小和方向。

由式(1-39)可以得到,作用在质点上的力 $\boldsymbol{F}$ 在 $\mathrm{d}t$ 时间内,使质点产生动量的增量

$$\boldsymbol{F}\mathrm{d}t = \mathrm{d}\boldsymbol{p} \tag{1-40}$$

将式(1-40)从 t_1 到 t_2 做积分得这段时间内质点动量的增量 $\boldsymbol{p}_2 - \boldsymbol{p}_1$,即

$$\int_{t_1}^{t_2} \boldsymbol{F}\mathrm{d}t = \int_{p_1}^{p_2} \mathrm{d}\boldsymbol{p} = \boldsymbol{p}_2 - \boldsymbol{p}_1 \tag{1-41}$$

式(1-41)中的 $\int_{t_1}^{t_2} \boldsymbol{F}\mathrm{d}t$ 称为作用力 $\boldsymbol{F}$ 在时间 $\Delta t = t_2 - t_1$ 内作用在质点上的**冲量**,记作 $\boldsymbol{I}$,即

$$\boldsymbol{I} = \int_{t_1}^{t_2} \boldsymbol{F}\mathrm{d}t \tag{1-42}$$

这样,式(1-41)可写作

$$\boldsymbol{I} = \int_{t_1}^{t_2} \boldsymbol{F}\mathrm{d}t = \boldsymbol{p}_2 - \boldsymbol{p}_1 = m\boldsymbol{v}_2 - m\boldsymbol{v}_1 \tag{1-43}$$

动画:动量定理

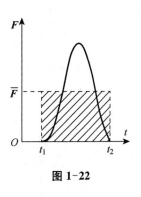

图 1-22

式(1-43)说明,在一段时间内,质点动量的增量等于在这段时间内外力作用在该质点上的冲量。这个结论称为**动量定理**。由动量定理可以看到,质点动量的增量,与该质点所受的作用力和作用时间两个因素有关。

冲量 $\boldsymbol{I}$ 是一个矢量。在国际单位制中,动量的单位是千克·米/秒(kg·m/s),冲量的单位是牛·秒(N·s)。

在冲击和碰撞的过程中,相互作用的时间往往非常短,但相互作用力的变化极大,这种力通常叫作冲力。冲力随时间变化的关系一般较难确定,但根据动量定理可估算冲力的平均值(平均冲力)$\bar{\boldsymbol{F}}$。设质点在 $\Delta t = t_2 - t_1$ 时间间隔内动量的改变量为 $\Delta\boldsymbol{p} = \boldsymbol{p}_2 - \boldsymbol{p}_1$,则由式(1-43)可知,质点所受的平均冲力为

$$\boldsymbol{I} = \int_{t_1}^{t_2} \boldsymbol{F}\mathrm{d}t = \bar{\boldsymbol{F}}\Delta t = m\boldsymbol{v}_2 - m\boldsymbol{v}_1$$

或

$$\bar{\boldsymbol{F}} = \frac{m\boldsymbol{v}_2 - m\boldsymbol{v}_1}{\Delta t} \tag{1-44}$$

式(1-43)是动量定理的矢量表达式,在实际计算时常要用

它在各坐标轴方向的分量式。在直角坐标系中,动量定理的分量式为

$$I_x = \int_{t_1}^{t_2} F_x \mathrm{d}t = \bar{F}_x(t_2 - t_1) = mv_{2x} - mv_{1x}$$

$$I_y = \int_{t_1}^{t_2} F_y \mathrm{d}t = \bar{F}_y(t_2 - t_1) = mv_{2y} - mv_{1y} \qquad (1\text{-}45)$$

$$I_z = \int_{t_1}^{t_2} F_z \mathrm{d}t = \bar{F}_z(t_2 - t_1) = mv_{2z} - mv_{1z}$$

式(1-45)表明,冲量在某个方向的分量等于在该方向上质点动量分量的增量。即冲量在某一方向的分量只能改变该方向的动量分量,而不能改变与它相垂直的其他方向的动量分量。

在实际情况下,有时我们要利用冲力。例如,利用冲床冲压钢板,冲头与钢板的作用时间极短,冲力很大,所以钢板被冲断了。这是利用冲力的例子。有时,我们又要尽量地减小冲力。例如,跳高比赛时,要在地上放上厚厚的海绵垫,这是为了运动员在着地时延长碰撞时间,从而减小冲力,以避免运动员受伤。

例 1-10 如图 1-23 所示,一体长 25 cm、重 500 g 的飞鸟与速度为 250 m/s 的民航飞机正面相撞,试估算平均撞击力。

解 在碰撞前,飞鸟的速度远小于飞机的速度,可忽略不计。假定飞鸟与飞机之间发生的是完全非弹性碰撞,则碰撞后,飞鸟的速度约为 250 m/s。取飞机前进的方向为 x 轴正方向,则碰撞前后,飞鸟速度的改变量约为

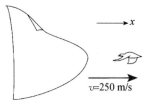

$$\Delta \boldsymbol{v} \approx 250\boldsymbol{i} \ \mathrm{m/s}$$

图 1-23 飞鸟撞飞机

对应的动量的改变量约为

$$\Delta \boldsymbol{p} = m\Delta \boldsymbol{v} \approx 0.5 \times 250\boldsymbol{i} = 125\boldsymbol{i} \ \mathrm{kg \cdot m/s}$$

碰撞时间约等于飞鸟相对于飞机以 250 m/s 的速度飞行 25 cm 的距离所花的时间,即

$$\Delta t \approx \frac{0.25}{250} = 1.0 \times 10^{-3} \ \mathrm{s}$$

由式(1-44)可知,飞鸟所受的平均撞击力约为

$$\bar{\boldsymbol{F}} = \frac{\Delta \boldsymbol{p}}{\Delta t} \approx \frac{125}{1.0 \times 10^{-3}}\boldsymbol{i} = 1.25 \times 10^5 \boldsymbol{i} \ \mathrm{N}$$

这样大的撞击力可以给飞机造成非常严重的破坏,对飞行安全构成严重威胁,因此驱赶鸟类离开机场空域是非常必要的安全措施。

视频:简谈汽车驾乘
人员安全性力学问题

1-4-2 质点系的动量定理

由若干个质点组成的系统称为**质点系**,系统内质点间的相互作用力称为**内力**,系统外物体对系统内质点的作用力称为**外力**。现讨论由两个质点 m_1 和 m_2 构成的质点系,所受内力分别用 $\boldsymbol{F}_{12}$ 和 $\boldsymbol{F}_{21}$ 表示,所受的合外力分别为 $\boldsymbol{F}_1$ 和 $\boldsymbol{F}_2$。两个质点的速度在 Δt 时间内分别由初速度 $\boldsymbol{v}_{10}$ 和 $\boldsymbol{v}_{20}$ 变化到末速度 $\boldsymbol{v}_1$ 和 $\boldsymbol{v}_2$。分别对这两个质点运用动量定理

$$(\boldsymbol{F}_1 + \boldsymbol{F}_{12})\Delta t = m_1 \boldsymbol{v}_1 - m_1 \boldsymbol{v}_{10}$$
$$(\boldsymbol{F}_2 + \boldsymbol{F}_{21})\Delta t = m_2 \boldsymbol{v}_2 - m_2 \boldsymbol{v}_{20}$$

将上面两式相加

$$(\boldsymbol{F}_1 + \boldsymbol{F}_2)\Delta t + (\boldsymbol{F}_{12} + \boldsymbol{F}_{21})\Delta t = (m_1 \boldsymbol{v}_1 + m_2 \boldsymbol{v}_2) - (m_1 \boldsymbol{v}_{10} + m_2 \boldsymbol{v}_{20})$$

$$(1\text{-}46)$$

上式中 $\boldsymbol{F}_{12}$ 和 $\boldsymbol{F}_{21}$ 是一对作用力和反作用力,根据牛顿第三定律,有 $\boldsymbol{F}_{12} = -\boldsymbol{F}_{21}$。因此,这一对内力的矢量和

$$\boldsymbol{F}_{12} + \boldsymbol{F}_{21} = 0$$

于是,式(1-46)可写成

$$(\boldsymbol{F}_1 + \boldsymbol{F}_2)\Delta t = (m_1 \boldsymbol{v}_1 + m_2 \boldsymbol{v}_2) - (m_1 \boldsymbol{v}_{10} + m_2 \boldsymbol{v}_{20}) \qquad (1\text{-}47)$$

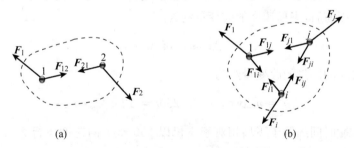

(a)   (b)

图 1-24 质点系的动量定理

式(1-47)左边为系统所受合外力的冲量,右边为系统内两质点的总动量的变化,所以式(1-47)表明:作用于两个质点组成的系统的合外力的冲量等于系统内两质点总动量的增量。

上述结论容易推广到由任意多个质点组成的质点系统。设一个质点系由 n 个质点组成,如图 1-24(b) 所示(图中只画出了系统中质点 1、质点 i 和质点 j 三个质点),其中任一质点 i 的质量为 m_i,所受外力为 $\boldsymbol{F}_i$,在 Δt 时间内,质点 i 的速度由初速度 $\boldsymbol{v}_{i0}$ 变化到末速度 $\boldsymbol{v}_i$。由于系统内任意两个质点间相互作用的一对内

力,如 $\boldsymbol{F}_{ij}$ 和 $\boldsymbol{F}_{ji}$ 是一对作用力和反作用力,有 $\boldsymbol{F}_{ij} = -\boldsymbol{F}_{ji}$。所以根据牛顿第三定律,系统内所有内力的矢量和应等于零。因此,对由 n 个质点组成的质点系,参照式(1-47),可得

$$\sum_{i=1}^{n} \boldsymbol{F}_i \Delta t = \sum_{i=1}^{n} m_i \boldsymbol{v}_i - \sum_{i=1}^{n} m_i \boldsymbol{v}_{i0} \qquad (1\text{-}48\text{a})$$

或

$$\boldsymbol{I} = \sum_{i=1}^{n} \boldsymbol{F}_i \Delta t = \boldsymbol{p} - \boldsymbol{p}_0 \qquad (1\text{-}48\text{b})$$

式(1-48)中 $\boldsymbol{I} = \sum_{i=1}^{n} \boldsymbol{F}_i \Delta t$ 表示系统在 Δt 时间内所受合外力的总冲量,$\boldsymbol{p} = \sum_{i=1}^{n} m_i \boldsymbol{v}_i$ 为系统末态时的总动量,而 $\boldsymbol{p}_0 = \sum_{i=1}^{n} m_i \boldsymbol{v}_{i0}$ 为系统初态时的总动量。所以式(1-48)表明:作用于质点系的合外力的总冲量等于质点系总动量的增量。这一结论称为**质点系的动量定理**。

质点系的动量定理表明,只有外力才能改变物体系统的总动量。虽然内力不能改变系统的总动量,但是内力是可以改变系统内各物体的动量的。火箭飞行就是如此。

例 1-11 火箭飞行原理   在火箭的运行过程中,火箭内部的燃料发生爆炸性的燃烧,产生大量的气体粒子,这些气体粒子从火箭的末端沿与火箭运动相反的方向射出,从而使火箭得以加速运动。假定喷出气体相对于火箭的速率为定值 $\boldsymbol{u}$,试列出火箭运动的方程。

动画:多级火箭

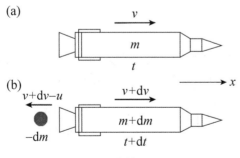

图 1-25   火箭飞行原理

解   火箭的质量在其运动过程中不断减少,这是一个典型的变质量问题。

如图 1-25 所示,一火箭沿 x 轴正方向运动。在 t 时刻,火箭的质量为 m,它相对于地球(可视为惯性系)的速度为 v,此时系统的总动量为

$$p_i = mv$$

在 $t + dt$ 时刻，火箭的质量变为 $m + dm(dm < 0)$，其速度变成 $v + dv$。在 t 到 $t + dt$ 时刻之间，质量为 $-dm$ 的废气喷出火箭，其相对于火箭体的速度为 $-u$，根据伽利略速度变换公式，喷射的气体相对于地球参考系的速度为 $v + dv - u$，此时系统的总动量变为

$$p_f = (m + dm)(v + dv) + (-dm)(v + dv - u)$$

因此，在 dt 时间间隔内，这个质量为 m 的系统的动量改变量为

$$dp = p_f - p_i = m dv + u dm$$

设火箭在 x 方向受到的合外力为 F，则根据动量定理，有

$$F dt = dp = m dv + u dm$$

方程两边同时除以 dt，整理后可得

$$F + \left(-u \frac{dm}{dt} \right) = m \frac{dv}{dt} \tag{1-49}$$

这就是所谓的火箭方程。方程等号左边第二项的方向与火箭的运动方向同向，称为火箭发动机的推力。

若忽略空气阻力，只计重力，在火箭发射的初始阶段，重力加速度 g 的变化不大，可以认为是常量，则由式(1-49)可得

$$-mg + \left(-u \frac{dm}{dt} \right) = m \frac{dv}{dt}$$

整理后得到

$$dv = -g dt - u \frac{dm}{m}$$

设火箭初始时的质量和速度分别为 m_0 和 v_0，而 t 时刻的质量和速度分别为 m 和 v，则将上式两边积分，可得

$$\int_{v_0}^{v} dv = -g \int_0^t dt - u \int_{m_0}^{m} \frac{dm}{m}$$

由此可得

$$v = v_0 + u \ln \frac{m_0}{m} - gt$$

在外太空，可以认为火箭不受外力，此时有

$$v = v_0 + u \ln \frac{m_0}{m}$$

视频:从火箭的发射,
谈动量迁移问题

由此可见，火箭最终获得的速度与喷气速率 u 成正比，还与燃料质量比 m_0/m 的对数成正比。在实际中，较大的 u 及 m_0/m 值都很难实现，所以采用多级火箭才能把人造卫星或其他航天器送入轨道。

1-4-3 动量守恒定理

由质点系的动量定理式(1-48)可知，若质点系所受的合外力为零，即

$$\sum_{i=1}^{n} \boldsymbol{F}_i = 0$$

则

$$\boldsymbol{p} = \boldsymbol{p}_0 = 常矢量 \qquad (1\text{-}50a)$$

或

$$\boldsymbol{p} = \sum_{i=1}^{n} m_i \boldsymbol{v}_i = m_1 \boldsymbol{v}_1 + m_2 \boldsymbol{v}_2 + \cdots + m_n \boldsymbol{v}_n = 常矢量$$

$$(1\text{-}50b)$$

这说明：当质点系所受合外力为零时，系统的总动量保持不变，这一结论称为**质点系的动量守恒定律**。

动量守恒定律的表达式(1-50)是矢量关系式。实际应用时，常用其沿坐标轴的分量式。例如，在直角坐标系中

$$当\ F_x = 0\ 时，\ p_x = \sum_{i=1}^{n} m_i v_{ix} = 常量$$

$$当\ F_y = 0\ 时，\ p_y = \sum_{i=1}^{n} m_i v_{iy} = 常量 \qquad (1\text{-}51)$$

$$当\ F_z = 0\ 时，\ p_z = \sum_{i=1}^{n} m_i v_{iz} = 常量$$

式(1-51)说明，如果质点系所受的合外力不为零，则此系统的总动量并不守恒，但只要合外力在某一方向上的分量为零，则系统在该方向上动量的分量仍然守恒，即动量守恒定律可以在某一方向上成立。

在牛顿力学中，动量守恒定律是从牛顿定律出发、通过动量定理推导出来的，因此动量守恒定律只适用于惯性系。实际上，动量守恒定律是物理学最普遍、最基本的定律之一，并不依赖牛顿定律。在自然界中，大到天体之间的相互作用，小到质子、中子等微观粒子间的相互作用都遵守动量守恒定律。

利用动量守恒定律解决实际问题时,应该特别注意以下两点:

(1) 系统的动量守恒并不意味着构成系统的各质点的动量保持不变,系统的内力可以改变各质点的动量。

(2) 在碰撞、打击、爆炸等过程中,如果过程时间短且系统所受的外力远小于内力,则此时虽然系统所受的合外力不为零,仍然可以近似认为系统的动量守恒。

例 1-12 有一个静止在地面上的炸弹,在爆炸时分裂成质量相同的三块。假设爆炸瞬间三块碎片速度落在同一水平面内,其中两块的速率都为 v,且在方向上互相垂直,求第三块的速度。

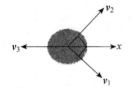

图 1-26 炸弹爆炸

解 爆炸后三块碎片的运动方向如图 1-26 所示,图中 $v_1 \perp v_2$,且 $v_1 = v_2 = v$。炸弹爆炸前后的动量守恒,由于爆炸前炸弹动量为零,爆炸后三块碎片的总动量也应该为零,即

$$m_1 \boldsymbol{v}_1 + m_2 \boldsymbol{v}_2 + m_3 \boldsymbol{v}_3 = 0$$

因为 $m_1 = m_2 = m_3$,可得

$$\boldsymbol{v}_3 = -(\boldsymbol{v}_1 + \boldsymbol{v}_2)$$

由此可得,第三块碎片速度的大小为

$$v_3 = \sqrt{2}\, v$$

方向沿 x 轴负方向。如果第三块碎片是一个看不见、摸不着的物体,根据前两块碎片的特征我们也可预言存在着第三个"隐形物块",当年"中微子"就是这样被预言出来的。

文档:中微子的发现

1-5 功 保守力的功 动能定理 机械能守恒

类似于动量定理中力的时间积累效应,力作用在物体上通常也会产生空间的积累效应,它将会有什么结果出现呢?

1-5-1 功

设一物体在恒力 $\boldsymbol{F}$ 的作用下沿直线运动,物体的位移为 s,力与位移间的夹角为 θ,如图1-27(a)所示,则力 $\boldsymbol{F}$ 所做的功 W 定义为

$$W = F\cos\theta \cdot s \tag{1-52}$$

也就是说,力对物体所做的功等于力沿运动方向的分量和物体位移大小的乘积。

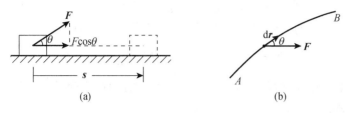

图 1-27 恒力和变力做功

上述对功的定义也可以写成矢量标积(点乘)的形式

$$W = \boldsymbol{F} \cdot \boldsymbol{s} \tag{1-53}$$

由功的定义可知,功是标量。力对物体做功的大小,除了与力和位移的大小有关外,还与力和位移间的夹角有关。当 $0 \leqslant \theta < \pi/2$ 时,功是正值,称外力对物体做正功。当 $\pi/2 < \theta \leqslant \pi$ 时,功是负值,表示外力对物体做负功。若 $\boldsymbol{F}$ 与 $\boldsymbol{s}$ 相互垂直,即 $\theta = \pi/2$ 时,力不做功。

如果 $\boldsymbol{F}$ 是变力,且质点在 $\boldsymbol{F}$ 的作用下沿曲线路径 AB 运动,如图1-27(b)所示。可将曲线 AB 分成许多极小的位移(元位移),则在每段元位移中力的大小和方向都可视为不变。在质点发生元位移 d$\boldsymbol{r}$ 的过程中,力 $\boldsymbol{F}$ 对质点所做的**元功**可表示为

$$\mathrm{d}W = \boldsymbol{F} \cdot \mathrm{d}\boldsymbol{r} \tag{1-54}$$

对式(1-54)积分,可以得到质点从位置 A 到位置 B 力 $\boldsymbol{F}$ 做的功

$$W = \int_A^B \boldsymbol{F} \cdot \mathrm{d}\boldsymbol{r} \tag{1-55}$$

当质点同时受到几个力,如 $\boldsymbol{F}_1$,$\boldsymbol{F}_2$,$\cdots$,$\boldsymbol{F}_n$ 的作用而沿曲线 AB 运动时,合力 $\boldsymbol{F}$ 对质点做的功为

$$
\begin{aligned}
W &= \int_A^B \boldsymbol{F} \cdot \mathrm{d}\boldsymbol{r} = \int_A^B (\boldsymbol{F}_1 + \boldsymbol{F}_2 + \cdots + \boldsymbol{F}_n) \cdot \mathrm{d}\boldsymbol{r} \\
&= \int_A^B \boldsymbol{F}_1 \cdot \mathrm{d}\boldsymbol{r} + \int_A^B \boldsymbol{F}_2 \cdot \mathrm{d}\boldsymbol{r} + \cdots + \int_A^B \boldsymbol{F}_n \cdot \mathrm{d}\boldsymbol{r} \\
&= W_1 + W_2 + \cdots + W_n
\end{aligned}
\tag{1-56}
$$

这一结果表明:合力做的功等于各分力沿同一路径所做功的代数和。

在国际单位制中,功的单位是牛·米(N·m),称为焦耳(J)。

例 1-13 如图1-28所示,一质量为 m 的木块沿着倾角为 θ 斜面下滑,它与斜面之间的滑动摩擦系数为 μ,求木块下滑距离 l 的过程中,重力、支持力和摩擦力所做的功。

动画:变力做功

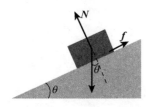

图 1-28　木块沿斜面下滑

解　由题意,木块受重力 $m\boldsymbol{g}$、支持力 $\boldsymbol{N}$ 和摩擦力 $\boldsymbol{f}$,支持力和摩擦力的方向如图 1-28 所示,它们的大小分别为

$$N = mg\cos\theta,\ f = \mu N = \mu mg\cos\theta$$

在整个运动过程中,这三个力的大小和方向都不变。恒力 $\boldsymbol{F}$ 的做功公式为

$$W = \int_A^B \boldsymbol{F} \cdot \mathrm{d}\boldsymbol{r} = \boldsymbol{F} \cdot \Delta\boldsymbol{r}$$

这里 $\Delta\boldsymbol{r}$ 代表力的作用点位移,在本题中,$\Delta\boldsymbol{r}$ 沿斜面向下,大小为 l。由于支持力 $\boldsymbol{N}$ 与这一位移相互垂直,因此做功为零,即

$$W_{\mathrm{N}} = \boldsymbol{N} \cdot \Delta\boldsymbol{r} = 0$$

重力 $m\boldsymbol{g}$ 与位移 $\Delta\boldsymbol{r}$ 的夹角为 $\pi/2-\theta$,因此重力做功为

$$W_{\mathrm{G}} = m\boldsymbol{g} \cdot \Delta\boldsymbol{r} = mgl\cos\left(\frac{\pi}{2} - \theta\right) = mgl\sin\theta$$

摩擦力 $\boldsymbol{f}$ 与位移 $\Delta\boldsymbol{r}$ 的方向相反,因此它所做的功为负,等于

$$W_{\mathrm{f}} = \boldsymbol{f} \cdot \Delta\boldsymbol{r} = -\mu mgl\cos\theta$$

外力对木块所做的总功 W 是各力做功的代数和,它等于

$$W = W_{\mathrm{N}} + W_{\mathrm{G}} + W_{\mathrm{f}} = mgl(\sin\theta - \mu\cos\theta)$$

例 1-14　如图 1-29 所示,一质量为 m 的小球,通过轻质细绳悬挂在天花板上,小球沿圆弧从最低点 O 点运动到 A 点时,细绳与竖直方向夹角为 θ_0。求在此过程中重力 $\boldsymbol{P}$ 所做的功。

解　设小球在 OA 曲线上某一位置时,细绳与竖直方向的夹角为 θ,此时重力 $\boldsymbol{P}$ 与元位移 $\mathrm{d}\boldsymbol{r}$ 间的夹角为 $\frac{\pi}{2}+\theta$,对元位移 $\mathrm{d}\boldsymbol{r}$,重力所做的元功为

$$\mathrm{d}W = \boldsymbol{P} \cdot \mathrm{d}\boldsymbol{r} = mg\cos\left(\frac{\pi}{2} + \theta\right)\mathrm{d}s$$
$$= -mg\sin\theta\mathrm{d}s$$

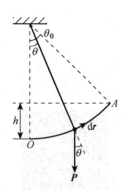

图 1-29　例 1-14

式中 $\mathrm{d}s$ 是元位移 $\mathrm{d}\boldsymbol{r}$ 对应的圆弧。设细绳长为 l,则 $\mathrm{d}s = l\mathrm{d}\theta$。对上式两边积分,求得小球从 O 点运动到 A 点时,重力所做的功为

$$W = -mg\int_O^A \sin\theta\mathrm{d}s = -mgl\int_0^{\theta_0} \sin\theta\mathrm{d}\theta$$
$$= -mgl(1 - \cos\theta_0)$$

上式中,$l(1-\cos\theta_0) = h$ 为从 O 点运动到 A 点时,小球上升的高

度,所以上式也可写为

$$W = -mgh$$

可见,小球从 O 点运动到 A 点的过程中,重力做负功,且只与初末两位置的高度差有关。

1-5-2 质点的动能定理

先考虑一种特殊情况,物体在合外恒力 F 的作用下做匀加速直线运动(图1-30)。设物体质量为 m,加速度为 a,如果物体经过位移 s 后速度由 v_0 变到 v,则由(中学知识的)匀变速直线运动公式

$$v^2 = v_0^2 + 2as$$

图 1-30 动能定理

得物体经过位移 s,力 F 做的功为

$$W = Fs = mas = \frac{1}{2}mv^2 - \frac{1}{2}mv_0^2$$

物理量 $\frac{1}{2}mv^2$ 被定义为物体的**动能**,用 E_k 表示,即

$$E_k = \frac{1}{2}mv^2$$

这样,力 F 对物体做的功 W 可以表示为

$$W = \frac{1}{2}mv^2 - \frac{1}{2}mv_0^2 = E_k - E_{k0} \tag{1-57}$$

式中 E_k 是物体的末动能,E_{k0} 是物体的初动能。式(1-57)说明,作用在物体上的合外力做的功等于物体动能的增量。这一结论称为**质点的动能定理**。

更一般的情况是,考虑质量为 m 的质点在合外变力 F 的作用下沿曲线由 A 点运动到 B 点,如图 1-31 所示。根据定义式(1-54),F 对质点的元位移 $\mathrm{d}r$ 所做的元功为

$$\mathrm{d}W = F \cdot \mathrm{d}r = F\cos\theta \mathrm{d}s$$

式中 $F\cos\theta$ 是力 F 在曲线上的切向分量。根据牛顿第二定律

$$F\cos\theta = ma_t = m\frac{\mathrm{d}v}{\mathrm{d}t}$$

设 $\mathrm{d}s$ 是 $\mathrm{d}r$ 在曲线上对应的元路程,则 $\mathrm{d}s = v\mathrm{d}t$,所以,$F$ 所做的元功又可表示为

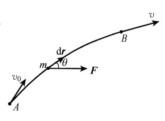

动画:动能定理

图 1-31 动能定理

$$dW = m\frac{dv}{dt}v\,dt = mv\,dv$$

对上式积分,可以得到质点沿曲线从 A 点移动到 B 点的过程中,力 $\boldsymbol{F}$ 所做的功

$$W = \int_{v_0}^{v} mv\,dv = \frac{1}{2}mv^2 - \frac{1}{2}mv_0^2 = E_k - E_{k0}$$

与前面特殊情况的形式相同。动能定理说明合力的**空间累积效果**等于质点动能的增量。

由式(1-57)可知,若 $W > 0$,则物体的末动能 E_k 大于初动能 E_{k0},说明合外力做正功时,物体的动能增加;若 $W < 0$,则物体的末动能 E_k 小于初动能 E_{k0},说明合外力做负功时,物体的动能减小。

需要注意的是,动能是物体的运动状态,而功则是运动的过程量,物体动能的变化需要通过做功的过程来实现。也可以说,功是物体动能变化的量度。

例 1-15 如图 1-32 所示,一物体由斜面底部以初速度 $v_0 = 10\ \text{m/s}$ 向斜面上方冲去,到达最高处后又沿着斜面下滑,滑到底部时速度变为 $v = 8\ \text{m/s}$。已知斜面倾角为 $\theta = 30°$,求物体冲上斜面最高处的高度 h 及摩擦系数 μ。

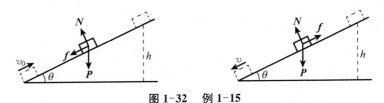

图 1-32 例 1-15

解 物体在斜面上受重力 $\boldsymbol{P} = m\boldsymbol{g}$、斜面支持力 $\boldsymbol{N}$ 以及物体与斜面间的摩擦力 $\boldsymbol{f}$ 作用,重力 $\boldsymbol{P}$ 沿斜面法向的分量与 $\boldsymbol{N}$ 平衡,即

$$N = mg\cos\theta$$

而摩擦力 $\boldsymbol{f}$ 的大小为

$$f = \mu N = \mu mg\cos\theta$$

当物体沿斜面向上冲时,f 沿斜面向下;物体沿斜面向下滑时,f 沿斜面向上。设物体沿斜面上冲的最大距离为 l,则上冲过程中,物体所受合力做的功为

$$W_1 = (-mg\sin\theta - \mu mg\cos\theta)l$$

物体冲到最高处速度为零,根据动能定理有

$$W_1 = 0 - \frac{1}{2}mv_0^2$$

所以有

$$mgl \sin \theta + \mu mgl \cos \theta = \frac{1}{2}mv_0^2 \qquad ①$$

物体在下滑过程中合力做的功为

$$W_2 = (mg \sin \theta - \mu mg \cos \theta)l$$

根据动能定理

$$W_2 = \frac{1}{2}mv^2 - 0$$

即

$$mgl \sin \theta - \mu mgl \cos \theta = \frac{1}{2}mv^2 \qquad ②$$

①、② 两式相加,得

$$\frac{1}{2}(v_0^2 + v^2) = 2gl \sin \theta = 2gh \qquad ③$$

所以

$$h = \frac{v_0^2 + v^2}{4g} = 4.2 \text{ m}$$

①、② 两式相减,得

$$\frac{1}{2}(v_0^2 - v^2) = 2\mu gl \cos \theta = 2\mu g \frac{h}{\sin \theta} \cos \theta \qquad ④$$

式 ④ 除以式 ③,得

$$\mu = \frac{v_0^2 - v^2}{v_0^2 + v^2} \tan \theta = 0.127$$

1-5-3　势能　保守力和非保守力

质点的合力做功导致质点的动能变化,这一点提示我们,力的做功往往与能量相关。下面我们来研究几个特殊力的做功特点,从而引进势能。

1. 重力的功　重力势能

设有一质量为 m 的物体,在重力 $\boldsymbol{P} = m\boldsymbol{g}$ 的作用下,沿 ACB

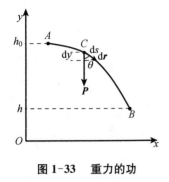

图 1-33 重力的功

路径从 A 点运动到 B 点(图 1-33),A 点和 B 点距地面的高度分别为 h_0 和 h。因为物体的运动路径为曲线,所以重力和物体运动方向之间的夹角 θ 是不断改变的,可以将路径 ACB 分为许多元位移。对元位移 $\mathrm{d}\boldsymbol{r}$,重力 $\boldsymbol{P}$ 对物体所做的元功为

$$\mathrm{d}W = \boldsymbol{P} \cdot \mathrm{d}\boldsymbol{r} = mg\cos\theta\mathrm{d}s$$

由图 1-33 可见,与元位移相对应的质点高度的变化为 $\mathrm{d}y = -\cos\theta\mathrm{d}s$。所以,上式也可写成

$$\mathrm{d}W = -mg\,\mathrm{d}y$$

物体由 A 点运动到 B 点的过程中,重力所做的总功为

$$W = -mg\int_{h_0}^{h}\mathrm{d}y = -(mgh - mgh_0)$$

即

$$W = mgh_0 - mgh \tag{1-58}$$

由式(1-58)可知,重力做功有一个重要的特点,即重力所做的功只由物体的起始和终了位置(即高度 h_0 和 h)决定,而与物体运动所经过的具体路径无关。这说明,在重力场中存在着一个仅由高度决定的物理量 mgh,定义为**重力势能**,记作 E_p,即

$$E_p = mgh \tag{1-59}$$

这样,当我们以地面($h = 0$)作为重力势能的参照点时,式(1-58)中的 mgh_0 和 mgh 分别表示物体在起始和终了位置的重力势能。用重力势能表示式(1-58),有

$$W = E_{p0} - E_p = -(E_p - E_{p0}) \tag{1-60}$$

这就是说,重力对物体所做的功等于物体重力势能增量的负值。这也是重力做功的一个重要特点。

需要说明的是,高度 h 是一个相对量,与参照平面的选取有关。也就是说,参照平面选取不同,重力势能的数值也不同,所以重力势能只具有相对的意义。但两个高度之间重力势能的差值是个绝对量,与参照平面的选取无关。

2. 弹性力的功　弹性势能

以弹簧为例,如图 1-34 所示是一放置在光滑水平面上的弹簧,弹簧的一端固定,另一端与一质量为 m 的物体相连。当弹簧在水平方向不受外力作用时,弹簧处于自然伸长状态,取此时物体的位置(平衡位置)为坐标原点 O。若物体沿 x 轴的正向受到外力作用而产生位移 x,则在弹簧的弹性限度内,弹性力可

以表示成

$$F = -kx \qquad (1\text{-}61)$$

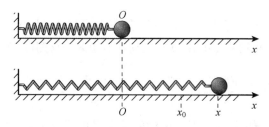

图 1-34 弹性力的功

式(1-61)称为**胡克定律**,负号表示弹性恢复力的方向与物体位移方向相反。式中 k 称为**弹性系数**,也称为**劲度系数**,其值由弹簧的性质决定。x 是弹簧的形变量,也是物体的位移。

在质点从 x_0 处运动到 x 处的过程中,弹力做的功为

$$W = \int_{x_0}^{x} (-kx)\,\mathrm{d}x = \frac{1}{2}kx_0^2 - \frac{1}{2}kx^2 \qquad (1\text{-}62)$$

同重力做功一样,弹性力所做的功也只由弹簧起始和终了位置 x_0 和 x 所决定,而与弹簧的形变过程无关。这说明存在一个仅由弹簧的形变量所决定的物理量 $\frac{1}{2}kx^2$,这个量定义为**弹性势能**,记作 E_p

$$E_\mathrm{p} = \frac{1}{2}kx^2 \qquad (1\text{-}63)$$

用弹性势能表示式(1-62),有

$$W = E_{\mathrm{p}0} - E_\mathrm{p} = -(E_\mathrm{p} - E_{\mathrm{p}0}) \qquad (1\text{-}64)$$

式(1-64)说明,弹性力做的功等于弹性势能增量的负值。

3. 引力的功 引力势能

如图 1-35 所示,质量为 m 的质点 P 在质量为 m' 的质点 Q 的万有引力场中运动。设 $m' \gg m$,在这种情况下,可以认为 Q 是静止的,取 Q 所在处为坐标原点 O,P 的位置可用矢径 r 表示。质点 P 受到质点 Q 的万有引力为

$$\boldsymbol{F} = -G\frac{m'm}{r^2}\boldsymbol{r}^0$$

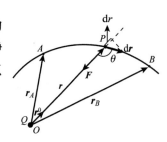

图 1-35 万有引力的功

式中 $\boldsymbol{r}^0$ 是矢径 r 的单位矢量。当质点 P 有元位移 $\mathrm{d}\boldsymbol{r}$ 时,万有引力

所做的元功为

$$\mathrm{d}W = \boldsymbol{F} \cdot \mathrm{d}\boldsymbol{r} = -G \frac{m'm}{r^2} \boldsymbol{r}^0 \cdot \mathrm{d}\boldsymbol{r}$$

由图 1-35 可见,$\boldsymbol{r}^0 \cdot \mathrm{d}\boldsymbol{r} = \mathrm{d}r$,其中 $\mathrm{d}r$ 是矢径 $\boldsymbol{r}$ 大小的元变量。对上式积分,可得质点 P 由 A 点运动到 B 点时,万有引力 $\boldsymbol{F}$ 所做的功

$$W = \int_{r_A}^{r_B} -G \frac{m'm}{r^2} \mathrm{d}r = -G \frac{m'm}{r_A} - \left(-G \frac{m'm}{r_B}\right) \quad (1-65)$$

式(1-65)表明,万有引力所做的功也只由质点 P 起始和终了位置 r_A 和 r_B 所决定,而与质点 P 的运动过程无关。与之相应,可以引入**引力势能**的概念。取无穷远($r = \infty$)处为零势能点,则当 Q、P 相距 r 时的引力势能为

$$E_{\mathrm{p}} = -G \frac{m'm}{r} \quad (1-66)$$

这样,式(1-65)就可以表示为

$$W = E_{\mathrm{p}A} - E_{\mathrm{p}B} = -(E_{\mathrm{p}B} - E_{\mathrm{p}A}) \quad (1-67)$$

式(1-67)说明,万有引力做的功等于引力势能增量的负值。

事实上,重力势能是地球表面附近的物体与地球间引力势能的特例。对于在地球引力场中的物体,相应的引力势能也可以用式(1-66)表示。其中 m' 为地球质量 m_{E},m 为地面上物体的质量。设地球半径为 R,则物体在地球表面的引力势能为

$$E_{\mathrm{p}, R} = -G \frac{m_{\mathrm{E}}m}{R}$$

而物体在地球表面上方 h 高度的引力势能为

$$E_{\mathrm{p}, R+h} = -G \frac{m_{\mathrm{E}}m}{R+h}$$

以上两式之差为物体相对于地球表面的重力势能,即

$$E_{\mathrm{p}, h} = -G \frac{m_{\mathrm{E}}m}{R+h} - \left(-G \frac{m_{\mathrm{E}}m}{R}\right) = \frac{Gm_{\mathrm{E}}mh}{R(R+h)}$$

如果物体离地面的高度远小于地球的半径,即 $R \gg h$ 时,上式可近似写为

$$E_{\mathrm{p}, h} \approx \frac{Gm_{\mathrm{E}}mh}{R^2} = mgh \quad (1-68)$$

其中 $g = \dfrac{Gm_{\mathrm{E}}}{R^2}$ 就是地球表面附近的重力加速度,所以式(1-68)

只对近地物体才适用。

4. 保守力和非保守力

由上面的讨论可知,重力做的功、弹簧的弹性力做的功和万有引力做的功,都有一个共同的特点,即都只与物体运动的始、末两点的位置有关,而与物体运动的具体路径无关。具有这种性质的力称为**保守力**。

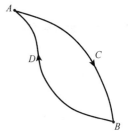

如图 1-36 所示,设一物体在保守力 $\boldsymbol{F}$ 的作用下自 A 点沿路径 ACB 到达 B 点,或沿路径 ADB 到达 B 点。根据保守力做功与路径无关的特点,有

$$W_{ACB} = W_{ADB} = \int_A^B \boldsymbol{F} \cdot \mathrm{d}\boldsymbol{r} \qquad (1\text{-}69)$$

图 1-36　保守力做功与
路径无关

如果质点沿闭合回路 $ACBDA$ 一周,则保守力所做的功为

$$W_{ACBDA} = \oint \boldsymbol{F} \cdot \mathrm{d}\boldsymbol{r} = \int_{\substack{A\\(ACB)}}^B \boldsymbol{F} \cdot \mathrm{d}\boldsymbol{r} + \int_{\substack{B\\(BDA)}}^A \boldsymbol{F} \cdot \mathrm{d}\boldsymbol{r}$$

$$= \int_{\substack{A\\(ACB)}}^B \boldsymbol{F} \cdot \mathrm{d}\boldsymbol{r} - \int_{\substack{A\\(ADB)}}^B \boldsymbol{F} \cdot \mathrm{d}\boldsymbol{r}$$

$$= W_{ACB} - W_{ADB} = 0 \qquad (1\text{-}70)$$

式(1-70)中$\oint$表示沿闭合曲线积分一周。式(1-69)和式(1-70)都可看作保守力的定义,也就是说,保守力做功与路径无关和保守力沿任意闭合路径一周做功为零,这两种说法是等效的。

然而并非所有的力做功都具有与路径无关的特点。凡是做功不满足式(1-69)或式(1-70)的力都称为非保守力。例如,摩擦力不是保守力,因为摩擦力沿闭合回路做功不为零,且路径越长,做功的绝对值越大。

动画:摩擦力做功

由保守力的定义可知,上述重力、弹性力和万有引力皆为保守力。

需要说明的是,势能属于相互作用的物体组成的系统,不能把势能看作属于某个孤立的物体。比如重力势能属于物体和地球组成的系统,弹性势能属于弹簧和受弹性力作用的物体。平时我们称某物体的重力势能,实际意思是指该物体和地球组成的系统所具有的重力势能。

1-5-4　质点系的动能定理　功能原理

1. 质点系的动能定理

1-5-2 节得出的单个质点的动能定理,也可以推广到由若干个物体组成的质点系。

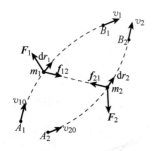

图 1-37　质点系动能定理

首先考虑由两个质量分别为 m_1 和 m_2 的质点组成的质点系，两个质点受到的外力分别为 $\boldsymbol{F}_1$ 和 $\boldsymbol{F}_2$，两质点间相互作用的内力分别为 $\boldsymbol{f}_{12}$ 和 $\boldsymbol{f}_{21}$，则在如图 1-37 所示系统的某一变化过程中，分别对两个质点应用质点的动能定理式(1-57)，有

$$\int_{A_1}^{B_1} \boldsymbol{F}_1 \cdot \mathrm{d}\boldsymbol{r}_1 + \int_{A_1}^{B_1} \boldsymbol{f}_{12} \cdot \mathrm{d}\boldsymbol{r}_1 = \frac{1}{2} m_1 v_1^2 - \frac{1}{2} m_1 v_{10}^2$$

$$\int_{A_2}^{B_2} \boldsymbol{F}_2 \cdot \mathrm{d}\boldsymbol{r}_2 + \int_{A_2}^{B_2} \boldsymbol{f}_{21} \cdot \mathrm{d}\boldsymbol{r}_2 = \frac{1}{2} m_2 v_2^2 - \frac{1}{2} m_2 v_{20}^2$$

将两式相加，得

$$\int_{A_1}^{B_1} \boldsymbol{F}_1 \cdot \mathrm{d}\boldsymbol{r}_1 + \int_{A_2}^{B_2} \boldsymbol{F}_2 \cdot \mathrm{d}\boldsymbol{r}_2 + \int_{A_1}^{B_1} \boldsymbol{f}_{12} \cdot \mathrm{d}\boldsymbol{r}_1 + \int_{A_2}^{B_2} \boldsymbol{f}_{21} \cdot \mathrm{d}\boldsymbol{r}_2$$

$$= \frac{1}{2} m_1 v_1^2 + \frac{1}{2} m_2 v_2^2 - \left(\frac{1}{2} m_1 v_{10}^2 + \frac{1}{2} m_2 v_{20}^2 \right)$$

上式等号左边前两项为外力对质点系所做的功之和，用 $W_{外}$ 表示，后两项为质点系内力所做功之和，用 $W_{内}$ 表示。等号右边前两项为系统的末动能，用 E_{k} 表示，后两项为系统的初动能，用 E_{k0} 表示。则上式可写为

$$W_{外} + W_{内} = E_{k} - E_{k0} \tag{1-71}$$

式(1-71) 表明，所有外力做的功和内力做的功的代数和等于质点系动能的增量。这一结论很明显地可以推广到由任意多个质点组成的质点系。式(1-71) 就是**质点系的动能定理**。

2. 质点系的功能原理

在质点系的动能定理中，总功既有外力做的功又有内力做的功。进一步可以把系统的内力功分为保守内力功 $W_{保内}$ 和非保守内力功 $W_{非保内}$。这样，质点系的动能定理可表示为

$$W_{外} + W_{保内} + W_{非保内} = E_{k} - E_{k0} \tag{1-72}$$

考虑到保守内力(如万有引力、重力、弹性力) 做功等于系统势能(引力势能、重力势能、弹性势能) 增量的负值，即

$$W_{保内} = -(E_{p} - E_{p0}) = -\Delta E_{p}$$

将上式代入式(1-72)，得到

$$W_{外} + W_{非保内} = (E_{k} + E_{p}) - (E_{k0} + E_{p0}) \tag{1-73}$$

将系统的动能和势能之和定义为系统的机械能，用符号 E 表示，即

$$E = E_{k} + E_{p}$$

式(1-73)就可以写成

$$W_外 + W_{非保内} = E - E_0 \qquad (1-74)$$

即外力所做的功和系统内非保守内力所做的功之和等于质点系机械能的增量,这一结论称为**质点系的功能原理**。

由质点系的功能原理可知,外力做功和系统的非保守内力做功都可以改变系统的机械能。外力做功是系统外物体的能量与系统内机械能之间的传递和转化。当外力对系统做正功时,表明有能量从外界传入系统,使系统的机械能增加;反之,当外力做负功时,表明系统向外界传递能量,使系统机械能减少。而系统内非保守内力做功意味着系统内机械能与其他形式能量之间的转化。非保守内力做正功时,表明有其他形式的能量转化为机械能;非保守内力做负功时,则表明系统内的机械能转化为其他形式的能量。

例 1-16 如图 1-38 所示,一质量 $m = 2.0\ \mathrm{kg}$ 的物体,由静止开始沿一圆弧形轨道从 A 点下滑到 B 点,到达 B 点时的速率为 $v = 6.0\ \mathrm{m/s}$。已知圆弧形轨道的半径 $R = 4\ \mathrm{m}$,求物体从 A 点到 B 点的过程中,摩擦力所做的功。

解 物体在下滑过程中受到的摩擦力 f 的大小和方向都在不断变化。若由功的定义 $W_f = \int_A^B f\cos\theta \mathrm{d}s$ 求摩擦力的功,计算过程比较复杂。但若应用动能定理或功能原理来解本题,则比较简单。

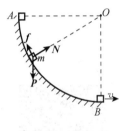

图 1-38 例 1-16

选物体 m 和地球作为系统,物体下滑过程中所受的外力有两个:轨道对物体的支持力 N,方向始终指向圆心 O;摩擦力 f,方向沿轨道的切向,并与物体的运动方向相反。物体受到的重力 $P = mg$ 为系统的保守内力,系统中没有非保守内力。

利用质点系的动能定理

$$W_外 + W_{保内} + W_{非保内} = E_k - E_{k0}$$

上式中 $W_外 = W_f$ 为摩擦力所做的功。当选取 B 点所在水平面的重力势能为零时,$W_{保内} = mgR$。因系统中无非保守内力,所以 $W_{非保内} = 0$。$E_{k0} = 0$,而 $E_k = \dfrac{1}{2}mv^2$,所以

$$W_f + mgR = \frac{1}{2}mv^2$$

得

$$W_f = \frac{1}{2}mv^2 - mgR$$

$$= \frac{1}{2} \times 2 \times 6^2 - 2 \times 9.8 \times 4 = -42.4 \text{ J}$$

或利用系统的功能原理

$$W_{外} + W_{非保内} = (E_k + E_p) - (E_{k0} + E_{p0})$$

式中 $W_{外} = W_f$，$W_{非保内} = 0$。$E_{k0} = 0$，$E_p = 0$，而 $E_k = \frac{1}{2}mv^2$，$E_{p0} = mgR$。所以

$$W_f = \frac{1}{2}mv^2 - mgR = -42.4 \text{ J}$$

1-5-5　机械能守恒定律

由质点系的功能原理可知，如果没有外力和非保守内力的作用，或外力和非保守内力都不做功，或者做功但所做的总功为零，则系统的机械能不随时间改变，用数学式表示为

$$当 W_{外} = 0、W_{非保内} = 0，则 E = E_k + E_p = 常量$$

$$(1-75)$$

这就是**机械能守恒定律**。

1-6　对称性与守恒定律

上述的动量守恒定律或能量守恒定律都是从牛顿力学里得出的，可这些守恒定律比牛顿定律的适应面更广、更基本，在牛顿定律不适用的领域，它们仍然成立。现代物理学已经认识到这些守恒定律与时空对称性紧密联系着。

1-6-1　对称性

对称性概念来源于生活，来源于对自然的认识。圆、雪花、树叶、动物的体形和中国古代建筑都具有很好的对称性(图 1-39)。定义系统从一个状态变化到另一个状态的过程叫作变换，或叫作操作。通过操作把系统从一个状态变化到另一个与之等价的状态，就称系统对于这个操作是对称的。

图 1-39　自然界的对称性

　　常见的对称性操作有,空间的平移、转动,以及时间的平移
等。例如一根无限长的直导线沿其自身方向做任意大小的平移,
这根导线的状态都没有改变,所以这根导线对此平移是对称的;
同样,一个无限大的平面对沿面内任意方向的平移也是对称的。
但晶体只能沿某特定方向,做给定长度的平移才是对称的。所
以,晶体平移对称性的程度较之无限长直导线和无限大平面来
说要低很多。如果使一个物体绕某轴旋转一角度后,仍和原来相
同,这种对称叫作旋转对称或轴对称。显然,对树叶要绕其茎轴
旋转180°,甚至360°后方可使其恢复原状;对于图1-39中的六角
形雪花,只要对通过其中心的垂直轴旋转60°后就可使其恢复原
状了;而对于圆形物,则对通过圆心并垂直于圆平面的轴旋转任
意角度都能使其保持原状。所以说上述雪花的对称性比树叶要
高,却低于圆的转动对称性。

　　关于时间不变性可以这样来理解,即一个系统的状态经过
给定时间平移后,其状态表现出不变性。理想的单摆是时间平移
不变性的例子。如图1-40所示,单摆经历时间 $T = 2\pi(l/g)^{1/2}$ 后
恢复原来状态。

图 1-40　单摆的时间对称性

1-6-2　守恒律与对称性

　　物理定律的对称性是指经过一定的操作后物理定律的形式
保持不变,所以物理定律的对称性又叫物理定律的不变性。物理
学中的各守恒定律的存在并不是偶然的,它们是各种对称性的
反应。

1. 空间平移不变性与动量守恒律

　　设在系统中有一对粒子 A 和 B(图1-41),它们间的相互作用
势能为 E_p。若 B 不动,将 A 移动 A',系统势能的增量 $\Delta E_p =$
$-\boldsymbol{F}_{BA} \cdot \Delta \boldsymbol{s}$,式中 $-\boldsymbol{F}_{BA} \cdot \Delta \boldsymbol{s}$ 为反抗 B 对 A 的力做的功。同样,如
A 不动,将 B 沿反方向以相等距离移到 B',系统势能的增量
$\Delta E'_p = -\boldsymbol{F}_{AB} \cdot \Delta \boldsymbol{s}' = \boldsymbol{F}_{AB} \cdot \Delta \boldsymbol{s}$,$(\Delta \boldsymbol{s}' = -\Delta \boldsymbol{s})$ 式中 $\boldsymbol{F}_{AB} \cdot \Delta \boldsymbol{s}$ 为反抗
A 对 B 的力做的功。从整体上来看,这两种情况的区别只在两粒

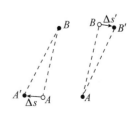

图 1-41　平移对称性

子系统在空间有个平移,而它们的相对位置改变相同,假如空间平移是对称的,则势能的这两种增量应不变,即 $\Delta E_p = \Delta E'_p$,于是可得 $\boldsymbol{F}_{AB} = -\boldsymbol{F}_{BA}$。如设 A 的动量为 $\boldsymbol{P}_A$,B 的动量为 $\boldsymbol{P}_B$,那么由牛顿第二定律可得 $(\mathrm{d}\boldsymbol{P}_A/\mathrm{d}t + \mathrm{d}\boldsymbol{P}_B/\mathrm{d}t) = 0$,可得

$$\boldsymbol{P}_A + \boldsymbol{P}_B = 常量$$

即两粒子系统的动量守恒,与它们整体在空间的平移无关。这样就从空间平移不变性推导出了动量守恒律。

2. 时间平移不变性与能量守恒律

前面在讲述机械能守恒定律时曾强调,若系统为一孤立的保守系统,那么这个系统中的势能和动能可以相互转化,但它们之和是守恒的,是不随时间的变化而改变的。这就是机械能的时间平移不变性。不仅如此,能量守恒定律也具有时间平移不变性。下面举个反例来说明。

视频:对称在物理学
中的作用

视频:对称在解
题中的运用

设想某一储能水电站所在地的重力加速度是随昼夜不同而变化的。譬如,白天为 g,晚上为 g',且 $g > g'$。那么我们可以在晚上利用重力加速度小的时候把水抽到水库里,到白天再用水库里的水冲击水轮机发电。这样一来,水电站不仅避开用电高峰获得了经济效益,而且由于重力加速度的周期性变化而取得能量的盈余。这是多么好的"永动机"啊!然而,重力加速度的时间平移不变性不容许这种情况存在。

上面我们仅由时空对称性推出了动量守恒律和能量守恒律,实际上,近代物理学的发展告诉我们,每一种对称性都对应一个守恒定律,就有一个守恒量。

1-7 刚体定轴转动

物体在外力作用下,形状和大小都会改变,但如果变化可以忽略,或对研究的问题不起主要作用,就可以把它看作在外力的作用下不发生改变的物体,即**刚体**。

刚体可以被看成是由无数质点构成的一个质点系统。由于刚体的形状和大小在运动过程中保持不变,因此,刚体内任意两个质点之间的距离在运动过程中或受力时保持不变。研究刚体整体运动情况的方法是:先运用质点力学研究刚体中每一个质点(又称质元)所服从的运动规律,再把构成刚体的全部质点的运动加以综合,就可以得出刚体运动所服从的规律。

刚体最常见的运动形式有以下四种。

(1) 刚体的平动:在这种运动中,刚体上所有的点的运动轨

迹相互平行。显然,在描写刚体的平动时,可用刚体上任一点的运动来代表,通常用刚体质心的运动代表整个刚体的平动。

(2)刚体的定轴转动:在这种运动中,刚体上所有的点都以同一条固定直线为转轴做圆周运动。比如,电动机转子的运动就是一种定轴转动。

(3)刚体的定点转动:在这种运动中,刚体上所有的点都绕同一个固定点转动。这个定点可以在刚体上,也可以在刚体的延拓部分。可以证明:在每一瞬时,做定点转动的刚体总是绕过固定点的某个转轴转动,不同瞬时,转轴取向不同。

(4)刚体的平面平行运动:在这种运动中,刚体上每一点都在各自的平面上运动,且这些平面都平行于同一固定平面,这一固定平面称为运动平面。比如,车轮在地面上的滚动就是一种平面平行运动。

刚体的一般运动则可以看成是平动和转动的合成,具体地说,可看作是刚体上(或其延拓部分)某一基点的平动和刚体绕该点的定点转动的合成运动。

本节只讨论刚体最简单的运动形式,即定轴转动。

动画:刚体的平动和转动

1-7-1 刚体的定轴转动的运动学

如果刚体内所有质点都绕同一直线做圆周运动,则称刚体的这种运动为**定轴转动**,这一直线称为**转轴**。如地球绕通过南北极的地轴的自转,开关门时门的转动等。转轴可以是通过刚体的某条直线,也可以是在刚体之外的某条直线,例如一个中空的圆筒在地上滚动时,它的转轴并不在圆筒上,而是圆筒的中心线。如果在所选择的参照系内,转轴是固定不动的,这种转动就称为**刚体绕固定轴的转动**,简称**定轴转动**。

刚体做定轴转动时,刚体上的每一个质点都各自在垂直于转轴的平面内做圆周运动,这个平面称为**转动平面**。显然在一个最大转动平面内的刚体各质元的运动可以代表整个刚体质元的运动。在同一转动平面内的各质元与转轴的距离不同,各质元的位移、速度和加速度也各不相同,但所有质元绕定轴转动的角位移、角速度和角加速度都相等。所以,用角量来描述刚体的定轴转动是简便的。

如图 1-42 所示,设在 dt 时间内,刚体转轴上 O 点到 P 点的位矢 r 转过一个无限小的角位移 $d\theta$。规定 $d\theta$ 的方向在转轴上,当刚体沿逆时针方向转动时的角位移为正,沿顺时针方向转动时的角位移为负。刚体对转轴的瞬时角速度的大小为

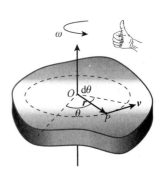

图 1-42 角位移、角速度

$$\omega = \frac{\mathrm{d}\theta}{\mathrm{d}t} \qquad (1-76)$$

角速度是一个矢量,其方向与角位移 $\mathrm{d}\theta$ 的方向相同。角速度是描述刚体转动快慢的物理量,在国际单位制中,角位移的单位为弧度(rad),因此角速度的单位为弧度·秒$^{-1}$(rad·s^{-1})。工程上,机器的转动快慢常用每分钟的转数 n 来表示。设一台机器每分钟转 n 转,则角速度与转数的关系为

$$\omega = \frac{2\pi n}{60} \ \mathrm{rad \cdot s^{-1}} = \frac{\pi n}{30} \ \mathrm{rad \cdot s^{-1}}$$

刚体做匀速转动时,角速度是常量;刚体做变速转动时,角速度要随时间变化。刚体的瞬时角加速度定义为

$$\beta = \frac{\mathrm{d}\omega}{\mathrm{d}t} \qquad (1-77)$$

角加速度是描述刚体角速度变化快慢的物理量。在国际单位制中,角加速度的单位是弧度·秒$^{-2}$(rad·s^{-2})。角加速度是矢量,其方向也沿转轴的方向,当刚体加速转动时,β 与 ω 的方向相同;当刚体减速转动时,β 与 ω 的方向相反。

刚体定轴转动时,若在任意相等的时间内角速度的变化都相等,即 β 为一常量,这种运动称为匀变速转动。设刚体在 $t=0$ 时刻的角位置为 θ_0,角速度为 ω_0,则在任意时刻 t,刚体的角速度为

$$\omega = \omega_0 + \beta t \qquad (1-78)$$

角位置为

$$\theta = \theta_0 + \omega_0 t + \frac{1}{2}\beta t^2 \qquad (1-79)$$

从式(1-78)和式(1-79)中消去 t,得

$$\omega^2 - \omega_0^2 = 2\beta(\theta - \theta_0) \qquad (1-80)$$

上面三个公式与质点做匀加速直线的公式相似(高中物理)。

在很多情况下,需要知道刚体上某一点的运动情况。例如,为了知道传送带传送货物的速度,就要考虑驱动传送带的轮子边缘的线速度。若刚体上某点 P 到转轴的距离为 r,则该点的线速度 v、法向加速度 a_n 和切向加速度 a_t 与角量 ω 和 β 的关系分别为

$$v = r\omega \qquad (1-81)$$

$$a_n = \frac{v^2}{r} = r\omega^2 \qquad (1-82)$$

$$a_t = r\beta \qquad (1-83)$$

例 1-17　一飞轮以 $n = 1\,500$ r/min 的转速转动,受到制动后均匀地减速,经过时间 $t = 50$ s 后停止转动。求:

(1) 飞轮的角加速度 β;

(2) 从制动开始到静止,飞轮转过的转数 N;

(3) 制动开始后 $t = 25$ s 时飞轮的角速度 ω;

(4) 设飞轮的半径 $r = 1$ m,求 $t = 25$ s 时飞轮边缘上一点的速度和加速度。

解　(1) 飞轮的初角速度为

$$\omega_0 = 2\pi \times \frac{1\,500}{60} = 50\pi \text{ rad} \cdot \text{s}^{-1}$$

当 $t = 50$ s 时,飞轮的末角速度为

$$\omega = 0$$

由式(1-78)得

$$\beta = \frac{\omega - \omega_0}{t} = \frac{0 - 50\pi}{50} = -3.14 \text{ rad} \cdot \text{s}^{-2}$$

(2) 设飞轮的初角位置 $\theta_0 = 0$,则由式(1-79),从开始制动到飞轮停止,飞轮的角位移 θ 为

$$\theta = \omega_0 t + \frac{1}{2}\beta t^2 = 50\pi \times 50 - \frac{1}{2} \times \pi \times (50)^2 = 1\,250\pi \text{ rad}$$

所以,整个过程飞轮转过的转数 N 为

$$N = \frac{\theta}{2\pi} = \frac{1\,250\pi}{2\pi} = 625$$

(3) 由式(1-78),在 $t = 25$ s 时刻,飞轮的角速度为

$$\omega = \omega_0 + \beta t = 50\pi - \pi \times 25 = 25\pi = 78.5 \text{ rad} \cdot \text{s}^{-1}$$

ω 的方向与 ω_0 相同。

(4) 由式(1-81)、式(1-82)和式(1-83),$t = 25$ s 时,飞轮边缘上一点的速度 $\boldsymbol{v}$、法向加速度 $\boldsymbol{a}_n$ 和切向加速度 $\boldsymbol{a}_t$ 的大小分别为

$$v = r\omega = 1 \times 25\pi = 78.5 \text{ m} \cdot \text{s}^{-1}$$

$$a_n = r\omega^2 = 1 \times (25\pi)^2 = 6.16 \times 10^3 \text{ m} \cdot \text{s}^{-2}$$

$$a_t = r\beta = 1 \times (-\pi) = -3.14 \text{ m} \cdot \text{s}^{-2}$$

飞轮边缘上该点的速度 v 的方向沿飞轮边缘的切线方向,其加速度 $a = a_n + a_t$,其中 a_t 的方向和 v 的方向相反,a_n 的方向指向飞轮中心,a 的大小为

$$a = \sqrt{a_n^2 + a_t^2} = \sqrt{(6.16 \times 10^3)^2 + (-3.14)^2}$$
$$\approx 6.16 \times 10^3 \text{ m} \cdot \text{s}^{-2}$$

可见,本题中,由于 $a_n \gg a_t$,所以 a 的大小几乎与 a_n 的大小相等,a 的方向也几乎与 a_n 相同。

1-7-2 转动定理 转动惯量

上面我们讨论了刚体定轴转动的运动学问题。接下来,通过研究力矩与定轴转动刚体角加速度的关系,确定动力学规律。

1. 力矩

一个具有固定转轴的物体,在外力作用下,可能发生转动,也可能不发生转动,取决于力的作用点和方向,为此引进力矩概念。

设刚体所受外力 F 在垂直于转轴的转动平面内(图 1-43),作用点 P 到转轴的距离是 r,则作用力 F 相对于转轴的力矩大小为

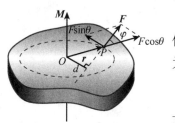

图 1-43 刚体受到的力

$$M = rF \sin\varphi = Fd \tag{1-84}$$

其中 φ 是 F 和 r 的夹角,$d = r\sin\varphi$ 称为**力臂**。力矩是矢量,但能对定轴转动产生影响的力矩方向皆沿定轴方向,所以可用代数值的正、负来表示方向。当几个力同时作用于一个做定轴转动的刚体上时,它们的合力矩等于这几个力的力矩的代数和。如果先在转轴上规定一个正方向,当某力矩的方向与规定的方向一致,则该力矩为正;反之,该力矩为负。力矩的单位为米·牛($\text{m} \cdot \text{N}$),不能用焦耳来表示。

2. 刚体的转动定理

为方便起见,先讨论一个最简单的例子。如图 1-44 所示,设想某刚体是由一个质量为 m 的质点和质量可忽略不计的刚性轻杆所组成,轻杆的另一端与转轴相连,此质点可在垂直于转轴的平面内沿半径为 r 的圆周转动。若以力 F 作用于该质点,则只有 F 的切向分力 F_t 对质点的转动有影响,根据牛顿第二定律,有

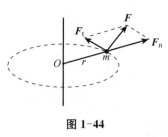

图 1-44

$$F_t = ma_t = mr\beta$$

则力 F_t 对转轴的力矩为

$$M = rF_t = (mr^2)\beta$$

对于一个任意形状的刚体，其上所有质元的运动情况与上例中的质点一样，都围绕转轴在各自的转动平面内做圆周运动。每个质元要受到外力和刚体上其他质元对它的内力作用。因此对某一给定转轴，该质元要受到外力矩和内力矩的作用。质点系中所有质元间的内力所产生的内力矩的矢量和为零。因此只需考虑外力矩对定轴转动刚体的影响。

如图 1-45 所示，设刚体内第 i 个质元的质量为 Δm_i，它到转轴的垂直距离为 r_i，作用于此质元上的合力的切向分力 F_i 垂直于 r_i，则由上面的例子，此质元受到的合力矩为

$$M_i = F_i r_i = (\Delta m_i r_i^2)\beta \tag{1-85}$$

对刚体上的每一个质元，都可以得到类似的方程，由于每个质元对转轴的角加速度都相等，所以，把所有这些方程相加，可得到

$$\sum_i M_i = \left(\sum_i \Delta m_i r_i^2\right)\beta \tag{1-86}$$

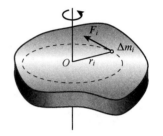

图 1-45　转动定理

式(1-86) 中 $\sum_i M_i$ 为作用于刚体上所有外力矩的代数和(成对的内力矩抵消了)，即刚体受到的合外力矩，用 M 表示。而 $\sum_i \Delta m_i r_i^2$ 只和刚体的形状、质量分布以及转轴的位置有关，一旦定轴位置和质量分布确定，这个量是一个常量，称为**转动惯量**，以 I 表示，即

$$I = \sum_i \Delta m_i r_i^2 \tag{1-87}$$

于是式(1-86) 可写为

$$M = I\beta \tag{1-88}$$

式(1-88) 表明，在合外力矩的作用下，刚体获得的角加速度 β 与合外力矩 M 成正比，与转动惯量 I 成反比。这一关系，称为刚体绕定轴转动的**转动定理**。

将式(1-88) 与描述质点运动的牛顿第二定律 $\boldsymbol{F} = m\boldsymbol{a}$ 比较，可以看出它们的形式很相似，转动定理在转动中的地位和牛顿第二定律在平动中的地位相当。刚体转动时的转动惯量 I 和质点平动时的惯性质量 m 相当，它是刚体做定轴转动时转动惯性大小的量度。

由转动惯量的定义式 $I = \sum \Delta m_i r_i^2$ 可见，转动惯量与刚体的质量、质量的分布以及转轴的位置都有关，刚体的质量越大、质量分布得离转轴越远，转动惯量就越大，即刚体越不容易改变其转动的状态。

在国际单位制中,转动惯量的单位是千克·米^2(kg·m^2)。

如果刚体的质量是连续分布的,则式(1-87)应改由积分表示,即

$$I = \int r^2 \mathrm{d}m \qquad (1-89)$$

当刚体的质量分布在一条线上时,式(1-89)中 $\mathrm{d}m = \lambda \mathrm{d}l$,$\lambda$ 表示单位长度上的质量,称为质量线密度,$\mathrm{d}l$ 表示线元;当刚体的质量分布在一个面上时,$\mathrm{d}m = \sigma \mathrm{d}S$,$\sigma$ 表示单位面积上的质量,称为质量面密度,$\mathrm{d}S$ 表示面积元;当刚体的质量为体分布时,$\mathrm{d}m = \rho \mathrm{d}V$,$\rho$ 表示单位体积内的质量,称为质量体密度,$\mathrm{d}V$ 表示体积元。

例 1-18 (1) 求一质量为 m,长为 l 的均匀细棒对于垂直于细棒且通过细棒一端的转轴的转动惯量。(2) 求此细棒对于垂直于细棒且通过细棒中心的转轴的转动惯量。

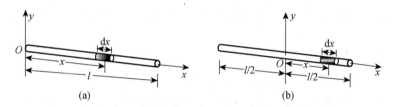

图 1-46　细棒的转动惯量

解 (1) 如图 1-46(a) 所示,以转轴位置为坐标原点,在细棒上离转轴距离为 x 处取一线元 $\mathrm{d}x$,该线元的质量

$$\mathrm{d}m = \lambda \mathrm{d}x = \frac{m}{l} \mathrm{d}x$$

由式(1-89),细棒的转动惯量为

$$I = \int x^2 \mathrm{d}m = \frac{m}{l} \int_0^l x^2 \mathrm{d}x$$

得

$$I = \frac{1}{3} ml^2$$

(2) 当转轴为细棒的垂直中心轴时,设坐标原点在细棒中心,如图 1-46(b) 所示,则积分区间为 $-l/2$ 到 $l/2$。有

$$I = \int x^2 \mathrm{d}m = \frac{m}{l} \int_{-\frac{l}{2}}^{\frac{l}{2}} x^2 \mathrm{d}x$$

得

$$I = \frac{1}{12}ml^2$$

显然,同一刚体,转动轴的位置不同,转动惯量也不同。

例 1-19 (1) 求质量均匀分布的圆环对通过环心且与环面垂直的转轴的转动惯量;

(2) 求质量均匀分布的圆盘对通过盘心且与盘面垂直的转轴的转动惯量。

解 (1) 设圆环质量为 m,半径为 r,由于圆环上各质点到转轴的距离均相等,所以

$$I = \int r^2 \mathrm{d}m = r^2 \oint \mathrm{d}m = mr^2$$

可见,质量均匀分布的圆环对垂直中心轴的转动惯量与一个质点圆周运动的转动惯量相同,该质点的质量为整个圆环的质量,该质点圆周运动的半径等于圆环的半径。

(2) 设圆盘的质量为 m,半径为 r,质量面密度为 σ。将此圆盘看成是由许多同心细圆环组成的(图 1-47),其中半径为 x 宽为 $\mathrm{d}x$ 的细圆环的面积为 $2\pi x \mathrm{d}x$,所以此细圆环的质量为 $\mathrm{d}m = 2\pi \sigma x \mathrm{d}x$,则由本题(1)中的结果,此细圆环的转动惯量为

$$\mathrm{d}I = x^2 \mathrm{d}m = 2\pi \sigma x^3 \mathrm{d}x$$

整个圆盘绕垂直中心轴的转动惯量为

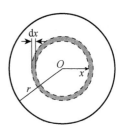

图 1-47 例 1-19

$$I = 2\pi \sigma \int_0^r x^3 \mathrm{d}x = \frac{\pi}{2}\sigma r^4$$

因为 $\sigma = \dfrac{m}{\pi r^2}$,所以

$$I = \frac{1}{2}mr^2$$

以上两例讨论的是质量分布均匀、几何结构简单的刚体的转动惯量。一般情况下,对于形状复杂的刚体,其转动惯量要通过实验来确定。下面介绍一个可以帮助简化转动惯量的计算的定理 —— 平行轴定理(证明从略)。

设一质量为 m 的刚体绕通过质心的转轴的转动惯量为 I_C,若将转轴平移距离 d(图 1-48),则绕此转轴的转动惯量 I 为

$$I = I_C + md^2 \tag{1-90}$$

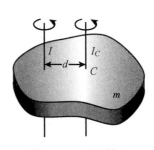

图 1-48 平行轴定

如例 1-18 第（2）问中的转动惯量 $I = I_C = \dfrac{1}{12}ml^2$ 即为细棒对通过质心转轴的转动惯量。由平行轴定理，细棒对通过其一端的轴的转动惯量为

$$I = I_C + m\left(\frac{l}{2}\right)^2 = \frac{1}{12}ml^2 + \frac{1}{4}ml^2 = \frac{1}{3}ml^2$$

与例 1-18 第（1）问的结果相同。

表 1-1 常见简单物体对不同转轴的转动惯量

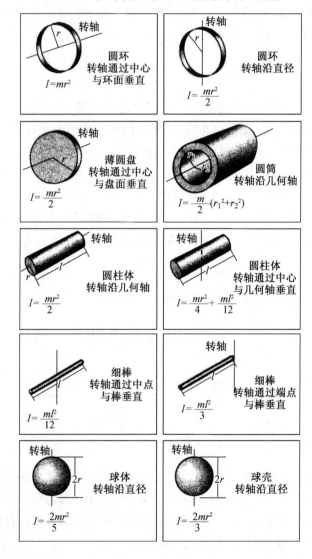

例 1-20 如图 1-49 所示，一轻绳跨过一个定滑轮，绳的两端分别悬挂质量为 m_1 和 m_2 的物体，并且 $m_1 < m_2$。设定滑轮可以看作是一个均质圆盘，质量为 m，半径为 r，轻绳与滑轮间无相对滑动，

转轴与滑轮间的摩擦力为零。求物体的加速度和绳子中的张力。

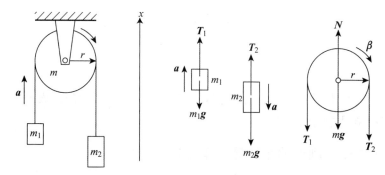

图 1-49 例 1-20

解 因为 $m_1 < m_2$，所以物体 m_2 将下降，物体 m_1 将上升，定滑轮将做顺时针转动。当整个系统运动时，定滑轮的角加速度 $\boldsymbol{\beta}$ 不为零，根据转动定理，定滑轮所受的合外力矩也不为零，即定滑轮两边绳的张力 $\boldsymbol{T}_1$ 和 $\boldsymbol{T}_2$ 的大小不相等。定滑轮受转轴的支持力 $\boldsymbol{N}$ 和重力 $m\boldsymbol{g}$ 的作用线都通过转轴，所以，这两个力的力矩为零，对定滑轮的转动没有影响。分别作两个物体和定滑轮的隔离图，如图 1-49 所示，取 x 轴竖直向上，则对两个物体分别应用牛顿第二定律，有

$$T_1 - m_1 g = m_1 a$$
$$T_2 - m_2 g = -m_2 a$$

对定滑轮应用转动定理，有

$$T_2 r - T_1 r = I\beta = \frac{1}{2}mr^2\beta$$

物体的加速度大小 a 即为定滑轮边缘各点的切向加速度，所以

$$a = r\beta$$

联立求解以上四个方程，得

$$a = \frac{(m_2 - m_1)g}{m_1 + m_2 + m/2}$$

$$T_1 = m_1(g + a) = \frac{m_1(2m_2 + m/2)g}{m_1 + m_2 + m/2}$$

$$T_2 = m_2(g - a) = \frac{m_2(2m_1 + m/2)g}{m_1 + m_2 + m/2}$$

$$\beta = \frac{a}{r} = \frac{(m_2 - m_1)g}{(m_1 + m_2 + m/2)r}$$

如果不计定滑轮的质量，即 $m = 0$，由上面的式子，可以得到

定滑轮两边绳子的张力相等,设为 T,这时

$$a = \frac{(m_2 - m_1)g}{m_1 + m_2}$$

$$T = T_1 = T_2 = \frac{2m_1 m_2 g}{m_1 + m_2}$$

与本章例 1-3 的结果相同。请读者比较这两题的题设条件和结果之间的关系。

1-7-3 刚体的角动量 角动量守恒

角动量有特殊的定义,但对刚体定轴转动情形,可以从转动定理中简单地"剥离出"刚体角动量形式。

在式(1-88)中,对确定的定轴刚体,转动惯量是常量,考虑到角加速度 $\beta = \dfrac{\mathrm{d}\omega}{\mathrm{d}t}$,则

$$M = \frac{\mathrm{d}(I\omega)}{\mathrm{d}t} = \frac{\mathrm{d}L}{\mathrm{d}t} \tag{1-91}$$

其中

$$L = I\omega \tag{1-92}$$

称刚体相对于转轴的角动量,其与质点动量 $\boldsymbol{p} = m\boldsymbol{v}$ 有极其相似之处,前者式(1-92)中的各物理量对应于转动,后者式中的各物理量对应于平动。

式(1-91)表明,刚体受外力矩作用等于刚体角动量的变化率。虽然式(1-91)是由式(1-88)推论出的,但如果物体由若干个刚体组成,且各部分相对于转轴的角加速度不等,则式(1-88)已不成立,但式(1-91)仍然可以成立。

设一个做定轴转动刚体的转动惯量为 I,在外力矩 M 的作用下,经时间 $\Delta t = t - t_0$,角速度由 ω_0 变为 ω,则对式(1-91)积分,有

$$\int_{t_0}^{t} M\mathrm{d}t = \int_{L_0}^{L} \mathrm{d}L = L - L_0 = I\omega - I\omega_0 \tag{1-93a}$$

$\int_{t_0}^{t} M\mathrm{d}t$ 是合外力矩对时间的积累,称合外力矩对给定轴的**冲量矩**。

若转动过程中,物体对定轴的转动惯量由 I_0 变为 I,则式(1-93a)中的 $L_0 = I_0 \omega_0$,于是式(1-93a)可表示为

$$\int_{t_0}^{t} M\mathrm{d}t = I\omega - I_0 \omega_0 \tag{1-93b}$$

式(1-93)表明,作用在物体上的冲量矩等于物体对同一转轴角动量的增量。它与质点的动量定理也有相似之处,前者与转动相关,后者与平动相关。

在国际单位制中,角动量的单位是千克·米^2/秒(kg·m^2/s),冲量矩的单位是牛·米·秒(N·m·s)。

视频:刚体定轴以恒定角速度转动时角动量也是恒定值吗?

1-7-4　角动量守恒定律

由式(1-93)可知,如果刚体所受的合外力矩 $M = 0$,则有

$$I\omega = 常量 \tag{1-94}$$

这就是说,如果刚体受到的合外力矩为零,或者不受外力矩的作用,则刚体的角动量保持不变。这个结论称为**角动量守恒定律**。

下面讨论角动量守恒定律的两种情况。

(1)当物体绕定轴转动时,转动惯量保持不变,则由角动量守恒定律,因为 $I\omega = 常量$,所以 $\omega = 常量$,此时物体做匀角速转动。

(2)当物体绕定轴转动时,若转动惯量可以改变,则由角动量守恒定律,$I\omega = I_0\omega_0 = 常量$,得

$$\omega = \frac{I_0\omega_0}{I}$$

即物体的角速度随转动惯量的变化而变化。当 I 变大时,ω 变小;反之,当 I 变小时,ω 变大。这种情况可用图 1-50 表现出来。设某人站在一个能绕竖直中心轴转动的转台上,此系统转动时,各种摩擦忽略不计,因而转动时系统的角动量守恒。此人两手中各握有一个哑铃,当他将两臂平举时,系统以一定的角速度 ω_0 转动[图 1-50(a)]。若在转动过程中,他将两臂放下,则系统绕轴的转动惯量将减小。由于角动量守恒,结果角速度 ω 要变大,即系统较此人两臂平举时要转动得快一些[图 1-50(b)]。

动画:角动量守恒定律的演示

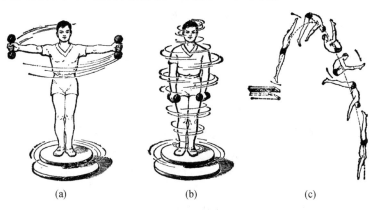

(a)　　　　　　(b)　　　　　　(c)

图 1-50　角动量守恒

日常生活中,利用角动量守恒的例子是很多的。例如,花样滑冰运动员、跳水运动员在做转体和翻滚动作时的情况。当他们旋转时,通过尽量收拢身体可减小转动惯量,这样他们可以快速地旋转;而当跳水运动员准备入水时,通过尽量伸展身体使转动惯量迅速增大以减小角速度,以便平稳地竖直进入水中[图 1-50(c)]。

例 1-21　质量为 M、半径为 R 的转台,可绕通过中心的竖直轴无摩擦地转动。质量为 m 的人,站在转台边缘,开始时人和转盘静止,如果人沿转台边缘相对于转台走动 1 周,求相对于地面,人和转台分别转动了多少角度?

图 1-51　例 1-21

解　转台绕轴转动的转动惯量 $I = \dfrac{1}{2}MR^2$,将人看作质点,当他沿转台边缘走动,可以看作绕轴做圆周运动,转动惯量为 $I' = mR^2$。设人相对于地面的角速度为 ω',转台相对于地面的角速度为 ω(图 1-51),则转台和人对于转轴的角动量分别为

$$L = I\omega = \frac{1}{2}MR^2\omega$$

$$L' = I'\omega' = mR^2\omega'$$

把转台和人看作一个系统,由于无外力矩作用,系统角动量守恒。因为开始时系统静止,角动量为零,所以有

$$\frac{1}{2}MR^2\omega + mR^2\omega' = 0$$

解得

$$\omega = -\frac{2m}{M}\omega'$$

设人相对于转台的角速度为 ω_{rel},则有

$$\omega_{rel} = \omega' - \omega = \omega' - \left(-\frac{2m}{M}\omega'\right) = \frac{M+2m}{M}\omega'$$

设人在转台上走 1 周所用的时间为 T,有

$$2\pi = \int_0^T \omega_{\text{rel}} \mathrm{d}t = \int_0^T \frac{M+2m}{M} \omega' \mathrm{d}t = \frac{M+2m}{M} \int_0^T \omega' \mathrm{d}t$$

因此,在 T 时间内,人相对于地面转动的角度为

$$\theta' = \int_0^T \omega' \mathrm{d}t = \frac{2\pi M}{M+2m}$$

转台相对于地面转动的角度为

$$\theta = \int_0^T \omega \mathrm{d}t = \int_0^T \left(-\frac{2m}{M}\omega'\right)\mathrm{d}t = -\frac{2m}{M} \int_0^T \omega' \mathrm{d}t$$

$$= -\frac{2m}{M} \cdot \frac{M}{M+2m} \cdot 2\pi = -\frac{4\pi m}{M+2m}$$

负号说明转台的转动方向和人的走动方向相反。

视频:哑铃式铁锤
的力学特点

1-7-5　刚体的动能定理

1. 力矩的功

刚体转动时,某一外力对刚体所做的功仍定义为外力和位移的标量积。如图 1-52 所示,刚体受到位于转动平面内的外力 $\boldsymbol{F}$ 的作用,力 $\boldsymbol{F}$ 的作用点 P 到转轴的距离为 r,刚体在 $\mathrm{d}t$ 时间内对转轴有一微小的角位移 $\mathrm{d}\theta$,在此时间内 P 点的位移为 $\mathrm{d}s$。由于角位移 $\mathrm{d}\theta$ 很小,所以位移 $\mathrm{d}s$ 的大小为 $\mathrm{d}s = r\mathrm{d}\theta$,位移 $\mathrm{d}s$ 的方向与 P 点的位矢 $\boldsymbol{r}$ 垂直。设外力 $\boldsymbol{F}$ 与 P 点位矢 $\boldsymbol{r}$ 间的夹角为 α,则 $\boldsymbol{F}$ 与 $\mathrm{d}s$ 的夹角为 $90° - \alpha$。按照功的定义,$\boldsymbol{F}$ 对刚体所做的元功为

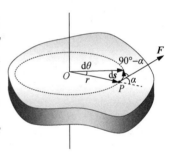

图 1-52　力矩的功

$$\mathrm{d}W = \boldsymbol{F} \cdot \mathrm{d}s = F\cos(90° - \alpha)\mathrm{d}s = Fr\sin\alpha\,\mathrm{d}\theta$$

上式中,$Fr\sin\alpha$ 就是力 $\boldsymbol{F}$ 对转轴的力矩 M,故上式可写成

$$\mathrm{d}W = M\mathrm{d}\theta \tag{1-95}$$

上式表明,力矩所做的元功等于力矩与角位移的乘积。如果 M 是变力矩,则这个外力所做的总功为

$$W = \int_{\theta_0}^{\theta} M\mathrm{d}\theta \tag{1-96}$$

以上虽然讨论的是某一外力做的功,但由于刚体做定轴转动,上式(1-96)也可以表示刚体所受各力的总力矩的功,且因刚体内力所做的总功为零。所以式(1-96)就可以表示刚体定轴转动所受的合外力矩做的功。

2. 刚体的转动动能

刚体做定轴转动时,整个刚体的动能就是刚体上所有质元的动能之和。设刚体中任意一个质元 i 的质量为 Δm_i,离转轴的

垂直距离为 r_i，线速度大小为 $v_i = r_i\omega$，则该质元的动能为

$$E_{ki} = \frac{1}{2}\Delta m_i v_i^2 = \frac{1}{2}(\Delta m_i r_i^2)\omega^2$$

对刚体上所有质元的动能求和，得刚体的总动能为

$$E_k = \frac{1}{2}\left(\sum_i \Delta m_i r_i^2\right)\omega^2$$

式中，$\sum_i \Delta m_i r_i^2$ 为刚体对定轴的转动惯量 I，所以上式可写为

$$E_k = \frac{1}{2}I\omega^2 \tag{1-97}$$

这个定轴转动刚体的转动动能公式与质点的动能公式 $E_k = mv^2/2$ 相似。

3. 刚体的动能定理

当合外力矩对刚体做功时，刚体的转动动能将会如何变化呢?为了得到合外力矩做功对刚体转动动能的影响，我们对刚体的转动定理 $M = I\beta$ 作如下的变换

$$M = I\beta = I\frac{\mathrm{d}\omega}{\mathrm{d}t} = I\frac{\mathrm{d}\omega}{\mathrm{d}\theta}\cdot\frac{\mathrm{d}\theta}{\mathrm{d}t} = I\frac{\omega\mathrm{d}\omega}{\mathrm{d}\theta}$$

上式中，$\frac{\mathrm{d}\theta}{\mathrm{d}t}$ 为刚体的角速度 ω，所以有

$$M\mathrm{d}\theta = I\omega\mathrm{d}\omega$$

设刚体在合外力矩 M 的作用下，角位置由 θ_0 变化到 θ，同时角速度由 ω_0 变化到 ω，并考虑到刚体作定轴转动时，转动惯量 I 不变，则在该过程中合外力矩对刚体所做的功为

$$W = \int_{\theta_0}^{\theta} M\mathrm{d}\theta = I\int_{\omega_0}^{\omega}\omega\mathrm{d}\omega$$

即

$$W = \int_{\theta_0}^{\theta} M\mathrm{d}\theta = \frac{1}{2}I\omega^2 - \frac{1}{2}I\omega_0^2 \tag{1-98}$$

上式称为**刚体定轴转动的动能定理**。它说明，合外力矩对一个绕定轴转动的刚体所做的功等于刚体转动动能的增量，这与质点的动能定理类似。

例 1-22 如图 1-53 所示，一根长为 l 的匀质细棒，可以在竖直平面内绕通过其一端的水平轴 O 无摩擦地转动，开始时，细棒自由下垂。紧靠 O 点挂有一个单摆，其轻质摆线的长度也是 l，摆

球的质量为 m。单摆从水平位置由静止开始下摆,与细棒作完全弹性碰撞。碰撞后,单摆刚好静止。求:

(1) 细棒的质量 M 和碰撞后瞬间细棒的角速度 ω;

(2) 碰撞后细棒摆动的最大角度 θ。

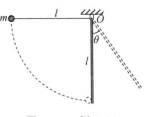

图 1-53 例 1-22

解 此题的整个过程可以分为三个阶段。第一阶段为单摆由水平位置下摆至竖直位置;第二阶段为摆球与细棒的碰撞过程;第三阶段为碰撞后细棒上摆的过程。每一阶段的讨论需根据不同情况选取合适的系统,并根据其物理规律列出方程式。

(1) 对第一阶段,取单摆和地球为系统。摆球所受的重力为系统的保守内力,所以机械能守恒

$$mgl = \frac{1}{2}mv_0^2 \qquad ①$$

得摆球与细棒碰撞前瞬间的速度为

$$v_0 = \sqrt{2gl}$$

对第二阶段,选单摆和细棒为系统。此系统所受外力(重力和轴的支持力等)对转轴 O 的力矩为零,而摆球与细棒的相互作用力为系统的内力。所以系统的角动量在碰撞过程中守恒,即

$$mv_0 l = I\omega = \frac{1}{3}Ml^2\omega \qquad ②$$

式中,$mv_0 l$ 为碰撞前瞬间小球对转动中心 O 的角动量,ω 为碰撞后瞬间细棒的角速度。

因为碰撞是完全弹性的,所以系统的机械能也守恒

$$\frac{1}{2}mv_0^2 = \frac{1}{2}I^2\omega^2 = \frac{1}{2} \cdot \frac{1}{3}Ml^2\omega^2 \qquad ③$$

联立求解 ①、② 和 ③ 三式,解得

$$M = 3m, \quad \omega = \sqrt{\frac{2g}{l}}$$

(2) 对第三阶段,取细棒和地球为系统。因细棒上摆过程中仅有保守内力(重力)做功,故系统的机械能守恒

$$\frac{1}{2}I^2\omega^2 = \frac{1}{2} \cdot \frac{1}{3}Ml^2\omega^2 = Mg\frac{l}{2}(1-\cos\theta)$$

解上式可得细棒上摆的最大角度为

$$\theta = \arccos\frac{1}{3} = 70.5°$$

1-8　理想液体的流动和伯努利方程

1-8-1　理想流体

本节所说的流体特指液体。流体的运动往往是非常复杂的，为了便于讨论，有必要对流体作一些简化。

首先，假定流体是不可压缩的，即流体的密度是个常量。实际上任何的流体都是可以压缩的。液体的可压缩性一般是很小的，如水在 10 ℃ 时，增加 1 000 个大气压强，体积改变不足 5%。其次，假定流体内部的摩擦力为零，即流体流动中没有能量的损耗。实际的流体由于内部各部分的流速不同，存在内摩擦力，从而阻碍流体内各部分之间的相对运动，这种性质称作**黏滞性**。有些流体，像水、酒精等，内摩擦力很小，气体的内摩擦力更小，可忽略它们的黏滞性。我们把这种不可压缩的、无黏滞性的流体，称作**理想流体**。

流体的运动，可以看成是组成流体的所有质点的运动的总和。在流体流动的过程中，流体流过空间某一点的速度，通常随时间而变化，是时间的函数。如果这个速度不随时间而变，那么，流体的这种流动称作**稳定流动**，或**定常流动**。

1-8-2　流线和流管

为了形象地描述流体的流动情况，设想在流体流动的区域中有这样的一些曲线，在每一时刻，曲线上每一点的切线方向都是该处流体质点的速度方向，这种曲线称作**流线**。流线不会相交，因为如果有两条流线相交于一点，则该点处流体质点的速度就有两个方向，这显然与流线的定义相违背。对于稳定流动，流线的形状和分布不随时间改变，并且流线和流体质点的运动径迹重合。图 1-54 是流体流过圆筒管道和球形物体以及流线型物体时的流线。

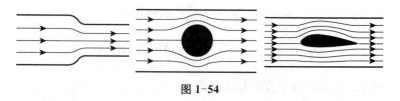

图 1-54

如果在流体内取一个面元，使该面元的法线方向与流经面元的流线平行。通过面元周界上各点的流线就在流体内形成一根**流管**(图 1-55)。流管内的流体不会流出管外,同样,流管外的流体也不会流入管内,稳定流动的流管形状不随时间而改变,流体在流管中的流动规律代表了整个流体的运动规律,这就为我们研究流体的运动提供了方便。

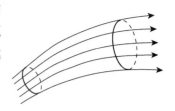

图 1-55

1-8-3 流体的连续性原理

在做稳定流动的流体中取一条细流管(图 1-56),假定流管两端的横截面积分别为 ΔS_1 和 ΔS_2,两端的流速分别为 v_1 和 v_2。则单位时间内流过截面 ΔS_1 的流体体积为 $v_1 \Delta S_1$,流过截面 ΔS_2 的流体体积为 $v_2 \Delta S_2$。由于流体不可压缩,因此处于 ΔS_1 和 ΔS_2 之间的流体的体积不变,故在单位时间内通过截面 ΔS_1 流入这一区域的流体体积,应等于通过截面 ΔS_2 流出该区域的流体体积,即

$$v_1 \Delta S_1 = v_2 \Delta S_2 \tag{1-99}$$

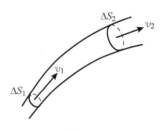

图 1-56

式(1-99)即为流体的连续性方程,对流管内任意两个和流管垂直的截面都是正确的,所以也可写成

$$v \Delta S = 常量$$

这说明,当理想流体做稳定流动时,流管中任一横截面积与该处流速之积是个常量,这就是**流体的连续性原理**。式中 $v \Delta S$ 表示单位时间内流过流管某截面的流体体积,称为**体积流量**。若在式(1-99)两边都乘以流体的密度 ρ,得

$$\rho v_1 \Delta S_1 = \rho v_2 \Delta S_2 \tag{1-100}$$

式中 $\rho v \Delta S$ 表示单位时间内流过流管某截面的流体质量,称为**质量流量**。可见,对理想流体的稳定流动,流入某流管内的流体质量,等于流出该流管的流体质量。因此,流体的连续性原理实质上就是质量守恒定律在不可压缩的理想流体这一特殊情形下的具体表现形式。

在国际单位制中流量的单位为米^3/秒(m^3/s),流量的单位也可以用千克/秒(kg/s)。

动画:连续性方程

1-8-4 伯努利方程

在流体中任取一细流管(图 1-57),设在 A、B 两处的横截面积分别是 ΔS_1、ΔS_2,流速分别是 v_1、v_2,压强分别是 p_1、p_2,对于同一参照平面,它们的高度分别是 h_1、h_2。经过一很短的时间间隔,位于 A、B 间的一段流体到 A'、B' 处。在此时间间隔前后,管内的流体有了变化,位于 A、A' 之间的流体流入管内,位于

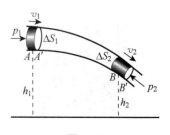

图 1-57

B、B' 之间的流体流出管外。但由于流体不可压缩并做定常流动,所以对于 $A'B$ 这一段流管,流体的运动状态没有变化,流体的质量也没有发生变化,因而动能和势能都没有变化。所以,此时间间隔前后 AB 段流体能量的变化,只要考虑流出管外的小流块 BB' 和流入管内的小流块 AA' 的能量变化就可以了。

令 $\overline{AA'} = \Delta l_1$,$\overline{BB'} = \Delta l_2$,则流入管内的流块的体积为 $\Delta V_1 = \Delta S_1 \Delta l_1$,流出管外的流块的体积为 $\Delta V_2 = \Delta S_2 \Delta l_2$。由于理想流体不可压缩,所以 $\Delta V_1 = \Delta V_2 = \Delta V$。流出和流入的流块动能的改变为

$$\Delta E_{\mathrm{k}} = \frac{1}{2}\rho \Delta V v_2^2 - \frac{1}{2}\rho \Delta V v_1^2$$

以所讨论的流块和地球为系统,流出和流入流块的重力势能的改变为

$$\Delta E_{\mathrm{p}} = \rho g \Delta V h_2 - \rho g \Delta V h_1$$

因为理想流体内部无耗散力,所以根据功能原理,系统总的机械能的改变,应等于外力所做的功,即

$$\Delta E_{\mathrm{k}} + \Delta E_{\mathrm{p}} = W_{外} \qquad (1\text{-}101)$$

因流体无内摩擦力,流块周围的流体对它的作用力垂直于它的表面,因而流管中 AB 这一段流体运动到 $A'B'$ 的过程中,外力对该段流体所做的功只来自两端的压力做功,即

$$W_{外} = p_1 \Delta S_1 \Delta l_1 - p_2 \Delta S_2 \Delta l_2 = p_1 \Delta V - p_2 \Delta V \qquad (1\text{-}102)$$

将式(1-102)代入式(1-101),并消去 ΔV,得到

$$\frac{1}{2}\rho v_1^2 + \rho g h_1 + p_1 = \frac{1}{2}\rho v_2^2 + \rho g h_2 + p_2 \qquad (1\text{-}103)$$

因为 ΔS_1 和 ΔS_2 的位置是在流管内任意选取的,所以对同一流管内任一位置都有

$$\frac{1}{2}\rho v^2 + \rho g h + p = 常量 \qquad (1\text{-}104)$$

动画:伯努利方程

视频:坐列车过隧道的体验

式(1-103)或式(1-104)就是**伯努利方程**。

在上面的推导中,我们选取流体沿一定的流管运动,所涉及的压强 p 和流速 v 实际上是流管截面上的平均值。如果令流管的截面积 ΔS_1 和 ΔS_2 缩小,使流管变为流线,则式(1-103)和式(1-104)仍然成立。因此,伯努利方程可以表述为理想流体做稳定流动时,在同一流线上任一点满足式(1-104)。

伯努利方程在水利工程、化工工程以及造船、航空等部门有广泛的应用。

例1-23　设有一大容器装满水，在水面下方 h 处的器壁上有一个小孔，水从孔中流出(图1-58)，试求小孔处水的流速。

解　由于容器较大，水从小孔流出时液面下降极慢，可以看作是稳定流动。取任一流线，一端在液面上 A 处，该处压强是大气压强 p_0，流速为零。若以小孔处作为参考面，则 A 处的高度为 h，流线另一端取在小孔 B 处，该处的压强也是 p_0，高度为零，流速为 v。根据伯努利方程，有

$$p_0 + \rho g h = p_0 + \frac{1}{2}\rho v^2$$

由此解得

$$v = \sqrt{2gh}$$

此结果表明，小孔处流速和物体自高度 h 处自由下落得到的速度是相同的。

例1-24　如图1-59所示的一根两端开口弯成直角的玻璃管称为皮托管，它可用于测量流体的流速。它的测量方法如下：将玻璃管水平部分的开口 A 面对流动的流体，A 距水面的距离为 H，玻璃管的另一部分竖直向上，测得管中的液面 C 离水面的高度为 h。求 A 点上游与 A 点位于同一水平流线上的 B 点的流速。

解　对于 A、B 间的水平流线，应用伯努利方程，有

$$p_A + \frac{1}{2}\rho v_A^2 = p_B + \frac{1}{2}\rho v_B^2$$

当竖直管中的液面 C 稳定时，A 点的流速 $v_A = 0$，又

$$p_A = p_0 + \rho g(h+H)$$
$$p_B = p_0 + \rho g H$$

解以上三式，得

$$v_B = \sqrt{2gh}$$

皮托在1773年第一次利用这种简单装置测量了塞纳河的流速。

例1-25　如图1-60是文丘里流量计的示意图。若管道入口处和窄口处的截面积分别为 S_1 和 S_2，压强分别是 p_1 和 p_2；U形管中水银密度为 ρ'，两端高度差为 h；流量计管中流体密度为 ρ。设管道中流体是理想流体，求管道内流体的流量。

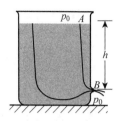

图 1-58　例 1-23

动画：水桶侧壁小孔喷出的水柱

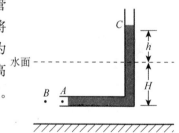

图 1-59　例 1-24

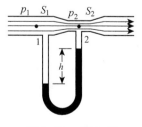

图 1-60　例 1-25

解 取管道为流管,对图中 1、2 两处,由伯努利方程有

$$p_1 + \frac{1}{2}\rho v_1^2 = p_2 + \frac{1}{2}\rho v_2^2 \qquad ①$$

又根据流体的连续性方程

$$v_1 S_1 = v_2 S_2 = Q \qquad ②$$

U 形管中水银柱高度差 h 与两端压强 p_1 和 p_2 有如下关系

$$p_1 - p_2 = (\rho' - \rho)gh \qquad ③$$

由式 ①、②、③,可解得管道中流体的流量为

$$Q = v_1 S_1 = v_2 S_2 = \sqrt{\frac{2(\rho' - \rho)gh}{\rho(S_1^2 - S_2^2)}} S_1 S_2$$

习 题

1-1 一质点按 $x = 2t^3 + 5t^2 + 5$ 的规律沿着 x 轴运动(式中 x 的单位为 m, t 的单位为 s),求质点在 $t = 3$ s 时的位置、速度和加速度。

1-2 一质点在 Oxy 平面内运动,运动方程为 $x = 3t$, $y = 10 - t^2$(式中 x 的单位为 m, t 的单位为 s),求当 $t = 2$ s 时,质点的速度和加速度。

1-3 质点沿 x 轴运动,其速度与时间的关系为 $v = 10 + 2t^2$(m/s)。已知 $t = 0$ 时质点位于 x 轴正方向 20 m 处。求:

(1) $t = 2$ s 时质点的位置;

(2) 此时质点的加速度。

1-4 两辆汽车 A 和 B 沿一条笔直的道路由同一地点向同一个方向行驶。A 做匀速运动,速率为 10 m/s,B 做初速度为零的匀加速运动,加速度为 1 m/s²。求:

(1) B 车追上 A 车时,离出发点多远?

(2) 两车相遇时,B 车的速率为多大?

1-5 一辆做匀加速直线运动的汽车,在 6 s 内通过相距 60 m 远的两点,已知汽车经过第二点时的速率为 15 m/s,求:

(1) 汽车通过第一点时的速率 v_1;

(2) 汽车的加速度 a。

1-6 一气球以 5.0 m/s 的速度匀速竖直上升,在离地面 20 m 的高处,从气球上掉下一沙袋。不计空气阻力,计算:(1) 沙袋离开气球 0.5 s 时的速度;(2) 沙袋离开气球后,需经过多长时

间才能落到地面?落地时速度多大?($g = 9.8 \text{ m/s}^2$)

1-7 一小球以 12 m/s 的速率竖直上抛,1 s 后,第二个小球以 16 m/s 的速率在同一地点竖直上抛。问:

(1) 在什么时刻,两小球相遇?

(2) 以抛出点为原点,两小球相遇时高度是多少?

(3) 相遇时第一个小球是上升还是下降?

1-8 一轰炸机以 $v_0 = 280 \text{ m/s}$ 的速度水平飞行,并投出一颗炸弹。此炸弹准确地击中离投弹点水平距离为 $L = 1\,000 \text{ m}$ 的地面目标。求:

(1) 投弹点离地面的高度 h 为多少?

(2) 炸弹击中目标时的速率为多少?

1-9 一物体从某一确定高度以初速 v_0 水平抛出,已知它落地时的速度为 v_t,求该物体从抛出到落地所用的时间 t。

1-10 一质量为 0.5 kg 的物体沿 y 轴运动,其运动方程为 $y = 4.9t^2 + 3t - 10$(式中各物理量取 SI 单位制),求该物体所受合外力的大小。

1-11 一质量为 10 kg 的物体在力 $f = 3 + 4t$ N(t 以 s 为单位)的作用下沿 x 轴无摩擦地运动。设 $t = 0$ 时,物体的速度为零,求 $t = 3$ s 时物体的加速度和速度的大小。

1-12 一人质量 55 kg,通过一定滑轮拉住 20 kg 的重物使之静悬于空中,求此人对地面的压力大小(滑轮摩擦不计,$g = 9.8 \text{ m/s}^2$)。

1-13 在一水平面上放有 A、B 两个物体,物体 A 的质量 $m_A = 15$ kg,物体 B 的质量 $m_B = 30$ kg,两者用水平的轻绳相连。一水平拉力 F 作用于物体 B,两物体与水平面间的摩擦系数 $\mu = 0.30$。

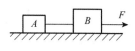

习题 1-13 图

(1) 求至少要用多大的水平拉力 F 才能拉动 A、B 两物体;

(2) 若 $F = 200$ N,求 A、B 两物体的加速度和轻绳中的张力。

1-14 质量 $m = 3.0$ t 的卡车在圆弧形拱桥上驶过,拱桥的曲率半径 $R = 80$ m。当卡车行驶到桥面最高点时,其速率 $v = 30$ km/h。求此时卡车对桥面的压力有多大?如果桥面是平的,压力又为多大?

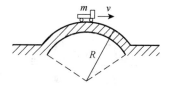

习题 1-14 图

1-15 一圆锥摆,摆绳长为 l,摆绳与竖直方向成 θ 角。绳下端有一质量为 m 的小球在水平面内做匀速率圆周运动。求:

(1) 摆绳中的张力 T;

(2) 小球的向心加速度 a_n;

(3) 小球的速率 v。

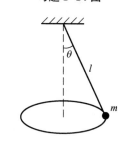

习题 1-15 图

1-16 桌上有一质量为 $m_B = 1.50$ kg 的木板,板上放一质量为 $m_A = 2.45$ kg 的另一物体。设物体与板、板与桌面之间的摩擦系数均为 $\mu = 0.25$。问要将板从物体下面抽出,至少需要多大的水平力 F?

1-17 一根细杆长 L,在杆两端和中心各固定一相同质量 m 的小物体,转轴和棒垂直并通过距杆一端 $\dfrac{L}{4}$ 处。

(1) 如果不计杆的质量,求系统质心的位置和对轴的转动惯量;

(2) 如果杆的质量为 M,求系统质心的位置和对轴的转动惯量。

1-18 一轮子半径 $r = 0.5$ m,质量 $m = 25$ kg,能绕其水平中心轴转动,一细绳绕在轮子上,自由端挂一质量 $M = 10$ kg 的重物,试求:

(1) 轮子的角加速度;

(2) 重物的加速度;

(3) 细绳的张力;

(4) 若用 98 N 的向下拉力取代重物,上述轮子的角加速度是否改变?

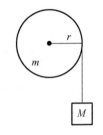

习题 1-18 图

1-19 如图所示,滑轮半径 $R = 0.10$ m,质量 $M = 15$ kg,一细绳跨过滑轮,可带动滑轮绕水平轴转动,重物 $m_1 = 50$ kg,$m_2 = 200$ kg。不考虑摩擦,求重物加速度和细绳的张力。

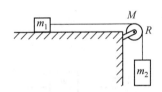

习题 1-19 图

1-20 如图所示,A 和 B 两飞轮的轴杆在同一中心线上,设两轮的转动惯量分别为 $I_A = 10$ kg·m² 和 $I_B = 20$ kg·m²。开始时,A 轮转速为 $n_A = 600$ r/min,B 轮静止。C 为摩擦啮合器,其转动惯量可忽略不计。A、B 分别与 C 的左、右两个组件相连,当 C 的左右组件啮合时,B 轮加速而 A 轮减速,直到两轮的转速相等为止。设轴光滑,求:

(1) 两轮啮合后的转速 n;

(2) 两轮各自所受的冲量矩。

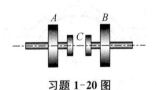

习题 1-20 图

1-21 一长 $l = 0.40$ m 的均匀木棒,质量 $M = 1.00$ kg,可绕水平轴 O 在竖直平面内转动,开始时木棒自然地竖直悬垂。现有质量 $m = 8$ g 的子弹以 $v = 200$ m/s 的速率从 A 点射入木棒中,A 点与 O 点相距 $\dfrac{3}{4}l$,求:

(1) 木棒开始运动时的角速度;

(2) 木棒的最大偏转角。

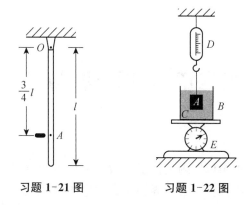

习题 1-21 图　　　　习题 1-22 图

1-22　在弹簧秤 D 下端系一物块 A,使 A 浸没在烧杯 B 的液体 C 中。烧杯重 7.3 N,液体重 11.0 N,弹簧秤的读数是 18.3 N,台秤 E 的读数是 54.8 N,物块 A 的体积是 2.83×10^{-3} m³,问:

(1) 液体的密度是多少?

(2) 把物块 A 拉到液体之外,弹簧秤 D 的读数是多少?

1-23　一个开口的柱形水池,水深 H,在水池一侧水面下 h 处开一小孔,问:

(1) 从小孔射出的水流到地面后距池壁的距离 R 是多少?

(2) 在池壁上多高处开一个小孔,使射出的水流与(1)有相同的射程?

(3) 在什么地方开孔,可以使水流有最大的射程?最大射程是多少?

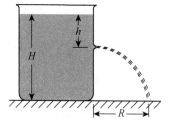

习题 1-23 图

1-24　水管的横截面积在粗处为 40 cm²,细处为 10 cm²,流量为 3 000 cm³/s,求:

(1) 粗处和细处水的流速;

(2) 粗处和细处的压强差;

(3) U 形管中水银柱的高度差。

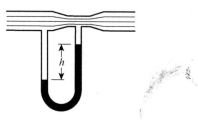

习题 1-24 图

第二章 振 动 与 波

物体在平衡位置附近往复地做周期性运动,称为**机械振动**。机械振动广泛存在于自然界和人类的生产、科学研究之中。例如昆虫翅膀的扇动、钟摆的摆动、浮标的上下浮动、活塞的往复运动等,都是机械振动。除机械振动之外,还有**电磁振荡**,即电磁波中的电场与磁场的周期性变化。进一步推广,任意一个物理量在某一量值附近随时间的周期性变化,都可以称为**振动**。

某一物理量的扰动或振动在空间中的传播所形成的运动形式叫作波动。机械振动在介质中的传播形成机械波,如水波、声波、地震波等。电磁振荡在空间的传播形成电磁波,如无线电波、微波、光波、X 射线等。无论是机械波,还是电磁波,它们在传播时往往伴随着能量的传播,都能发生反射、折射、干涉、衍射等波动现象。

虽然各种振动、各种波动的本质不同,各有其特殊的性质和规律,但它们在形式上具有许多共同的特征和规律。所以,本章中我们主要着眼于对机械振动和机械波中的简谐振动和简谐波的讨论,其结论可以用来对其他更复杂的,或其他形式的振动和波的描写。

2-1 简谐振动 旋转矢量法

1. 简谐振动的振动方程与特征量

首先以"弹簧振子"为例说明简谐振动的运动特征及其基本规律。如图2-1(a) 所示,一个质量为 m 的小球穿在一根光滑的水平杆上,并与一个劲度系数为 k 的轻质弹簧的一端相连接,弹簧的另一端固定。当弹簧处于自然状态时,小球(可看作质点) 在 O 点,所受合力为零,所以 O 点就是系统的平衡位置。如果把小球拉到 B 点后由静止释放,它将在弹力作用下在 B、C 两位置之间做往复振动,如图 2-1(b)、(c) 所示。这个由小球和轻质弹簧所构成的振动系统,称为弹簧振子。

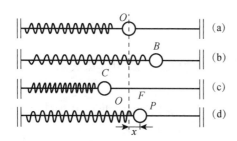

图 2-1 水平放置的弹簧振子

弹簧振动系统的惯性集中在小球(质点)上,系统的弹性集中在轻质弹簧上,这样就使问题大为简化了。加之,杆水平放置,小球所受的重力和正压力对其水平方向的运动没有影响,球与杆之间的摩擦力可以忽略不计,这样一来,系统的振动便是只在弹力作用下的直线运动了,所以弹簧振子是一个理想模型。

选水平向右为 x 轴正方向、弹簧原长处小球的位置 O 点为坐标原点。弹簧振子处于任意位置[如图 2-1(d) 所示]时,小球所受合力及牛顿第二定律方程为

$$F = -kx = m\frac{\mathrm{d}^2 x}{\mathrm{d}t^2} \quad (2\text{-}1)$$

取 $\omega^2 = k/m$,则上式变为

$$\frac{\mathrm{d}^2 x}{\mathrm{d}t^2} + \omega^2 x = 0 \quad (2\text{-}2)$$

式(2-2)的解 —— 运动方程为

$$x = A\cos(\omega t + \varphi_0) \quad (2\text{-}3)$$

因该运动方程有余弦(或正弦)形式,故称为**简谐振动(运动)**,则式(2-2)或式(2-1)称简谐振动的动力学方程。式(2-3)中的

$$\omega = \sqrt{\frac{k}{m}} \quad (2\text{-}4)$$

动画:简谐振动

被称为系统的(固有)角频率;A 为振动的振幅;$\omega t + \varphi_0$ 称相位;φ_0 称初相位。

式(2-3)表明 x 具有时间上的周期性,对应的**周期 T** 为

$$T = \frac{2\pi}{\omega} \quad (2\text{-}5)$$

单位时间内往复振动的次数叫作**频率**,用 ν 来表示。显然,ν 与 T 互为倒数,因此有

$$\nu = \frac{1}{T} = \frac{\omega}{2\pi} \qquad (2\text{-}6)$$

在国际单位制中，T 的单位是秒，用 s 来表示，ν 的单位是赫兹，用 Hz 来表示。

由式(2-3)可得小球振动的速度 v 和加速度 a 分别为

$$v = \frac{\mathrm{d}x}{\mathrm{d}t} = -\omega A \sin(\omega t + \varphi_0) = \omega A \cos\left(\omega t + \varphi_0 + \frac{\pi}{2}\right) \qquad (2\text{-}7)$$

$$a = \frac{\mathrm{d}^2 x}{\mathrm{d}t^2} = -\omega^2 A \cos(\omega t + \varphi_0) = \omega^2 A \cos(\omega t + \varphi_0 + \pi) \qquad (2\text{-}8)$$

与式(2-3)对比可知，小球的速度和加速度也在做简谐振动，对应的振幅分别是 $A\omega$ 和 $A\omega^2$。在振动相位上，v 比 x 超前了 $\pi/2$，a 比 v 超前了 $\pi/2$，因而 a 与 x 的相位差为 π，我们说它们总是反相的，如图2-2所示。

弹簧振子简谐振动的振幅 A 和初相位 φ_0 可由初始条件确定。设在 $t=0$ 时小球的相对于平衡位置的位移为 x_0、速度为 v_0，将这一条件代入到位移 x 和速度 v 的表达式，得到

$$x_0 = A\cos\varphi_0, \quad v_0 = -A\omega\sin\varphi_0$$

求解可得

$$A = \sqrt{x_0^2 + \frac{v_0^2}{\omega^2}} \qquad (2\text{-}9)$$

$$\tan\varphi_0 = -\frac{v_0}{\omega x_0} \qquad (2\text{-}10)$$

式中 φ_0 的取值可由 x_0 和 v_0 的正负号确定：当 $x_0 > 0$ 且 $v_0 < 0$ 时，φ_0 取第一象限的值；当 $x_0 < 0$ 且 $v_0 < 0$ 时，φ_0 取第二象限的值；当 $x_0 < 0$ 且 $v_0 > 0$ 时，φ_0 取第三象限的值；当 $x_0 > 0$ 且 $v_0 > 0$ 时，φ_0 取第四象限的值。

值得说明的是，简谐振动是振动运动中最简单的一类，而如飞机机翼在复杂大气环流中的振动等问题一般都很复杂，那么我们为什么对简谐振动感兴趣呢？实际上，虽然简谐振动是所有振动中最简单、最基本的一类振动，但更复杂的振动都可以分解为若干个简谐振动的叠加，因此简谐振动具有振动最实质的特性。

2. 简谐振动的能量

图 2-1 中振动小球的动能 E_k 和弹簧中的弹性势能 E_p 为

动画：弹簧振动的位移、速度、加速度

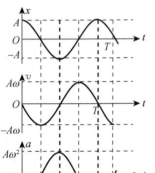

图 2-2　x、v、a 的简谐振动

$$E_k = \frac{1}{2}mv^2 = \frac{1}{2}mA^2\omega^2\sin^2(\omega t + \varphi_0) \qquad (2\text{-}11)$$

$$E_p = \frac{1}{2}kx^2 = \frac{1}{2}kA^2\cos^2(\omega t + \varphi_0) \qquad (2\text{-}12)$$

考虑到 $\omega^2 = k/m$，E_k 和 E_p 的表达式经正弦、余弦 2 倍角公式整理后得

$$E_k = \frac{1}{2}kA^2\sin^2(\omega t + \varphi_0) = \frac{1}{4}kA^2 + \frac{1}{4}kA^2\cos(2\omega t + 2\varphi_0 + \pi)$$

$$E_p = \frac{1}{2}kA^2\cos^2(\omega t + \varphi_0) = \frac{1}{4}kA^2 + \frac{1}{4}kA^2\cos(2\omega t + 2\varphi_0)$$

动画：简谐振动的能量

可见，E_k 和 E_p 都在平衡值 $kA^2/4$ 附近做振幅为 $kA^2/4$、角频率为 2ω 的简谐振动，两者的振动相位之差总为 π：动能最大时，势能最小；动能最小时，势能最大。能量最大值，也是弹簧振子的总能量由式（2-11）与式（2-12）之和得到

$$E = E_k + E_p = \frac{1}{2}kA^2 \qquad (2\text{-}13)$$

式（2-13）表明，弹簧振子的机械能 E 守恒，且 E 与简谐振动的振幅 A 的平方成正比，如图 2-3 所示。

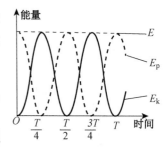

图 2-3　简谐振动的能量

3. 旋转矢量法

简谐振动与匀速圆周运动之间存在着一个很简单的关系，借助这一关系我们可以用匀速圆周运动来研究简谐振动中的相位问题或振动时间问题，这一方法称为**旋转矢量法**。

如图 2-4(a) 所示，矢量 A（其大小即为谐振动振幅）绕起始端点 O（即谐振动平衡点）以角速度 ω（即谐振动角频率）沿逆时针方向匀速旋转，则矢量 A 的末端 P 点以 O 点为圆心、A 为半径沿逆时针方向做匀速圆周运动，这个圆周称为参考圆，P 点称为参考点。在 $t = 0$ 时，A 与 x 轴正方向的夹角为 φ_0（即谐振动初相位），在 t 时刻这一夹角变为 $\omega t + \varphi_0$（即谐振动相位），则此时 P 点在 x 轴上投影的 x 坐标为

$$x_P = A\cos(\omega t + \varphi_0)$$

这正是简谐运动方程，即参考点 P 在 x 轴上投影点的运动为简谐振动。旋转矢量法（图）可以为我们研究简谐振动带来许多便利：相位被简单地表示成 A 与 x 轴正方向所夹的角度，A 的不同取向，就代表相位不同，因此在旋转矢量图上比较两个简谐振动的相位差只要比较两个矢量之间的夹角；两位置的时间也可以简单地由圆周上 P 点运动的时间决定，当然要注意周期性；此外，

在研究若干个简谐振动的合成时,旋转矢量法往往也能够更简洁、更直观地给出有关结论。

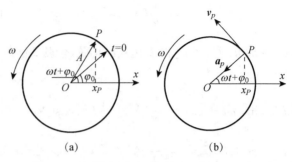

图 2-4　简谐振动与匀速圆周运动的对应关系

由图 2-4(b)可知,参考点 P 的速度 $\boldsymbol{v}_P$ 和加速度 $\boldsymbol{a}_P$ 在 x 轴方向的投影分别为

$$v_{Px} = -v_P\sin(\omega t + \varphi_0) = -A\omega\sin(\omega t + \varphi_0)$$

$$a_{Px} = -a_P\cos(\omega t + \varphi_0) = -A\omega^2\cos(\omega t + \varphi_0)$$

这正是简谐振动的速度和加速度的表示式。利用简谐振动与匀速圆周运动之间的这种对应关系,可以很方便地画出 x-t、v-t、a-t 等曲线。例如,已知一水平放置的弹簧振子简谐振动的表达式为 $x = A\cos\left(\omega t - \dfrac{\pi}{4}\right)$,利用 x、v_x 与 a_x 之间的相位关系,马上就可以得到它们对应的旋转矢量 $\boldsymbol{A}$、$\boldsymbol{v}$ 和 $\boldsymbol{a}$ 之间的相对位置关系,如图 2-5 所示。利用三个旋转矢量的矢端位置在 x 方向的投影随时间变化的关系,很容易画出对应的 x-t、v-t、a-t 曲线。

动画:简谐振动的
矢量图示

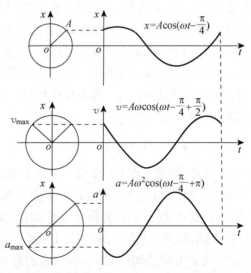

图 2-5　位移、速度、加速度的旋转矢量图

例 2-1 一质点沿 x 轴做振幅为 A、周期为 T 的简谐振动，求：(1)何处速率为最大速率的一半？(2)在哪些位置势能和动能相等？(3)从 $x=+A/2$ 到 $x=-A/2$ 的最短历时是周期的多少倍？

解 (1)设此简谐振动的表达式为 $x=A\cos(\omega t+\varphi_0)$，则质点振动的速度为

$$v_x=\frac{\mathrm{d}x}{\mathrm{d}t}=-A\omega\sin(\omega t+\varphi_0)$$

由题意

$$|v_x|=\frac{1}{2}v_{\max}=\frac{1}{2}A\omega$$

因此有

$$|\sin(\omega t+\varphi_0)|=\frac{1}{2},\ \cos(\omega t+\varphi_0)=\pm\frac{\sqrt{3}}{2}$$

由此可得

$$x=\pm\frac{\sqrt{3}}{2}A$$

(2)由题意

$$E_k=E_p$$

由于

$$E=E_k+E_p=\frac{1}{2}kA^2$$

因此有

$$E_p=\frac{1}{2}kx^2=\frac{1}{4}kA^2$$

由此可得

$$x=\pm\frac{\sqrt{2}}{2}A$$

(3)设 $x=+A/2$ 时，简谐振动的相位为 φ_+，则有

$$+\frac{A}{2}=A\cos\varphi_+,\ \cos\varphi_+=\frac{1}{2}$$

由此可得

$$\varphi_+=2n\pi+\frac{\pi}{3},\ 2n\pi+\frac{5\pi}{3}$$

这里 n 为任意整数。

同样,设 $x = -A/2$ 时,简谐振动的相位为 φ_-,则有

$$-\frac{A}{2} = A \cos \varphi_-, \ \cos \varphi_- = -\frac{1}{2}$$

由此可得

$$\varphi_- = 2n\pi + \frac{2\pi}{3}, \ 2n\pi + \frac{4\pi}{3}$$

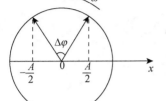

图 2-6　最短历时

由图 2-6 可知,旋转矢量从 $\varphi_+ = 2n\pi + \dfrac{\pi}{3}$ 直接转到 $\varphi_- = 2n\pi + \dfrac{2\pi}{3}$ 所耗时间 Δt 最短,转过的角度为

$$\Delta\varphi = \varphi_- - \varphi_+ = \frac{\pi}{3}$$

因此有

$$\frac{\Delta t}{T} = \frac{\Delta\varphi}{2\pi} = \frac{1}{6}$$

即最短时间是周期的六分之一。

4. 简谐运动中的两个实例(复摆与单摆)

有些看似是简单的振动一般也不是简谐振动,比如下面要介绍的单摆、复摆,但在一定条件下可以看作简谐振动。以复摆为例,随后引出单摆。

考虑一个质量为 m、可绕过 O 点的水平光滑轴转动的刚体,如图 2-7 所示。当刚体在重力作用下处于稳定平衡位置时,刚体的质心 C 应位于 O 点的正下方,这时通过 O 的铅直线可代表刚体平衡时的位置,并设定其角位置为零。如果使刚体转到某一角度然后放手,它就会在重力矩作用下来回摆动起来,这样的装置称为**复摆**。

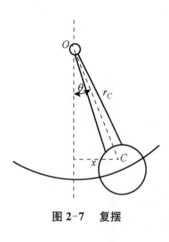

图 2-7　复摆

设刚体的质心 C 到 O 点距离为 r_C,若某时刻 t,OC 与竖直方向夹角为 θ,则 θ 就是刚体相对于平衡位置的角位移。规定向右的角位移为正,向左的角位移为负,则刚体转动角速度和角加速度 $\mathrm{d}\theta/\mathrm{d}t$ 和 $\mathrm{d}^2\theta/\mathrm{d}t^2$ 的方向垂直纸面向外时设为正,即以逆时针旋转为正方向;反之,则为负。同时,刚体受到的力矩方向的正、负也如此定义。比如,在如图 2-7 所示的位置处,重力矩写作 $-mgr_C\sin\theta$,表明重力矩的方向是垂直于纸面向里的,与加速度的正方向反向。在不计轴上摩擦力矩的情况下,写出刚体的定轴转动定理,即为

$$J\frac{\mathrm{d}^2\theta}{\mathrm{d}t^2} = -mgr_C\sin\theta$$

式中 J 表示刚体相对于过 O 点水平轴的转动惯量。

令 $\omega^2 = mgr_C/J$，则上式经整理后变成

$$\frac{\mathrm{d}^2\theta}{\mathrm{d}t^2} + \omega^2 \sin\theta = 0$$

这就是复摆的动力学方程。显然，这个方程与简谐振动的动力学方程不同，因此，一般复摆的振动不是简谐振动。但考虑到

$$\sin\theta = \theta - \frac{\theta^3}{3!} + \frac{\theta^5}{5!} - \cdots$$

在复摆摆动角度 θ 很小的情况下，可以略去 θ 的立方项以及更高次的项，近似取 $\sin\theta \approx \theta$，此时，复摆的动力学方程就成为谐振形式

$$\frac{\mathrm{d}^2\theta}{\mathrm{d}t^2} + \omega^2\theta = 0 \qquad (2\text{-}14)$$

该方程的解为

$$\theta(t) = \theta_{\max}\cos(\omega t + \varphi_0) \qquad (2\text{-}15)$$

对应的角频率为

$$\omega = \sqrt{\frac{mgr_C}{J}} \qquad (2\text{-}16)$$

由此可见，在做小角度摆动的情况下，复摆的运动与弹簧振子的振动有相同的运动方程。注意，在式(2-14)和式(2-15)中的物理量变量是角位移，而不是弹簧振子中的线位移。但从运动规律来看，做小角度摆动的复摆与弹簧振子是完全相似的。若将复摆的质量全部集中在质心，用一根轻质柔软的细绳悬挂于 O 点，绳长 $l = r_C$，这就构成了所谓**单摆**。单摆在小角度运动下，亦为简谐振动，则在式(2-16)中令 $J = ml^2$，即为 $\boldsymbol{\omega = \sqrt{\dfrac{g}{l}}}$，这正是单摆小角度摆动时的角频率公式。

动画：单摆

视频：单摆和复摆周期
公式的有趣讨论

2-2　阻尼、受迫振动　共振

振动中的物体或多或少总是受到包括空气阻力和摩擦力在内的各种阻力的作用，从而使其机械能转化为其他形式的能量，比如热能。这导致振动物体的机械能逐渐减小，振幅逐渐减小，最终使振动趋于停止，这种振动称为**阻尼振动**。为了维持物体的

振动,我们可以对其施以周期性外力,以维持振动所需的能量,这种在外界驱动作用下的振动称为**受迫振动**。研究阻尼和受迫振动的规律具有现实意义,比如,利用阻尼可以使仪器仪表的指针迅速停下来,利用受迫振动规律可以进行共振选频、防震减灾等。

视频:101 大楼
防风阻尼球

1. 阻尼振动

在流体(空气、液体等)中,当物体运动的速度不大时,阻力的大小常常与速率成正比。若以 f 表示阻力,并考虑阻力与速度 v 的方向相反,可将阻力写成

$$f = -\gamma v = -\gamma \frac{\mathrm{d}\boldsymbol{r}}{\mathrm{d}t}$$

式中 γ 是与阻力有关的比例系数,其值决定于运动物体的形状、大小和周围介质的性质,一般可通过实验测定得到。

下面,考察水平放置的弹簧振子在上述阻力作用下振动的情形。振子的动力学方程为

$$m \frac{\mathrm{d}^2 x}{\mathrm{d}t^2} = -kx - \gamma \frac{\mathrm{d}x}{\mathrm{d}t}$$

令 $\omega_0^2 = k/m$ 和 $2\delta = \gamma/m$,上式整理后得到

$$\frac{\mathrm{d}^2 x}{\mathrm{d}t^2} + 2\delta \frac{\mathrm{d}x}{\mathrm{d}t} + \omega_0^2 x = 0 \tag{2-17}$$

式中 ω_0 是无阻尼时系统振动的固有角频率,δ 称为阻尼系数。

当 $\delta < \omega_0$ 时,式(2-17)的解为

$$x = A e^{-\delta t} \cos(\omega t + \varphi_0) \tag{2-18}$$

式中 $\omega = \sqrt{\omega_0^2 - \delta^2}$,$A$、$\varphi_0$ 可由初始条件确定。式(2-18)代表的是一种减幅振动,其振幅 $A e^{-\delta t}$ 按指数随时间减小。严格地说,这并不是周期运动,但我们仍然把因子 $\cos(\omega t + \varphi_0)$ 的相位变化 2π 所需的时间称为阻尼振动的周期,其大小为

$$T = \frac{2\pi}{\omega} = \frac{2\pi}{\sqrt{\omega_0^2 - \delta^2}}$$

在阻力作用下振动变慢,因此与无阻尼情况下的固有周期 $T_0 = 2\pi/\omega_0$ 相比,阻尼振子的周期 T 要长一些。这种阻尼较小的情况称为**欠阻尼**。图 2-8 给出了阻尼振动位移随时间变化的关系,称为阻尼振动曲线。

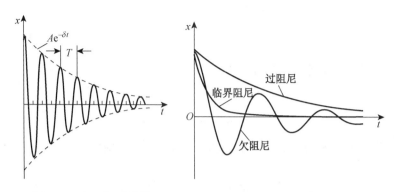

图 2-8　阻尼振动曲线　　图 2-9　三种阻尼情况的比较

当 $\delta > \omega_0$ 时,这种情形称为**过阻尼**。与欠阻尼的情况相比,物体不可能振动起来,只能以非周期运动的形式逐渐回到平衡位置,如图 2-9 所示。

当 $\delta = \omega_0$ 时,这种情况称为**临界阻尼**。与欠阻尼和过阻尼比较,临界阻尼下的振子回到平衡位置所需的时间最短,如图 2-9 所示,这个特性常被用作磁电式仪表指针的"止停"特性使用。

动画:过阻尼振动

2. 受迫振动

在实际问题中周期性驱动情况较多,研究周期性驱动力具有普遍意义。

考虑驱动力有如下形式

$$F = F_0 \cos \omega t$$

式中 F_0 为驱动力的幅值,ω 为驱动力的角频率。水平放置的弹簧振子在线性回复力、线性阻尼力及上述驱动力的共同作用下,其振动方程为

$$m \frac{\mathrm{d}^2 x}{\mathrm{d}t^2} = -kx - \gamma \frac{\mathrm{d}x}{\mathrm{d}t} + F_0 \cos \omega t$$

令 $\omega_0^2 = k/m$、$2\delta = \gamma/m$ 和 $f_0 = F_0/m$,上式整理后变成

$$\frac{\mathrm{d}^2 x}{\mathrm{d}t^2} + 2\delta \frac{\mathrm{d}x}{\mathrm{d}t} + \omega_0^2 x = f_0 \cos \omega t \tag{2-19}$$

在欠阻力($\delta < \omega_0$)的情况下,上式的通解为

$$x = A_0 \mathrm{e}^{-\delta t} \cos(\omega' t + \varphi'_0) + A \cos(\omega t + \varphi_0) \tag{2-20}$$

式(2-20)中等号右侧第一项包含衰减因子 $\mathrm{e}^{-\delta t}$,经一段时间以后这一项的贡献可忽略,而第二项所表示的是一个振幅不变的"简谐振动",它体现了周期性外力对振动的影响。因此当受迫

振动达到稳定后,其振动方程可表示为

$$x = A\cos(\omega t + \varphi_0) \tag{2-21}$$

这里稳态受迫振动的振幅为

$$A = \frac{f_0}{\left[(\omega_0^2 - \omega^2)^2 + 4\delta^2\omega^2\right]^{1/2}} \tag{2-22}$$

稳态受迫振动位移 x 与驱动力 F 的相位差 φ_0 满足

$$\tan\varphi_0 = -\frac{2\delta\omega}{\omega_0^2 - \omega^2} \tag{2-23}$$

值得注意的是,第一,稳态受迫振动的角频率等于驱动力的角频率 ω,而不是弹簧振子的固有角频率 ω_0;第二,稳态受迫振动的振幅 A 和相位 φ_0 不取决于振子的初始条件,而是依赖于振子的固有属性、阻尼因子及驱动力的性质。

3. 共振

由式(2-22)可见,在 ω_0 和 f_0 确定的情况下,稳态时受迫振动的位移振幅 A 随驱动力的频率 ω 变化。那么,在什么条件下 A 取最大值呢?对式(2-22)求 $\mathrm{d}A/\mathrm{d}\omega = 0$,可得 $\omega = \omega_r$ 时

$$\omega_r = \sqrt{\omega_0^2 - 2\delta^2} \tag{2-24}$$

此时,位移振幅 A 达到最大,其值为

$$A_{\max} = \frac{f_0}{2\delta\sqrt{\omega_0^2 - \delta^2}} \tag{2-25}$$

视频:用薄板共振
控制噪声

这就是(位移)共振,ω_r 称为位移共振频率。式(2-24)和式(2-25)表明,在共振时,驱动力的角频率 ω_r 略小于系统的固有角频率 ω_0,而且阻尼系数 δ 越小,ω_r 越接近 ω_0,共振振幅也越大,如图 2-10 所示,但振幅不会无穷大。

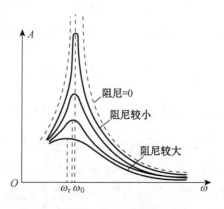

图 2-10　共振

这是因为对受迫振动而言,振动系统总是存在着能量损耗,而且振动幅度越大,损耗越严重。因此,振幅增大到一定程度时,外界传输给振动系统的能量全部都损耗掉,这时振幅就不再增大了。这就是共振时振幅并不会无限增大的原因。

2-3 一维简谐振动的合成 拍

在实际问题中,常常会遇到几个振动合成(叠加)的情况。例如,两个声源发出的声波传到人耳,同时引起鼓膜的振动,使人能同时听到这两个声源发出声音。振动的合成一般比较复杂,下面我们只限于讨论两个简谐振动合成的几种情况。

1. 两个同方向、同频率的简谐振动的合成

设一质点同时参与了两个同方向、同频率的简谐振动,对应的振动方程分别为

$$x_1 = A_1\cos(\omega t + \varphi_{10}), x_2 = A_2\cos(\omega t + \varphi_{20})$$

这里 A_1 和 A_2 分别为两个简谐振动的振幅,φ_{10} 和 φ_{20} 为对应的初相位。在任意时刻,质点合振动的位移为

$$x = x_1 + x_2 \tag{2-26}$$

我们可以用下述旋转矢量法说明,合成振动 x 依然为简谐振动,因此总能写作

$$x = A_1\cos(\omega t + \varphi_{10}) + A_2\cos(\omega t + \varphi_{20}) = A\cos(\omega t + \varphi_0)$$
$$\tag{2-27}$$

的形式。

如图 2-11 所示,$\boldsymbol{A}_1$ 和 $\boldsymbol{A}_2$ 代表两简谐振动 x_1 和 x_2 所对应的振幅矢量,它们以相同的角速度 ω 做逆时针转动,因此它们之间的夹角保持恒定,等于 $\varphi_{20} - \varphi_{10}$,这样以 $\boldsymbol{A}_1$ 和 $\boldsymbol{A}_2$ 为两个相邻斜边的平行四边形的形状和大小保持不变。根据矢量加法,合矢量 $\boldsymbol{A} = \boldsymbol{A}_1 + \boldsymbol{A}_2$ 沿着这个平行四边形的一条对角线,也以角速度 ω 逆时针旋转。显然 $\boldsymbol{A}$ 在 x 轴上的投影为

$$x = x_1 + x_2$$

亦即可写作式(2-27),式中的 A 就是旋转矢量 $\boldsymbol{A}$ 的长度,φ_0 就是 $t = 0$ 时旋转矢量 $\boldsymbol{A}$ 与 x 轴正方向的夹角。从图 2-11 不难由余弦定理求得

$$A = \sqrt{A_1^2 + A_2^2 + 2A_1A_2\cos(\varphi_{20} - \varphi_{10})} \tag{2-28}$$

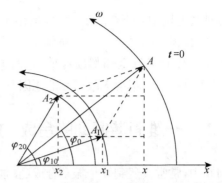

图 2-11　两个同方向、同频率简谐振动的叠加

A 在 x 轴及与 x 轴垂直方向上的投影分别为 $A_1 \cos \varphi_{10} + A_2 \cos \varphi_{20}$ 和 $A_1 \sin \varphi_{10} + A_2 \sin \varphi_{20}$，这样

$$\tan \varphi_0 = \frac{A_1 \sin \varphi_{10} + A_2 \sin \varphi_{20}}{A_1 \cos \varphi_{10} + A_2 \cos \varphi_{20}} \tag{2-29}$$

可以看出，合振动的振幅 A 取决于两个分振动的相位差 $\Delta \varphi = \varphi_{20} - \varphi_{10}$：

（1）当 $\Delta \varphi = 2n\pi$，$n =$ 整数时，有

$$A = \sqrt{A_1^2 + A_1^2 + 2A_1 A_2} = A_1 + A_2$$

即，当两个分振动同相时，合振幅等于分振幅之和。

（2）当 $\Delta \varphi = (2n+1)\pi$，$n =$ 整数时，有

$$A = \sqrt{A_1^2 + A_1^2 - 2A_1 A_2} = |A_1 - A_2|$$

即，当两个分振动反相时，合振幅等于分振幅之差的绝对值。

（3）当 $\Delta \varphi$ 取其他值时，合振幅介于上述两种情况之间，即

$$A_1 + A_2 > A > |A_1 - A_2|$$

2. 两个同方向、不同频率的简谐振动的合成

对于两个频率不等的简谐振动来说，它们的相位差不断随着时间变化，我们总可以选取适当的时间零点，使得两个振动的初相位相同。为了便于讨论，设两分振动的振幅相等，它们的振动方程分别为

$$x_1 = A \cos(\omega_1 t + \varphi_0)$$
$$x_2 = A \cos(\omega_2 t + \varphi_0)$$

其中，$\omega_1 > \omega_2$。这种情况下，对应的图 2-11 中平行四边形的形状和对角线大小将不断随时间改变，合振动不是简谐振动。下面我们只讨论两个振动频率较大而相差很小（$\omega_1 - \omega_2 \ll \omega_1 + \omega_2$）

的情况。

利用三角函数的和差化积公式,合振动的振动方程为

$$x = x_1 + x_2 = 2A \cos\left(\frac{\omega_1 - \omega_2}{2}t\right)\cos\left(\frac{\omega_1 + \omega_2}{2}t + \varphi_0\right)$$

$$(2\text{-}30)$$

式中两个因子 $\cos[(\omega_1 - \omega_2)t/2]$ 与 $\cos[(\omega_1 + \omega_2)t/2 + \varphi_0]$ 都是时间的周期函数,前者是周期很大的缓变函数,如图 2-12 中的包络线,后者是周期很小的迅变函数。因此,我们可以把合振动中的迅变函数项看作是简谐振动,其振幅受到缓变函数为

$$\left|\cos\left(\frac{\omega_1 - \omega_2}{2}t\right)\right|$$

$$(2\text{-}31)$$

的调制,即振幅随时间周期性变化(如图 2-12 所示),这种合振动振幅忽强忽弱的现象叫作**拍**,振幅变化的频率称为**拍频**。注意到式(2-31)的周期为 π,即可得振幅变化的频率——拍频 ν 为

$$\nu = \frac{\omega_1 - \omega_2}{2\pi} = \nu_1 - \nu_2$$

$$(2\text{-}32)$$

即拍频为两分振动频率之差。

动画:拍

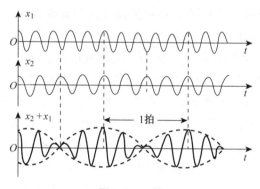

图 2-12 拍

我们还可以用旋转矢量法来说明拍现象。由于 $\omega_1 > \omega_2$,所以振幅矢量 A_1 比 A_2 转得快,具体地说,单位时间内 A_1 比 A_2 多转 $\nu_1 - \nu_2$ 圈。也就是说,在单位时间内,两个矢量恰好"相重"(在相同方向)和"相背"(在相反方向)的次数都是 $\nu_1 - \nu_2$ 次,也就是合振动将加强或减弱 $\nu_1 - \nu_2$ 次,这样就形成了合振幅时而加强、时而减弱的拍现象,因此拍频等于 $\nu_1 - \nu_2$。

拍振动有很多实际应用,例如,管乐器中的双簧管就是利用两个簧片振动频率的微小差别产生出颤动的拍音,超外差收音机中的振荡电路、警车上的雷达测速仪等也都利用了拍的原理。

视频:从双簧管的吹
奏看拍现象

2-4 机械波 简谐波波函数

机械波是机械扰动在弹性介质中的传播,没有介质无法传播。例如,如果不依靠无线电通信,在太空出舱行走的宇航员之间是无法听到彼此说话的声音的。

1. 机械波产生的条件

所谓的弹性介质,是指由无穷多的质元通过相互之间的弹性力组合在一起的连续介质。当介质中的一个质元受外界的扰动而偏离平衡位置时,临近的质元将对它产生一个弹性回复力,使其在平衡位置附近产生振动。与此同时,由于质元之间的相互作用,该质元也将给其他临近质元以弹性回复力的作用,迫使它们在各自的平衡位置附近振动起来。弹性介质中一个质元的振动,将依次通过质元之间的弹性力的带动,使振动形态以一定的速度由近及远传播,形成波动。综上所述,产生机械波需要满足以下两个条件:一是波源;二是能够传播机械振动的弹性介质。

2. 横波与纵波

根据波的传播方向与振动方向的关系可将机械波分为横波和纵波。**横波**是指振动方向和传播方向相互垂直的波,例如,用手抖动一根绷紧的绳子的一端时,绳子上产生的波就是横波,如图 2-13 中左图所示。当固体中一层介质相对于另一层介质平移而发生切变时,固体有恢复原状的趋势,从而在相邻两层间产生切向回复力,也正是由于这种切向力,才使得机械横波得以在固体中传播,而液体和气体中由于没有这种切向弹性力,故而一般不能传播横波。**纵波**是指振动方向和传播方向相互平行的波,例如,声音在空气中的传播就是纵波。纵波也常称为疏密波,这主要是由于质元的振动方向与传播方向相同时,介质里出现了一个又一个的疏部和密部,如图 2-13 中的右图所示。固体、液体和气体中都能传播纵波。

动画:横波

图 2-13 横波和纵波

在实际情况中,波动比较复杂,可能既有横波的成分,又有纵波的成分,比如图 2-14 中所示的地震波和水的表面波。

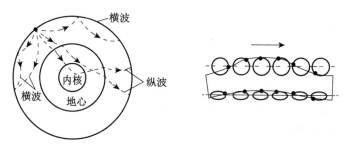

图 2-14 地震波和水的表面波

3. 简谐波波函数

假设波沿 x 方向传播，要描述一列波的传播，需要知道在任意位置 x 处的质点，在任意时刻 t 离开平衡位置的位移 y，该处的 y 应该是 x 和时间 t 的函数，即 $y(x, t)$。我们把这种描述波传播的函数 $y(x, t)$ 叫作波函数（又称波动表达式）。

一般情况下，作为振源的质点的振动形式是复杂的，所以形成的波的波函数的形式也是比较复杂的，但是当波源做简谐振动时，介质中各个质元也做简谐振动，这时的波即为简谐波（余弦波或正弦波）。简谐波是一种最简单最基本的波，任何复杂的波都可以看成是由若干个简谐波叠加而成的。理论上可以证明，严格的简谐波是不存在的，通常情况下，对于做简谐运动的波源在均匀的、无吸收的介质中所形成的波，都可近似地看成是简谐波。简谐波是一种理想状态的波。

假设沿 x 轴正方向传播的简谐波，波速为 u。以纵坐标 y 表示波线（x 轴）上任意质元相对于平衡位置的位移，如图 2-15 所示。

已知原点 O 处质元的振动方程为

$$y(0, t) = A\cos(\omega t + \varphi_0)$$

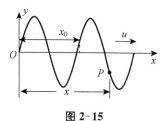

图 2-15

由于简谐波各振动质元的振幅保持不变，且频率也都同原点处质点的振动频率一致，唯一不同的只是相位。为了找出波传播路径上所有质元在任一时刻 t 的位移，可在 x 轴上任取一质元点 P，P 点离原点的距离为 x。由于 P 点 t 时刻的振动状态一定是由早前时刻 $\left(t - \dfrac{x}{u}\right)$ 点 O 的运动状态传至的，所以

$$y(x, t) = A\cos\left[\omega\left(t - \frac{x}{u}\right) + \varphi_0\right] \tag{2-33}$$

即为点 P，亦即任一点的振动方程，这就是沿 x 轴方向传播的简谐波的波函数。

如果波沿 x 轴负方向传播,那么 P 点处的振动比原点 O 处的振动要早一段时间,则 P 点的振动方程,或者说简谐波函数为

$$y(x,\ t) = A\cos\left[\omega\left(t + \frac{x}{u}\right) + \varphi_0\right] \qquad (2\text{-}34)$$

因为 $\omega = 2\pi/T$, $uT = \lambda$, 一维简谐波的波函数可以表示为以下几种形式:

$$y = A\cos\left[\omega\left(t \mp \frac{x}{u}\right) + \varphi_0\right] \qquad (2\text{-}35a)$$

或

$$y = A\cos\left[\frac{2\pi}{T}\left(t \mp \frac{x}{u}\right) + \varphi_0\right] \qquad (2\text{-}35b)$$

或

$$y = A\cos\left[2\pi\left(\frac{t}{T} \mp \frac{x}{\lambda}\right) + \varphi_0\right] \qquad (2\text{-}35c)$$

或

$$y = A\cos\left[\frac{2\pi}{\lambda}(ut \mp x) + \varphi_0\right] \qquad (2\text{-}35d)$$

上述表达中,当波沿 x 轴正方向传播时,式中取减号;沿 x 轴负方向传播时,取加号。

为了更清楚地描述波函数的物理意义,我们以式(2-35a)为例进行探讨。

从式 $y = A\cos\left[\omega\left(t \mp \frac{x}{u}\right) + \varphi_0\right]$ 可以看出:

(1) 当 x 一定, $x = x_0$ 时, $y(x_0, t) = A\cos\left[\omega\left(t \mp \frac{x_0}{u}\right) + \varphi_0\right]$,此时波函数表示的是距原点 O 为 x 处的质点在不同时刻离开平衡位置的位移,即该处质点做简谐振动的运动方程。

(2) 当 t 一定, $t = t_0$ 时, $y(x,\ t_0) = A\cos\left[\omega\left(t_0 \mp \frac{x}{u}\right) + \varphi_0\right]$,此时波函数表示的是在给定时刻 t_0、沿波传播方向上的各个质点离开平衡位置的位移。它表示的是给定时刻的波形(指波峰和波谷或波密和波疏的分布情况)。

(3) 当 x, t 都变化时, $y(x,\ t) = A\cos\left[\omega\left(t \mp \frac{x}{u}\right) + \varphi_0\right]$ 描述的是在任意时刻,各个质点离开平衡位置的位移,或者说是

沿波传播方向上任意质点简谐振动的振动方程。图 2-16 分别
画出了 t 和 $t+\Delta t$ 时刻的两个波形图,图中实线表示 t 时刻的
波形,

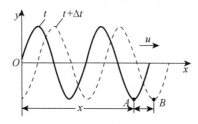

图 2-16 波形的传播

这就是说,在 Δt 时间内整个波形向前移动了 $u\Delta t$ 的距离,波
速 u 是整个波形向前传播的速度。可以看出,波的传播是振动的
传播,是相位的传播,同时也是波形的传播。总之,当 x, t 都变化
时,波函数就描述了波的传播过程,所以这种波也叫作行波。

为了形象地描述波动在空间的传播,我们引入波线和波面
的概念。当波在三维连续介质中由波源发出向外传播时,通常用
带有箭头的直线表示波的传播方向,称为**波线**。相位相同的点构
成的曲面称为**波阵面**,波传播时最前面的波阵面称为**波前**。在各
向同性介质中,波线与波阵面垂直。如图 2-17 所示,若波的波阵
面为平面,称为平面波;若波的波阵面为球面,则称为球面波;若
波的波阵面为圆柱面,则称为柱面波。一个尺寸很小(相对于所
讨论的空间范围)的波源可当作点波源,在均匀的、各向同性的
介质中,点波源产生的是球面波;由点波源密集排成的直线构成
线波源,线波源可以产生柱面波;很大的平面波源可以产生平面
波。此外,当球面波或柱面波传播到极远处时,它们波阵面上一
部分也可当作平面波处理。

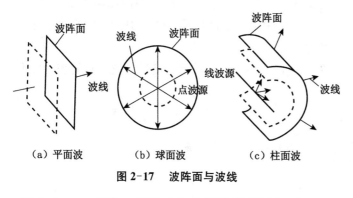

(a) 平面波　　(b) 球面波　　(c) 柱面波

图 2-17 波阵面与波线

例 2-2 一列沿 x 轴负方向传播的简谐波的波速为 $u=$
5 m/s, $x=0$ 处简谐振动的振动曲线如图 2-18 所示,求该简谐

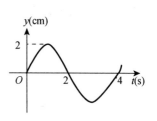

图 2-18 $x=0$ 处的振动曲线

波波函数的表达式。

解 设沿 x 轴负方向传播的简谐波波函数的表达式为

$$y = A\cos\left[\omega\left(t + \frac{x}{u}\right) + \varphi_0\right]$$

由图 2-18 可知,简谐波的振幅为

$$A = 2 \text{ cm}$$

周期为

$$T = 4 \text{ s}$$

因此,其角频率为

$$\omega = \frac{2\pi}{T} = \frac{\pi}{2} \text{ rad/s}$$

在 t 时刻、x 坐标处简谐振动的相位为

$$\varphi = \omega\left(t + \frac{x}{u}\right) + \varphi_0$$

由图 2-18 可知,在 $t = 0$ 时刻、$x = 0$ 坐标处的振动相位为 $3\pi/2$,因此有

$$\varphi_0 = \frac{3\pi}{2}$$

由此可得

$$y = 0.02\cos\left[\frac{\pi}{2}\left(t + \frac{x}{5}\right) + \frac{3\pi}{2}\right]$$

式中 x 和 y 的单位为 m,t 的单位为 s。

例 2-3 一列沿 x 轴正方向传播的简谐波的波速为 $u = 0.08$ m/s,$t = 0$ 时刻的波形图如图 2-19 所示,求该简谐波波函数的表达式。

解 设沿 x 轴正方向传播的简谐波波函数的表达式为

$$y = A\cos\left[\omega\left(t - \frac{x}{u}\right) + \varphi_0\right]$$

由图 2-19 可知,简谐波的振幅为

$$A = 0.04 \text{ m}$$

波长为

$$\lambda = 0.40 \text{ m}$$

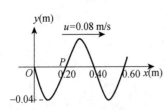

图 2-19 $t = 0$ 时刻的波形图

简谐波的周期为

$$T = \frac{\lambda}{u} = \frac{0.40}{0.08} = 5.0 \text{ s}$$

对应的角频率为

$$\omega = \frac{2\pi}{T} = \frac{2\pi}{5} \text{ rad/s}$$

由图 2-19 可知,在 $t = 0$ 时刻, $x = 0.10$ m 处的波函数值最小,此刻该处的振动相位为 π。因此有

$$\omega\left(0 - \frac{0.10}{u}\right) + \varphi_0 = \pi$$

由此可得

$$\varphi_0 = \frac{3\pi}{2}$$

由此可得

$$y = 0.04\cos\left[\frac{2\pi}{5}\left(t - \frac{x}{0.08}\right) + \frac{3\pi}{2}\right]$$

式中 x 和 y 的单位为 m, t 的单位为 s。

4. 简谐波的能量

波在传播的过程中往往还同时伴随着能量的传播。可以证明,简谐波在任意时刻,任意质元做简谐振动的**动能和势能都完全相等**,且动能与势能同时达到最大,同时达到最小。这一结论的物理解释如下:如图 2-20 所示的横波,在平衡位置,质元的速率和动能最大,而此时质元的形变量也最大,因此其弹性势能也最大;另一方面,在最大位移处,质元的速率和动能最小,此时质元的形变量也最小,因此其弹性势能也最小。这与前

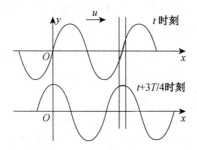

图 2-20　质元的动能与势能

面讨论过的弹簧振子简谐振动的情况完全不同,这是因为:弹簧振子与外界没有能量交换,其机械能守恒,运动中动能和势能相互转化,总是反相的;与之不同,波传播时,各质元都不是孤立的,而是与左右相邻的质元通过相互作用而有能量的传递,机械能不守恒,因而与弹簧振子的简谐振动在本质上不同。

2-5 惠更斯原理 波的衍射

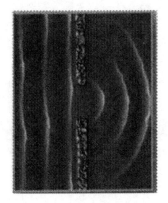

图 2-21 水波的衍射

波在各向同性的均匀介质中都以直线传播,但有趣的是,我们发现当波在传播过程中遇到障碍物时会出现绕过障碍物继续传播的现象。如图 2-21 所示,一列平面水波在通过一小孔时绕过了小孔两侧的障碍,继续向前沿各个方向传播。这种波动绕过障碍物继续传播的现象称为**衍射**

为了解释波的衍射现象,荷兰物理学家惠更斯于 1690 年提出以他名字命名的**惠更斯原理**:某一时刻,介质中任一波阵面上的各点,都可以看作是发射子波的新波源,在其后的任一时刻,这些子波源发出的子波波面的包迹(也称包络面)就是该时刻的新波面。这就是惠更斯原理。利用惠更斯原理,可以很好地解释波的衍射现象。根据惠更斯原理,只要知道某一时刻的波阵面就可以用几何作图法确定下一时刻的波阵面。因此,这一原理又叫惠更斯作图法,它在相当大程度上解决了波的传播方向问题。

下面以球面波和平面波的传播为例来说明惠更斯原理的应用。例如,如图 2-22(a) 所示,设在各向同性均匀介质中有一个点波源 O,波在此介质中的传播速度为 u。在时刻 t 的波阵面为 S_1,根据惠更斯原理,S_1 上的各点都可以看成是发射子波的新波源。以 S_1 上各点为中心,以 $r = u\Delta t$ 为半径,画出许多球形的子波,这些子波在行进前方的包迹为 S_2,这就是 $t + \Delta t$ 时刻的新的波阵面。很明显,S_2 就是以 O 为中心的球面,它仍以球面波的形式向前传播。若已知平面波在某一时刻的波阵面为 S_1,在经过时间 Δt 后其上各点发出的子波(以小的半圆表示)的包络面仍是平面(S_2),这就是此时新的波阵面,已从原来的波阵面向前推进了 $u\Delta t$ 的距离,如图 2-22(b) 所示。

下面我们用惠更斯原理来解释波的衍射现象。如图 2-23 所示,在水中用一块挡板把水分为两个区域,挡板上开有一个口子。当平面水波传播到挡板位置时,根据惠更斯原理,开口处的

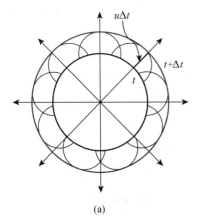

(a)

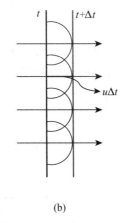

(b)

图 2-22 惠更斯原理示意图

图片:惠更斯原理示意图

各点可以作为新的子波源,由这些子波源发出球面子波,继续向前方各个方向传播。这些子波的包络面迹即为下一个时刻新波面。由图 2-23 可见,新波面两侧的波阵面形状以及波的传播方向都偏离了平面波的形状和方向,这就是波的衍射现象。

惠更斯原理适用于任何形式的波动,无论是机械波还是电磁波,无论波是在均匀介质还是在非均匀介质中传播,只要知道某一时刻的波前,就可以根据这一原理用几何作图法确定下一时刻的波面。

应用惠更斯原理不但能解释波的衍射现象,而且还能说明波在两种介质交界面上发生的反射和折射现象,并可以演绎波的反射和折射定律。这里不再一一解释。

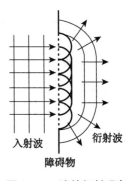

图 2-23 波的衍射现象

2-6 波的叠加原理 波的干涉和驻波

1. 波的叠加原理

当我们听音乐会时,尽管许多乐器同时发出旋律不同的声波,但人的耳朵仍能清晰地分辨出每个乐器的乐音,达到美的享受;同样,当两列水波在水面上相遇时,在相遇的区域可以看到特殊的波纹,但是一旦这两列水波分离后将保持原有的特征继续沿原方向传播。类似的现象还很多,通过对这些现象的观察和总结,我们可以总结出以下规律:

(1)当几列波同时传播到空间某处相遇时,各列波将保持其原有的频率、波长、振动方向等特征继续沿原来的传播方向前进,好像在各自的传播过程中,并没有与其他的波相遇一样,这就是波传播的独立性。

(2)在相遇的区域内,任一质元的振动,将是各列波单独存在时对该质元引起的振动的合振动,这一规律称为**波的叠加原理**。

图 2-24 可以诠释波的叠加原理。当一列突起的波和一列凹陷的波在水平方向上相遇时,相遇区域的质元的合振动减弱,过了相遇区域,各列波保持原有特性不变。

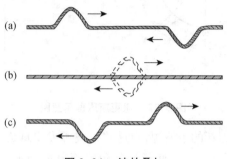

图 2-24　波的叠加

需要特别指出的是波的叠加原理有一定的适用范围,它只适合于波的强度不是很大,且描述波动的微分方程是线性时,叠加原理成立。而对于强度较大的波,比如地震波等,一般不遵守波的叠加原理。

2. 波的干涉

一般来说,两个频率相同、振动方向相同、相位相同或相位差恒定的波源所产生的波同时传播到空间某一点相遇时,某些点的振动始终加强,而在另一些点的振动始终减弱的现象,称为**干涉现象**。能产生干涉现象的两列波叫作**相干波**,所对应的波源,称作**相干波源**。如图 2-25 所示,在水波的干涉试验中,将两个

图 2-25　水波的干涉图样

小球装在同一支架上,小球下端紧贴水面,当支架沿与水平面垂直的方向以一定频率振动时,两个小球就成了振动方向相同、频率相同、位相相同的两个波源。它们各自在水面激起圆形的水面波,当两列波相遇时,水面上一些地方起伏很大(亮纹所示),说明这些位置振动加强。而有些地方起伏很小,甚至不动(暗纹所示),说明这些位置振动很弱,甚至不振动。在这两列波相遇的区域内,振动的强弱是按一定的规律分布的,即出现了稳定的干涉现象。

下面我们将定量地分析两列波的干涉现象。

如图 2-26 所示,设有两个同频率的相干波源 S_1 和 S_2,它们的振动方程分别为

$$y_{10} = A_{10}\cos(\omega t + \varphi_1)$$
$$y_{20} = A_{20}\cos(\omega t + \varphi_2)$$

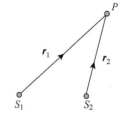

图 2-26 两列相干波在 P 点叠加

这两列波源发出的波同时传播到空间任一点 P,则 P 点同时参与了两个同方向同频率的简谐振动,它们分别在 P 点引起的振动表达式为

$$y_{1P} = A_1\cos\left(\omega t + \varphi_1 - \frac{2\pi}{\lambda}r_1\right)$$
$$y_{2P} = A_2\cos\left(\omega t + \varphi_2 - \frac{2\pi}{\lambda}r_2\right)$$

式中 r_1 和 r_2 为波源 S_1 和 S_2 离开 P 点的距离,A_1 和 A_2 为这两列波到达 P 点时的振幅。两列波在 P 点的合振动为简谐运动。根据波的叠加原理,P 点的合振动方程为

$$y = y_{1P} + y_{2P} = A\cos(\omega t + \varphi) \tag{2-36}$$

其中,合振动的振幅

$$A = \sqrt{A_1^2 + A_2^2 + 2A_1A_2\cos\Delta\varphi} \tag{2-37}$$

由于简谐波的强度 I 与振幅 A 的平方成正比,因此合成波的强度可表示为

$$I = I_1 + I_2 + 2\sqrt{I_1 I_2}\cos\Delta\varphi \tag{2-38}$$

式中 $\Delta\varphi$ 为两列波传播到 P 点时的相位差,即

$$\Delta\varphi = (\varphi_2 - \varphi_1) - \frac{2\pi}{\lambda}(r_2 - r_1) \tag{2-39}$$

可见,在 P 点的相位差取决于两波源的初相位之差 $(\varphi_2 - \varphi_1)$ 以

及 P 点到两波源的波程差(r_2-r_1)。但是,当波源确定时,初相位之差$(\varphi_2-\varphi_1)$为一常量,则 $\Delta\varphi$ 主要取决于波程差(r_2-r_1),即 P 点的空间位置。当 P 点的空间位置确定后,$\Delta\varphi$ 确定,P 点的振动状态也就唯一确定。在不同的位置出现不同的振动状态,有些点的振动始终加强,有些点的振动始终减弱,即出现稳定的干涉现象。

由式(2-37)和式(2-39)可知,介质中满足振幅和强度最大的那些点,相位差所满足的条件是

$$\Delta\varphi = (\varphi_2-\varphi_1) - \frac{2\pi}{\lambda}(r_2-r_1) = \pm 2k\pi \quad (k=0,1,2,3,\cdots)$$
$$(2\text{-}40a)$$

这时 $A_{\max}=A_1+A_2$,$I_{\max}=I_1+I_2+2\sqrt{I_1I_2}$,这些点称为干涉相长点。

介质中满足振幅和强度最小的那些点,相位差所满足的条件是

$$\Delta\varphi = (\varphi_2-\varphi_1) - \frac{2\pi}{\lambda}(r_2-r_1) = \pm(2k+1)\pi$$
$$(k=0,1,2,3,\cdots) \quad (2\text{-}41a)$$

这时 $A_{\min}=|A_1-A_2|$,$I_{\min}=I_1+I_2-2\sqrt{I_1I_2}$,这些点称为干涉相消点。

如果两相干波源的初相位相同,即 $\varphi_1=\varphi_2$,则上述条件可简化为

$$\delta = r_1-r_2 = \pm k\lambda \quad (k=0,1,2,3,\cdots) \quad (2\text{-}40b)$$

这时干涉相长。

$$\delta = r_1-r_2 = \pm\frac{1}{2}(2k+1)\lambda \quad (k=0,1,2,3,\cdots) \quad (2\text{-}41b)$$

这时干涉相消。

对于波程差不满足式(2-40)和式(2-41)的那些点,其合振动的振幅介于 $A_{\min}=|A_1-A_2|$ 和 $A_{\max}=A_1+A_2$ 之间,波强也处在最大值和最小值之间。

例 2-4 如图 2-27 所示,B、C 为同一介质中的两个相干波源,相距 30 m,相干波的频率为 $\nu=100$ Hz,波速 $u=400$ m/s,且振幅都相同。已知 B 点为波峰时,C 点恰为波谷,求 BC 连线上因干涉而静止的各点的位置。

解 可以分三个区间来讨论此题。

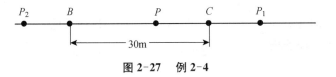

图 2-27 例 2-4

（1）C 点右侧的任一点 P_1。以 B 点为坐标原点，向右为 x 轴正方向，两列波的波动方程分别为

$$y_B = A \cos\left[\omega\left(t - \frac{x}{u}\right)\right]$$

$$y_C = A \cos\left[\omega\left(t - \frac{x-30}{u}\right) + \pi\right]$$

两列波在 P_1 点振动的位相差为

$$\Delta\varphi = \left[\omega\left(t - \frac{x-30}{u}\right) + \pi\right] - \left[\omega\left(t - \frac{x}{u}\right)\right] = 16\pi$$

显然，P_1 点满足干涉相长条件，即 C 点右侧不存在因干涉而静止的点。

（2）B 点左侧的任一点 P_2。以 C 点为坐标原点，向左为 x 轴正方向，两列波的方程为

$$y_B = A \cos\left[\omega\left(t - \frac{x-30}{u}\right)\right]$$

$$y_C = A \cos\left[\omega\left(t - \frac{x}{u}\right) + \pi\right]$$

两列波在 P_2 点的位相差为

$$\Delta\varphi = \left[\omega\left(t - \frac{x}{u}\right) + \pi\right] - \left[\omega\left(t - \frac{x-30}{u}\right)\right] = -14\pi$$

可见，P_2 点满足两列波相长干涉的条件，即 B 点左侧的区域也不存在干涉静止的点。

（3）B、C 两点之间的任一点 P，设它与 B、C 两波源相距分别为 x_B 和 x_C，若 P 点为相消干涉，需满足式（2-41a）的条件，即两列波在 P 点的位相差

$$\Delta\varphi = \varphi_C - \varphi_B - \frac{2\pi}{\lambda}(x_C - x_B) = \pm(2k-1)\pi$$

因 $\lambda = u/\nu = 400/100 = 4$ m，$x_C + x_B = 30$，故有

$$\Delta\varphi = \pi - \frac{2\pi}{4}(30 - x_B - x_B) = \pi x_B - 14\pi = \pm(2k-1)\pi$$

解得 $x_B = 1, 3, 5, \cdots, 29$。

即与 B 波源相距 1 m, 3 m, 5 m, $\cdots$, 29 m 处的各质元因相消干涉而静止。

3. 驻波

上面的例2-4中,B、C 两点之间的质元实际上是受到来自两个反向传播的波的叠加所产生的干涉,这会形成一种特殊的现象——驻波。

(1) 驻波的形成 波腹和波节

驻波是一种特殊的干涉现象,当两列频率相同、振幅相同且振动方向相同的波沿反向传播并相遇时,根据波的干涉,有些地方的振幅始终最大,有些地方的振幅始终最小,且各个质点的振幅不随时间 t 发生变化,在相遇区域形成特定波形,这就是**驻波现象**。

下面我们将对驻波的形成做详细讨论。

设有两列振幅相同的相干简谐波,分别沿 x 轴正方向和负方向传播,它们的波函数分别为

$$y_1 = A \cos\left(\omega t - \frac{2\pi}{\lambda}x\right)$$

$$y_2 = A \cos\left(\omega t + \frac{2\pi}{\lambda}x\right)$$

其合成波的表达式为

$$y = y_1 + y_2 = 2A \cos\frac{2\pi}{\lambda}x \cos \omega t \tag{2-42}$$

此式称为**驻波方程**。式(2-42)的一个非常显著的特点是与 x 有关项和与 t 有关项的分离,空间各点都在做角频率为 ω 的简谐振动,但振幅与位置有关,这显然没有波形的移动——这是**驻波名称的第一个意义来源**。

由式(2-42)可以看出,若 $|\cos(2\pi x/\lambda)| = 1$,驻波振幅最大,称为波腹,即当

$$\frac{2\pi}{\lambda}x = \pm k\pi \quad (k = 0, 1, 2, \cdots)$$

时,波腹所在点的坐标为

$$x = \pm k\frac{\lambda}{2} \quad (k = 0, 1, 2, 3, \cdots) \tag{2-43}$$

若 $|\cos(2\pi x/\lambda)| = 0$,驻波振幅为零,称为波节。波节所在点的位置为

$$x = \pm(2k+1)\frac{\lambda}{4} \quad (k = 0, 1, 2, 3, \cdots) \quad (2\text{-}44)$$

由波节和波腹的坐标可以看出,相邻的两个波节点(或波腹点)之间的距离为半波长$\frac{\lambda}{2}$。根据这一结论,我们可以根据两相邻波腹(或波节)之间的距离,来确定波的波长。

(2) 驻波的相位

对于驻波中各点的相位关系,由式(2-42)可见,各质元之间的相位关系,取决于振动因子前面的系数$2A\cos(2\pi x/\lambda)$。对于相邻两个波节之间的各个点来说,由余弦函数取值的规律可以知道,$\cos(2\pi x/\lambda)$的值对于这些点都有相同的符号,这说明相邻的两个波节点之间的各点的振动同相;而对于一个波节两侧的各质元来说,$\cos(2\pi x/\lambda)$的值符号相反,反映在振动上,则各个质点的振动反向,即相位差π。因此,驻波实际上就是分段振动的现象,在驻波中看不到像行波那样的相位移动 —— 这是**驻波名称的第二个意义来源**。

(3) 驻波的能量

图 2-28 画出了驻波形成过程,图中点线表示左行波,虚线表示右行波,粗实线表示合成驻波。图中各行依次画出了$t = 0$, $T/8$, $T/4$, $3T/8$, $T/2$时刻各质元的分振动位移和合振动位移。从图上可以看出始终静止不动的点(波节n)和具有最大振幅的点(波腹a)。

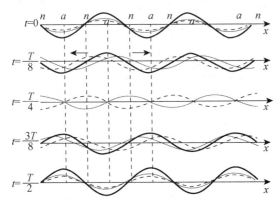

动画:驻波的形成

图 2-28　驻波的形成

由图 2-28 我们来定性讨论驻波的能量。从图上可以看出,当各质元达到各自的最大位移时,振动速度为零,故动能为零,但此时各质元都有不同程度的形变,越靠近波节处的点,由于振动相位相反,形变越大,因此,此时驻波上的能量以势能的形式出现,且基本上集中于波节附近。当各质元回到平衡位置时,各质元的形变随之消失,故势能为零,但此时各质元的振动速度达到最大值,且处于波腹处的质元的速度为最大,这时驻波的能量以动能的形式出现,且基本上集中于波腹附近。而在其他时刻,动能和势能则同时存在。由此可见,在驻波振动过程中,动能与势能的相互转换,是集中在波腹与波节附近,不向外传播,即驻波不传播能量 —— 这是**驻波名称的第三个意义来源**。

（4）振动的简正模式

驻波现象有许多实际的应用。例如,管弦乐器和打击乐器都是由于产生驻波而得以发出具有特定音色的声音的。对于两端固定、长度为 L 的弦线来说,在形成驻波时,弦线的两端为波节点,由于相邻两个波节点之间的距离等于波长 λ_n 的一半,因此有

$$L = n\frac{\lambda_n}{2} \quad (n = 1,\ 2,\ 3,\ \cdots) \qquad (2\text{-}45)$$

也就是说,只有在弦长等于半波长的整数倍时,才能在两端固定的弦线中形成驻波,如图 2-29 所示。对应的驻波频率 ν_n 为

$$\nu_n = \frac{u}{\lambda_n} = \frac{u}{2L}n \quad (n = 1,\ 2,\ 3,\ \cdots) \qquad (2\text{-}46)$$

这里,波速 u 可以通过改变弦线中张力的大小进行调整,从而实现改变驻波频率,弦乐器就是通过这一原理进行校音的。式 (2-46) 中各频率称为弦振动的**本征频率**,它们所对应的振动方式称为弦振动的**简正模式**。频率最低的 ν_1 称为**基频**,其他的本征频率称为**谐频**,谐频是基频的整数倍。

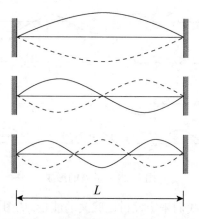

图 2-29　两端固定的弦线的简正模式

有些管乐器一端封闭、一端开口,在形成驻波时,封闭端是一个波节点,开口端相当于一个自由端,入射波和反射波在此引

起的振动是同相位的,因此是一个波腹点。由于相邻波节之间的距离为波长的一半,而相邻波节与波腹点之间的距离为波长的四分之一,因此图 2-30 中长度为 L 的管子内形成的驻波波长满足

$$L = n\frac{\lambda_n}{4} \quad (n=1,3,5,\cdots) \tag{2-47}$$

对应的驻波频率 ν_n 为

$$\nu_n = \frac{u}{\lambda_n} = \frac{u}{4L}n \quad (n=1,3,5,\cdots) \tag{2-48}$$

在这种情况下,谐频是基频的奇数倍。

　　图 2-31 是几种乐器奏出的某一相同音调的音的频谱图。从图中可以看出,同一个音的基频是一样的,但谐频的数量和相对幅值是不同的,这就构成了所谓的音色的不同。

　　一个系统的简正模式所对应的一系列频率值反映了系统的固有频率特性。如果外界驱使系统振动,当驱动力频率接近系统某一固有频率时,系统将被激发、产生振幅很大的驻波,这也是一种共振现象。

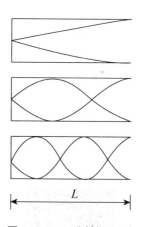

图 2-30　一端封闭、一端开口的管子中的简正模式

音频:几种乐器奏出的音频

视频:驻波的形成、特点和应用

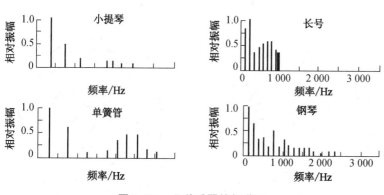

图 2-31　几种乐器的频谱图

2-7　多普勒效应

　　我们在日常生活中发现,当高速行驶的火车迎面鸣笛而来时,汽笛声比火车静止不动时听到的音调变高,即频率变大;当火车鸣笛离去时,汽笛声比火车静止不动时听到的音调变低,即频率变小。这个例子中,声波在空气中传播,而作为声源的火车相对于空气运动,观测者测得的声波频率与这一相对运动有关。同样,实验发现,当观测者相对于媒介运动时,其测得的波的频

率与其相对于媒介的运动有关。这种观测者观测到的频率有赖于波源或观测者相对于媒介运动的现象称**多普勒效应**。

为了正确认识多普勒效应,有必要区分两个不同的频率:波源频率 ν_0 是波源在单位时间内振动的次数,或在单位时间内发出的完整波的数目;而观测者接收到的频率 ν,是观察者在单位时间内接收到的振动次数或完整波数。这两个频率在一般情况下是不同的。

为简单起见,将介质选为参考系,考虑波源、接收器相对于介质运动。波由波源发出后,在介质中传播的速度为波速 u_0,与波源的运动状态无关。下面,我们考虑波源和观测者沿着它们之间连线运动的三种情况。

1. 波源静止,接收器运动

如图 2-32 所示,当波源发出的波(波长为 $\lambda_0 = u_0 T_0$)到达接收器时,接收器正以速度 v_r 朝向波源或背离波源运动,在这两种情况下,接收器测得的波速为分别为 $u = u_0 + v_r$ 和 $u = u_0 - v_r$,测得的波长都为 λ_0,于是接收器接收到的波的频率为

$$\nu = \frac{u}{\lambda_0} = \frac{u_0 \pm v_r}{u_0 T_0} = \frac{u_0 \pm v_r}{u_0}\nu_0 \qquad (2\text{-}49)$$

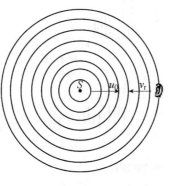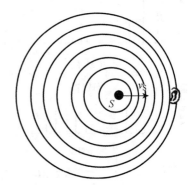

图 2-32 波源不动,接收器运动

图 2-33 接收器静止,波源运动

2. 接收器静止,波源运动

如图 2-33 所示,当波源以速度 v_S 朝向接收器运动时,接收器测得的波长 λ 比波源发出的波长 λ_0 要短。这是因为:在某瞬时 t 波源 S 发出一个波阵面,该波阵面以波速 u_0 接近接收器,经过一周期 T_0 后前进的距离为 $\lambda_0 = u_0 T_0$,而在此段时间内波源 S 沿同向前进了距离 $v_S T_0$,并在 $t + T_0$ 时刻发出了另一个波阵面,这两个波阵面在前进方向的间距就是接收器测得的波长,即

$$\lambda = \lambda_0 - v_S T_0 = (u_0 - v_S) T_0 \qquad (2\text{-}50)$$

同理可证,当波源以速度 v_S 背离接收器运动时,接收器测得的波长 λ 比波源发出的波长 λ_0 要长,为

$$\lambda = \lambda_0 + v_S T_0 = (u_0 + v_S) T_0 \qquad (2\text{-}51)$$

同时,由于接收器相对于介质静止,上述两种情况下其测得的波速都为 u_0。因此,接收器接收到的波的频率为

$$\nu = \frac{u_0}{\lambda} = \frac{u_0}{(u_0 \mp v_S) T_0} = \frac{u_0}{u_0 \mp v_S} \nu_0 \qquad (2\text{-}52)$$

3. 波源和接收器都运动

根据上面的讨论,综合式(2-49)和式(2-52)可得观测者测得的频率为

$$\nu = \frac{u_0 \pm v_r}{u_0 \mp v_S} \nu_0 \qquad (2\text{-}53)$$

若波源和接收器不沿两者位置的连线方向运动时,则可用两者的速度在连线方向分量的绝对值来替代上述公式中的 v_S 和 v_r。

视频:舰船多普勒声呐
测速原理

习 题

2-1 一质点做简谐振动。其运动速度与时间的曲线如图所示。若质点的振动规律用余弦函数描述,则其初相应为 （ ）

(A) $\pi/6$ (B) $5\pi/6$

(C) $-5\pi/6$ (D) $-\pi/6$

(E) $-2\pi/3$

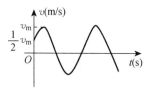

习题 2-1 图

2-2 一个弹簧振子和一个单摆(只考虑小幅度摆动),在地面上的固有振动周期分别为 T_1 和 T_2。将它们拿到月球上去,相应的周期分别为 T_1' 和 T_2'。则有 （ ）

(A) $T_1' > T_1$ 且 $T_2' > T_2$

(B) $T_1' < T_1$ 且 $T_2' < T_2$

(C) $T_1' = T_1$ 且 $T_2' = T_2$

(D) $T_1' = T_1$ 且 $T_2' > T_2$

2-3 一弹簧振子在光滑水平面上做简谐振动,弹簧的劲度系数为 k,物体的质量为 m,振动的角频率为 $\omega = (k/m)^{\frac{1}{2}}$,振幅为 A,当振子的动能和势能相等的瞬间,物体速率为 （ ）

(A) $\sqrt{2}\omega A$ (B) $\omega A/\sqrt{2}$

(C) $\dfrac{1}{2}\omega A$ (D) ωA

2-4 一质点在 x 轴上做简谐振动，振幅 $A = 4$ cm，周期 $T = 2$ s，其平衡位置取坐标原点。若 $t = 0$ 时刻质点第一次通过 $x = -2$ cm 处，且向 x 轴负方向运动，则质点第二次通过 $x = -2$ cm 处的时刻为   ( )

(A) 1 s   (B) 2/3 s

(C) 4/3 s   (D) 2 s

2-5 一个质点做简谐振动，振幅为 A，在起始时刻质点的位置为 $\dfrac{1}{2}A$，且向 x 轴的正方向运动，代表此简谐振动的旋转矢量图为   ( )

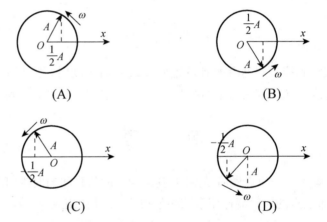

(A)   (B)

(C)   (D)

2-6 一弹簧振子做简谐振动，总能量为 E_1，如果简谐振动振幅增加为原来的两倍，重物的质量增加为原来的四倍，则它的总能量 E_2 变为   ( )

(A) $E_1/4$ (B) $E_1/2$

(C) $2E_1$ (D) $4E_1$

2-7 一弹簧振子做简谐振动，当位移为振幅的一半时，其动能为总能量的   ( )

(A) 1/4   (B) 1/2   (C) $1/\sqrt{2}$

(D) 3/4   (E) $\sqrt{3}/2$

2-8 图中所画的是两个简谐振动的振动曲线。若这两个简谐振动可叠加，则合成的余弦振动的初相为   ( )

(A) $\dfrac{3}{2}\pi$ (B) π

(C) $\dfrac{1}{2}\pi$ (D) 0

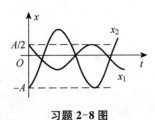

习题 2-8 图

2-9　一质点做简谐振动,速度最大值 $v_{\mathrm{m}} = 5\ \mathrm{cm/s}$,振幅 $A = 2\ \mathrm{cm}$。若令速度具有正最大值的那一时刻为 $t = 0$,则振动表达式为_____。

2-10　一质点沿 x 轴做简谐振动,振动范围的中心点为 x 轴的原点。已知周期为 T,振幅为 A。

（1）若 $t = 0$ 时质点过 $x = 0$ 处且朝 x 轴正方向运动,则振动方程为_____。

（2）若 $t = 0$ 时质点处于 $x = \dfrac{1}{2}A$ 处且向 x 轴负方向运动,则振动方程为_____。

2-11　一简谐振动的表达式为 $x = A\cos(3t + \varphi)$,已知 $t = 0$ 时的初位移为 $0.04\ \mathrm{m}$,初速度为 $0.09\ \mathrm{m/s}$,则振幅 $A =$ _____,初相 $\varphi =$ _____。

2-12　一物体同时参与同一直线上的两个简谐振动:$x_1 = 0.05\cos\left(4\pi t + \dfrac{1}{3}\pi\right)(\mathrm{SI})$,$x_2 = 0.03\cos\left(4\pi t - \dfrac{2}{3}\pi\right)(\mathrm{SI})$,则合成振动的振幅为_____m。

2-13　两个弹簧振子的周期都是 $0.4\ \mathrm{s}$,设开始时第一个振子从平衡位置向负方向运动,经过 $0.5\ \mathrm{s}$ 后,第二个振子才从正方向的端点开始运动,则这两振动的相位差为_____。

2-14　一质点按如下规律沿 x 轴做简谐振动:$x = 0.1\cos\left(8\pi t + \dfrac{2}{3}\pi\right)(\mathrm{SI})$。求此振动的周期、振幅、初相、速度最大值和加速度最大值。

2-15　一物体做简谐振动,其速度最大值 $v_{\mathrm{m}} = 3 \times 10^{-2}\ \mathrm{m/s}$,其振幅 $A = 2 \times 10^{-2}\ \mathrm{m}$。若 $t = 0$ 时,物体位于平衡位置且向 x 轴的负方向运动。求:(1)振动周期 T;(2)加速度的最大值 a_{m};(3)振动方程的数值式。

2-16　两个同方向的简谐振动曲线如图所示,求合振动的振幅和合振动的振动方程。

2-17　已知一平面简谐波的表达式为 $y = A\cos(at - bx)$（a、b 为正值常量）,则　　　　　（　　）

（A）波的频率为 a

（B）波的传播速度为 b/a

（C）波长为 π/b

（D）波的周期为 $2\pi/a$

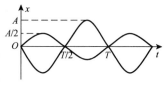

习题 2-16 图

2-18　在简谐波传播过程中,沿传播方向相距为 $\dfrac{1}{2}\lambda$（λ 为波

长)的两点的振动速度必定 （ ）

(A) 大小相同,而方向相反

(B) 大小和方向均相同

(C) 大小不同,方向相同

(D) 大小不同,而方向相反

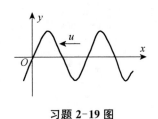

习题 2-19 图

2-19 如图为沿 x 轴负方向传播的平面简谐波在 $t=0$ 时刻的波形。若波的表达式以余弦函数表示,则 O 点处质点振动的初相为 （ ）

(A) 0 　　　　　　　　　(B) $\pi/2$

(C) π 　　　　　　　　(D) $3\pi/2$

2-20 一平面简谐波在弹性媒质中传播,在某一瞬时媒质中某质元正处于平衡位置,此时其能量 （ ）

(A) 动能为零,势能最大

(B) 动能为零,势能为零

(C) 动能最大,势能最大

(D) 动能最大,势能为零

2-21 在波长为 λ 的驻波中两个相邻波节之间的距离为 （ ）

(A) λ 　　　　　　　　(B) $3\lambda/4$

(C) $\lambda/2$ 　　　　　　　(D) $\lambda/4$

2-22 在驻波中,两个相邻波节间各质点的振动 （ ）

(A) 振幅相同,相位相同 　　(B) 振幅不同,相位相同

(C) 振幅相同,相位不同 　　(D) 振幅不同,相位不同

2-23 设声波在媒质中的传播速度为 u,声源的频率为 ν_{s}。若声源 S 不动,而接收器 R 相对于媒质以速度 v_R 沿着 S、R 连线向着声源 S 运动,则位于 S、R 连线中点的质点 P 的振动频率为 （ ）

(A) ν_{s} 　　　　　　　(B) $\dfrac{u+v_R}{u}\nu_S$

(C) $\dfrac{u}{u+v_R}\nu_S$ 　　　(D) $\dfrac{u}{u-v_R}\nu_S$

2-24 两列沿相反方向传播的相干波,已知其表达式分别为 $y_1=A\cos 2\pi(\nu t-x/\lambda)$ 和 $y_2=A\cos 2\pi(\nu t+x/\lambda)$。叠加后形成驻波,其波腹位置的坐标为 （ ）

(A) $x=\pm k\lambda$ 　　　　(B) $x=\pm\dfrac{1}{2}(2k+1)\lambda$

(C) $x=\pm\dfrac{1}{2}k\lambda$ 　　(D) $x=\pm(2k+1)\lambda/4$

2-25 一平面简谐波表达式为 $y = 0.025\cos(125t - 0.37x)$(SI)，其角频率 $\omega =$ _____，波速 $u =$ _____，波长 $\lambda =$ _____。

2-26 A，B 是简谐波波线上距离小于波长的两点。已知，B 点振动的相位比 A 点落后 $\frac{1}{3}\pi$，波长为 $\lambda = 3$ m，则 A，B 两点相距 $L =$ _____ m。

2-27 两相干波源 S_1 和 S_2 的振动方程分别是 $y_1 = A\cos\omega t$ 和 $y_2 = A\cos\left(\omega t + \frac{1}{2}\pi\right)$。$S_1$ 距 P 点 3 个波长，S_2 距 P 点 21/4 个波长。两波在 P 点引起的两个振动的相位差是 _____。

2-28 A，B 是简谐波波线上距离小于波长的两点。已知，B 点振动的相位比 A 点落后 π，波长为 $\lambda = 3$ m，则 A，B 两点相距 $L =$ _____ m。

2-29 如果入射波的表达式是 $y_1 = A\cos 2\pi\left(\frac{t}{T} + \frac{x}{\lambda}\right)$，在 $x = 0$ 处发生反射后形成驻波，反射点为波腹。设反射后波的强度不变，则反射波的表达式 $y_2 =$ _____；在 $x = 2\lambda/3$ 处质点合振动的振幅等于 _____。

2-30 一列火车以 20 m/s 的速度行驶，若机车汽笛的频率为 600 Hz，一静止观测者在机车正前和机车正后所听到的笛声频率分别为 ν_1、ν_2，则 ν_1 _____ ν_2（选填"$>$"或"$=$"或"$<$"），$|\nu_1 - \nu_2| =$ _____ （Hz）（设空气中声速为 340 m/s）。

2-31 一平面波在介质中以速度 $u = 20$ m/s 沿 x 轴负向传播，已知 A 点的振动方程为 $y = 3\cos 4\pi t$(SI)。求：(1) 以 A 点为坐标原点写出波动表达式；(2) 以 B 点为坐标原点写出波动表达式。

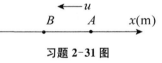

习题 2-31 图

2-32 一列平面简谐波在媒质中以波速 $u = 5$ m/s 沿 x 轴正向传播，原点 O 处质元的振动曲线如图所示。(1) 求 O 处质元的振动方程；(2) 求解该波的波函数；(3) 求解 $x = 25$ m 处质元的振动方程。

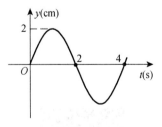

习题 2-32 图

第三章 热 学

物质的运动形态是多种多样的,在力学中我们以牛顿运动定律为基础,对一个或若干个质点研究其机械运动和受力。本章研究对象是大量的(10^{23} 数量级) 气体分子,其运动具有"无规则"性,用牛顿定律难以给出细致的运动描述。我们将以宏观的热力学基础和微观的统计方法来研究气体分子宏观规律。

热力学是以大量的观察和实验为基础,研究物质的热现象的宏观规律及其应用;微观的统计方法,是从组成物质的大量分子、原子的运动以及它们之间的相互作用出发,运用统计的方法探讨宏观物质的热性质。两者相辅相成,本章皆有涉及。

3-1 理想气体状态方程

1. 气体的物态参量

我们研究的对象是由大量做无规则运动的微观粒子(如分子、原子等) 所组成的宏观系统,称之为**热力学系统**(以下简称系统)。系统所包含的微观粒子数的典型数值是阿伏伽德罗常量

$$N_A = 6.02 \times 10^{23} \text{ mol}^{-1}$$

系统以外的物体统称为**外界**。如果系统与外界既没有物质交换,又没有能量交换,则称之为**孤立系统**;如果系统与外界之间有能量交换,但是没有物质交换,则称之为**封闭系统**;与外界既有能量交换又有物质交换的系统叫作**开放系统**。

为了研究整个气体的宏观状态,对一定量的气体,通常用气体的体积 V,压强 p 和热力学温度 T 来描述。这三个物理量都是用来描述整个热力学系统的,它们都是**宏观量**。而组成气体的每个分子所具有的质量、速度、动量以及能量等物理量都是**微观量**。

气体的体积是指,气体分子所能达到的空间。在国际单位中,体积的单位为立方米(m^3)。

气体的压强是指,气体分子作用于容器器壁上单位面积的

动画:气体分子微观模拟

正压力，在国际单位中，压强的单位是帕斯卡，简称帕，符号是 Pa。

温度是物体冷热程度的数值表示。国际上采用的最基本的温标为**热力学温标**，用这种温标所确定的温度叫作**热力学温度 T**，单位名称是**开尔文**（简称开）K。

在工程上和日常生活中，目前常用的温标为**摄氏温标**，它所确定的温度叫作**摄氏温度 t**，单位是摄氏度 ℃，摄氏温度和热力学温度之间的关系定义为

$$T = t + 273.15$$

2. 平衡态及物态方程

（1）平衡态

所谓的平衡态，是指**在不受外界影响的条件下，系统的宏观性质不随时间改变，且系统内物理量呈均衡的状态**。在宏观上，当理想气体处于平衡态时，气体内部各处的压强、温度和（混合）摩尔参量处处相等，因此可以用一组确定的 p，V，T 值来表示，即在状态图中用一个点来表示（图 3-1）。

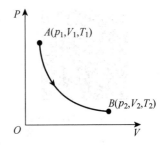

图 3-1 平衡状态示意图

（2）理想气体状态方程

当一定质量的气体处于平衡态时，物态参量之间存在一定的关联，对一定量的理想气体而言，这种关联表现在下列方程中

$$pV = \frac{m}{M_{mol}} RT \tag{3-1}$$

式（3-1）称为克拉伯龙方程。式中 p，V，T 为理想气体在某一平衡态下的三个状态参量；M_{mol} 为气体的摩尔质量；m 为气体的质量；R 为普适气体常数，国际单位制中**$R = 8.31\ \text{J}/(\text{mol} \cdot \text{K})$**

理想气体的物态方程还可以写成其他的形式，式（3-1）中 $\frac{m}{M_{mol}}$ 为气体的摩尔数 ν，故气体的物态方程也可表示为：

$$pV = \nu RT \tag{3-2}$$

利用 $\nu = N/N_A$，$k = R/N_A$，$n = \frac{N}{V}$，理想气体物态方程还可写成：

$$pV = \frac{N}{N_A} RT \tag{3-3}$$

或

$$p = nkT \tag{3-4}$$

式中 $k = 1.38 \times 10^{-23}$ J/K,称为玻尔兹曼常量,n 为单位体积内的分子个数,即分子数密度。

3-2　理想气体压强和温度

1. 理想气体的微观模型

至此,实际气体什么时候能看作理想气体?理想气体"理想"在何处?一直没有阐述。实际上,当实际气体在压强不是很大,温度不是很低的情况下,气体分子具有如下特点:

(1)气体分子之间的平均距离比气体分子的大小大得多。因此,气体分子可以看作质点。

(2)分子之间的作用力很小。所以气体分子与分子之间、分子与器壁之间除碰撞外,可以忽略分子之间的相互作用力。

(3)平衡态时,气体分子系统的内能(基本)不变。所以,分子间及分子与器壁之间的碰撞可以看作完全弹性碰撞。

这些特点正好构成理想气体分子的三要素:无相互作用、不考虑大小和具有弹性。

动画:分子间的作用力

2. 理想气体压强

压强是作用在单位面积上的压力。气体作用于器壁的压力是气体中大量分子对器壁碰撞所产生的。单个分子与器壁碰撞时,对器壁施加一个作用力,这个作用力具有大小、方向的随机性。当大量分子与器壁碰撞时,器壁受到的作用力则具有持续性、稳定性,比如,密集的雨点打在雨伞上,我们会感受到一个持续向下的压力。因此理想气体压强具有统计意义,对个别分子或少量分子谈不上压强,只有大量分子碰撞器壁时,在宏观上才能产生均匀稳定的压强。

理想气体处于平衡态时,还具有如下两条统计性假设:

a. 在不考虑重力的影响下,分子在容器内各处出现的概率是一样的,或者说分子按位置的分布是均匀的。即分子数密度相同。

b. 分子向各个方向运动的概率是一样的,或者说,分子速度按方向的分布是均匀的。即各个方向上速率的各种平均值相等

$$\overline{v_x^2} = \overline{v_y^2} = \overline{v_z^2} \tag{3-5}$$

因为 $\overline{v^2} = \overline{v_x^2} + \overline{v_y^2} + \overline{v_z^2}$,所以有

$$\overline{v_x^2} = \overline{v_y^2} = \overline{v_z^2} = \frac{1}{3}\overline{v^2} \tag{3-6}$$

假设有一个边长分别为 x，y 和 z 的长方形容器，其中有 N 个同类气体分子，每个分子的质量均为 m。在平衡态时，容器内包括容器壁上各处的压强均相同，因此我们只要计算容器中任意一个器壁所受的压强即可。

先讨论单个气体分子一次碰撞在与 x 轴垂直的 A_1 面上的作用（图 3-2），然后再考虑各种速率分子的连续作用，得出统计的宏观结果。

首先，设容器中 α 分子的速度为 v_i，在直角坐标系的三个分量分别为 v_{ix}，v_{iy}，v_{iz}。与 A_1 碰撞起作用的是 v_{ix} 分量。当 α 分子以速度 v_{ix} 与器壁 A_1 面发生碰撞时，因为碰撞是完全弹性的，所以 α 分子以速度 $-v_{ix}$ 被弹回。根据动量定理，α 分子与 A_1 面碰撞一次施加给 A_1 面的冲量（量值上应与 A_1 面给予 α 分子的冲量相同）为 $I = 2mv_{ix}$，冲力的方向与 Ox 轴正方向相同。

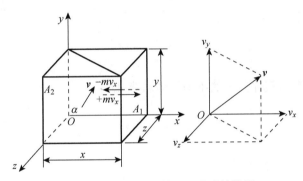

图 3-2 气体动理论的压强公式的推导

其次，考虑单位时间内单个气体分子对 A_1 面的作用。

α 分子对器壁碰撞的力是间歇的，不是持续的。当 α 分子从 A_1 面弹向 A_2 面，经与 A_2 面碰撞后再回到 A_1 面。很显然，α 分子在两个器壁之间往返一次通过的距离为 $2x$，因为与器壁碰撞前后的速率仍为 v_{ix}，所以与 A_1 面连续两次碰撞的时间间隔为 $\dfrac{2x}{v_{ix}}$，因此，在单位时间内 α 分子与 A_1 面的碰撞次数为 $\dfrac{v_{ix}}{2x}$，单位时间内 α 分子施加给 A_1 面的冲量为

$$2mv_{ix}\frac{v_{ix}}{2x} = \frac{mv_{ix}^2}{x}$$

最后，考虑容器中大量、不同速率的分子对 A_1 面的作用。

实际上容器内有大量分子对 A_1 面产生碰撞，使器壁受到一

个持续的力。根据动量定理,这个平均冲力 $\bar{F}$ 的大小应等于单位时间内容器中所有分子给予 A_1 面冲量的总和,即

$$\bar{F} = \sum_{i=1}^{N} \frac{mv_{ix}^2}{x} = \frac{m}{x} \sum_{i=1}^{N} v_{ix}^2$$

所以 A_1 面受到的压强为

$$p = \frac{\bar{F}}{yz} = \frac{m}{xyz} \sum_{i=1}^{N} v_{ix}^2 = \frac{mN}{xyzN} \sum_{i=1}^{N} v_{ix}^2$$

式中 $n = \dfrac{N}{xyz}$ 为分子数密度,$\overline{v_x^2} = \dfrac{1}{N} \sum_{i=1}^{N} v_{ix}^2$ 为 N 个分子沿 x 方向速度分量平方的平均值。根据统计假设式(3-6)

$$\overline{v_x^2} = \overline{v_y^2} = \overline{v_z^2} = \frac{1}{3}\overline{v^2}$$

可得压强公式为

$$p = \frac{1}{3}nm\overline{v^2} \tag{3-7}$$

以 $\bar{\varepsilon}_{kt}$ 表示**气体分子的平均平动动能**,即

$$\bar{\varepsilon}_{kt} = \frac{1}{2}m\overline{v^2}$$

则式(3-7)也可写为

$$p = \frac{2}{3}n\left(\frac{1}{2}m\overline{v^2}\right) = \frac{2}{3}n\bar{\varepsilon}_{kt} \tag{3-8}$$

此即**理想气体的压强公式**。

从压强公式可以看出,气体作用于器壁的压强正比于分子数密度 n 和分子的平均平动动能 $\bar{\varepsilon}_{kt}$。压强公式把宏观量 p 和微观量 $\overline{v^2}$ 和 $\bar{\varepsilon}_{kt}$ 联系起来,充分体现出宏观量是微观量统计平均的体现。

3. 理想气体的温度

根据理想气体压强公式和物态方程,可导出宏观量温度与微观的分子平均平动动能 $\bar{\varepsilon}_{kt}$ 之间的关系。

将理想气体状态方程 $p = nkT$ 带入压强公式:

$$p = \frac{2}{3}n\bar{\varepsilon}_{kt} = nkT$$

得

$$\bar{\varepsilon}_{kt} = \frac{3}{2}kT \tag{3-9}$$

上式是宏观量温度 T 与微观量平均值 $\bar{\varepsilon}_{kt}$ 之间的联系公式，称为理想气体的**温度公式**，由式(3-9)可知，气体温度是分子平均平动动能大小的量度，反映系统内分子无规则热运动的剧烈程度。同样，温度也是对大量气体分子而言的，对个别分子而言温度是没有意义的。

从温度公式中我们可以计算气体分子速率平方的平均值的平方根，称为**方均根速率**。利由 $p = \frac{1}{3}nm\overline{v^2} = nkT$，可得：

$$\sqrt{\overline{v^2}} = \sqrt{\frac{3kT}{m}} = \sqrt{\frac{3RT}{M_{mol}}} \tag{3-10}$$

3-3　能量均分定理

在讨论理想气体压强公式时，我们认为气体分子可看作质点，因而分子只有平动，且分子的碰撞作用力主要取决于分子的平动速度改变量。实际上，除了单原子分子只有平动之外，其他的双原子以及多原子分子不仅有平动，各自内部还有转动以及各原子间的振动。所以，在讨论气体分子热运动的能量时，分子就不能被看作质点，而要看作有内部结构的粒子了。

1. 能量均分定理

我们知道，一个质点的平动有三个独立的坐标标度它的位置，式(3-9)的平均平动动能提示我们，沿三个独立坐标方向上的平均平动动能为 $\frac{1}{2}kT$。可以将这一结论进行推广，将一个分子能量表达式中独立平方项的个数称为分子的能量自由度 i，简称自由度。单原子分子只有三个平动自由度，$i = 3$；刚性双原子分子有3个平动自由度和2个转动自由度，$i = 5$；刚性多原子分子有3个平动自由度和3个转动自由度，$i = 6$。对于非刚性分子来说，除了平动和转动自由度，还需考虑其振动自由度，这里我们就不详加说明了。理论上可以证明：在温度为 T 的平衡态下，气体分子每个自由度的平均能量都相等，都等于 $\frac{kT}{2}$。这一结论叫作**能量均分定理**，其数学表达式为

$$\bar{\varepsilon} = \frac{i}{2}kT \tag{3-11}$$

　　　能量按自由度均分定理是对大量分子统计平均的结果,是一个统计规律。对于个别分子来说,在某一瞬时它的各种形式的动能不一定按自由度均分。但对于大量气体分子而言,由于分子的无规则运动和频繁碰撞,分子与分子之间实现了能量传递和运动形式的转化,在此过程中,能量可以从一个自由度转移到其他的自由度,从而能够实现能量按自由度平均分配。

　　2. 理想气体内能

　　气体的内能是指气体所有分子各种形式的动能(平动动能、转动动能和振动动能)以及分子间相互作用势能的总和。但由于理想气体不考虑分子间的相互作用,相互作用力为零,因而分子之间无势能,所以**理想气体的内能就是它的所有分子的总动能之和**。假设理想气体的分子总数为 N。根据平均值的定义,有

$$\bar{\varepsilon} = \frac{\sum_{j=1}^{N} \varepsilon_j}{N}$$

这一公式中的 ε_j 代表第 j 个分子的能量。则内能 E 有

$$E = \sum_{j=1}^{N} \varepsilon_j = N\bar{\varepsilon} = N \frac{i}{2} kT \qquad (3-12)$$

因为 $N/N_A = \nu$, $k = R/N_A$,所以上式可以写为

$$E = \frac{i}{2} \nu RT \qquad (3-13)$$

这一结果说明,理想气体的内能正比于温度。

　　对于单原子、刚性双原子分子以及刚性多原子分子气体,分别将其自由度 3,5,6 代入,可得到它们的内能为

$$单原子分子气体:E = \frac{3}{2} \nu RT$$

$$刚性双原子分子气体:E = \frac{5}{2} \nu RT$$

$$刚性多原子分子气体:E = 3\nu RT$$

　　当温度改变 dT 时,内能的改变为

$$dE = \frac{i}{2} \nu R dT$$

上式表明,对于给定的理想气体其内能的变化只与系统温度的改变量有关,而与具体过程无关。

3-4　麦克斯韦速率分布律

大量分子组成的气体,因分子间的频繁碰撞,考察某个独立分子的速度大小和方向是很困难的,也是没有必要的,而对大量气体分子做统计测量却很有意义,因为,当系统处于平衡态时,其速度分布遵从一定的规律。早在1859年,麦克斯韦利用统计方法,通过引入分子动理论,导出了分子速度分布所满足的规律,称为麦克斯韦速度分布律。如果只考虑分子速度大小即速率的分布,则相应的规律就叫作麦克斯韦速率分布律。

1. 麦克斯韦速率分布

设在平衡态下,一定量的理想气体总分子数为 N,速率处在 $v \sim v + \Delta v$ 内的分子数为 ΔN。比值 $\dfrac{\Delta N}{N}$ 代表在这一速率区间内的分子数占总分子数的百分比,或者说是分子处在这一速率区间内的概率。该比值不仅与速率 v 有关,还与速率区间 Δv 的选取有关,即它是速率 v 和区间的函数,在区间趋向无穷小时,即 $\Delta v \to \mathrm{d}v$ 有

$$\frac{\mathrm{d}N}{N} = f(v)\mathrm{d}v$$

或

$$f(v) = \frac{\mathrm{d}N}{N\mathrm{d}v} \tag{3-14}$$

函数 $f(v)$ 就叫作**速率分布函数**。它的物理意义是:**速率在 v 附近单位速率区间内的分子数占总分子数的百分比,或者说是某一分子的速率在 v 附近单位速率区间内出现的概率**。在不考虑外场作用下的理想气体平衡态的具体形式由麦克斯韦给出

$$f(v) = 4\pi \left(\frac{m}{2\pi kT}\right)^{\frac{3}{2}} \mathrm{e}^{-\frac{mv^2}{2kT}} v^2 \tag{3-15}$$

称为麦克斯韦速率分布函数,式中,T 为气体的热力学温度,m 为单个气体分子的质量,k 为玻尔兹曼常量。

如图3-3所示为麦克斯韦速率分布曲线,图中小条形面积表示在任意速率 v 到 $v + \mathrm{d}v$ 区间内的分子数占总分子数的比,即 $f(v)\mathrm{d}v = \dfrac{\mathrm{d}N}{N}$;而在速率分布 $v_1 \sim v_2$ 的分子数占总分子数的比,为图中的大阴影面积,即 $\displaystyle\int_{v_1}^{v_2} f(v)\mathrm{d}v = \dfrac{\Delta N}{N}$。如果速率区间为 $0 \sim \infty$,

动画:麦克斯韦速率分布

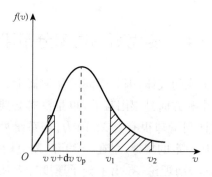

图 3-3　速率分布曲线

则在整个区间内出现的分子数应为所有的分子,则 $\dfrac{\Delta N}{N} = 1$,即

$$\int_0^\infty f(v)\mathrm{d}v = 1 \qquad (3-16)$$

称为速率分布函数的**归一化条件**。

2. 三种统计速率

(1) 最概然速率

在平衡态条件下,理想气体分子速率分布在某 v 附近的单位速率区间内的分子数占总分子数的百分比最大时的速率 v_p 称为**最概然速率**,即满足 $\dfrac{\mathrm{d}f(v)}{\mathrm{d}v}\bigg|_{v_\mathrm{p}} = 0$ 时的速率,由此可得

$$v_\mathrm{p} = \sqrt{\frac{2kT}{m}} = \sqrt{\frac{2RT}{M_\mathrm{mol}}} \approx 1.41\sqrt{\frac{RT}{M_\mathrm{mol}}} \qquad (3-17)$$

式中 M_mol 为气体分子的摩尔质量。

(2) 平均速率 $\bar{v}$

根据算术平均值的定义

$$\bar{v} = \frac{\int_0^\infty v\mathrm{d}N}{N} = \int_0^\infty vf(v)\mathrm{d}v \qquad (3-18\mathrm{a})$$

将式(3-15)代入上式并积分,可得

$$\bar{v} = \sqrt{\frac{8kT}{\pi m}} = \sqrt{\frac{8RT}{\pi M_\mathrm{mol}}} \approx 1.60\sqrt{\frac{RT}{M_\mathrm{mol}}} \qquad (3-18\mathrm{b})$$

(3) 方均根速率 $\sqrt{\overline{v^2}}$

根据算术平均值定义

$$\overline{v^2} = \frac{\int_0^\infty v^2\mathrm{d}N}{N} = \int_0^\infty v^2 f(v)\mathrm{d}v$$

将式(3-15)代入上式并积分,得

$$\sqrt{\overline{v^2}} = \sqrt{\frac{3kT}{m}} = \sqrt{\frac{3RT}{M_{\mathrm{mol}}}} \approx 1.73\sqrt{\frac{RT}{M_{\mathrm{mol}}}} \qquad (3\text{-}19)$$

与式(3-10)完全一致,这也表明理想气体压强公式的推导是符合麦克斯韦速率分布律的。

对于同种气体,三种分子速率的大小关系为$\sqrt{\overline{v^2}} > \bar{v} > v_{\mathrm{p}}$,如图 3-4 所示,在常温下,它们一般都是每秒几百米的量级。

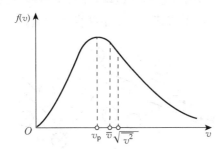

图 3-4　三种速率比较

3-5　气体分子的平均自由程和平均碰撞频率

由气体分子平均速率的公式 $\bar{v} = \sqrt{\dfrac{8kT}{\pi m}}$ 可知,常温下气体分子的平均速率 $\bar{v} \approx 10^2$ m/s,似乎各种过程都可以在极短的时间内完成。但是有些过程进行得相当慢。比如,当我们打开一瓶香水后,并不能立即闻到香水的味道。这主要是因为大量的香水分子频繁碰撞不断改变运动方向,在传播过程中所经历的路径非常曲折,如图 3-5 所示。这些过程进行的快慢完全取决于分子之间相互碰撞的频繁程度。正是由于分子间通过碰撞,实现了动量、动能的交换,并使热力学系统实现了从非平衡态向平衡态的过渡。

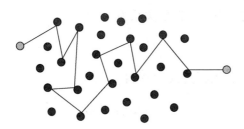

图 3-5　一个气体分子的运动轨迹

由于分子运动的无规则性,每个分子任意两次连续碰撞之间所经过的自由路程及所需要的时间都是不同的。分子在连续两次碰撞之间所经过的自由路程的平均值,以及在单位时间内与其他分子碰撞次数的平均值,分别称作**平均自由程$\bar{\lambda}$**和**平均碰撞频率$\bar{z}$**。这两个物理量之间存在着简单的联系,它们都能反映分子之间碰撞的频繁程度。

为了确定分子的平均碰撞频率$\bar{z}$,我们假定所有分子都是有效直径为d的刚性小球,并跟踪其中的一个分子,如图3-6中的分子A,它以平均相对速率$\bar{u}$运动,而整个过程中其他分子可看作静止不动,分子A与其他分子不断发生碰撞。

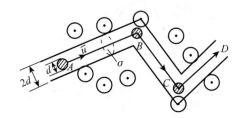

图3-6 $\bar{z}$和$\bar{\lambda}$计算用图

在分子A的运动过程中,分子A的球心所走过的轨迹是一条折线,如图3-6所示的折线$ABCD$。以分子A的球心经过的轨迹为轴,以分子的直径d为半径作一个曲折的圆柱体,显然,只有球心在此圆柱体内或边缘的分子才会与分子A碰撞。在Δt时间内,分子A所走过的路程为$\bar{u}\Delta t$,所在圆柱体的体积为$\pi d^2\bar{u}\Delta t$。设分子数密度为n,则此圆柱体内的分子数是$n\pi d^2\bar{u}\Delta t$,即为分子在Δt时间与其他分子发生碰撞的次数。则分子A在单位时间内与其他分子的碰撞次数,即平均碰撞频率$\bar{z}$为

$$\bar{z} = \frac{n\pi d^2\bar{u}\Delta t}{\Delta t} = n\pi d^2\bar{u} \tag{3-20}$$

上述结果是假设其他分子固定不动,只有分子A在运动的情况。实际上,所有的分子都在运动。因此必须对上式进行修改。利用麦克斯韦速率分布函数可以证明,气体分子的平均相对速率$\bar{u}$与平均速率$\bar{v}$之间的关系为

$$\bar{u} = \sqrt{2}\bar{v} \tag{3-21}$$

将式(3-21)代入到式(3-20)得

$$\bar{z} = \sqrt{2}\pi d^2 n\bar{v} \tag{3-22}$$

则在Δt时间内经过的自由程为$\bar{v}\Delta t$,碰撞次数为$\bar{z}\Delta t$,则平均自

由程为

$$\bar{\lambda} = \frac{\bar{v}\Delta t}{\bar{z}\Delta t} = \frac{\bar{v}}{\bar{z}} = \frac{1}{\sqrt{2}\pi d^2 n} \tag{3-23}$$

可以看到,平均自由程 $\bar{\lambda}$ 与分子有效直径 d 的平方以及粒子数密度 n 成反比,但是与平均速率是没有关系的。将理想气体状态方程 $p = nkT$ 代入式(3-23),则平均自由程 $\bar{\lambda}$ 的表达式变成

$$\bar{\lambda} = \frac{kT}{\sqrt{2}\pi d^2 p} \tag{3-24}$$

可见,在温度一定的情况下,平均自由程与压强成反比。

在标准状态下,各种气体的平均碰撞频率的数量级约为 10^9 s^{-1},平均自由程的数量级约为 $10^{-8} \sim 10^{-7} \text{ m}$,所以,一个分子在 1 s 内平均要与其他分子发生大约几十亿次的碰撞。由于频繁碰撞,分子自由程也是非常短的。需要特别指明的是,很多时候平均自由程可以标志热传导的快慢程度。

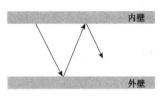

图 3-7 保温瓶夹层内气体分子的运动

比如,保温瓶在出厂时瓶胆夹层内的压强一般为 $0.6 \sim 0.1 \text{ Pa}$,通过式(3-24)可计算出此时夹层内气体分子的平均自由程,往往大于设计好的夹层厚度(两层玻璃之间的距离),气体分子之间很少发生碰撞,只是不断地来回撞击内、外壁玻璃,如图 3-7 所示。在这种情况下,热量通过保温瓶瓶胆夹层以热传导的形式散失的速度就很小,即夹层内的压强越低,分子自由程越大,保温瓶保温效果就越好。

例 3-1 如图 3-8 所示,热水瓶瓶胆的夹层厚度为 1.5 cm,开水 $t = 100$ ℃,考虑到保温性能,抽真空后,胆内的压强至少要降为多少才算有良好的保温性能?

解 空气分子的有效直径 $d = 3.5 \times 10^{-10} \text{ m}$,$T = 373 \text{ K}$,考虑到基本的保温性能是分子平均自由程应该大于或等于夹层厚度,则取 $\bar{\lambda} = 1.5 \text{ cm} = 1.5 \times 10^{-2} \text{ m}$,才算基本达到保温效果。

由 $\bar{\lambda} = \dfrac{kT}{\sqrt{2}\pi d^2 P}$ 得

$$p = \frac{kT}{\sqrt{2}\pi d^2 \cdot \bar{\lambda}} \approx 0.63 \text{ Pa}$$

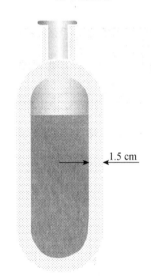

图 3-8 例 3-1

视频:保温瓶胆的真空度

3-6 热力学第一定律 典型热力学过程

3-6-1 热力学第一定律

1. 准静态过程

当热力学系统与外界交换能量,从一个平衡态变为另一平衡态,系统状态随时间变化,这样的过程我们称为热力学过程。若过程进行得无限缓慢,则在任何时刻系统的状态都无限接近于平衡态,这种过程称为**准静态过程**。准静态过程中任一时刻的状态都可以当作平衡态来处理,因此准静态过程可以用 p-V 图的一条曲线来表示,如图 3-9 所示。

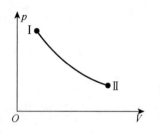

图 3-9 准静态过程 p-V 图

在实际的热力学过程中,只要过程不是进行得非常快,都可以近似等效为准静态过程。在此各节中,如不特别指明,所讨论的过程都是准静态过程。

2. 准静态过程的体积功

这里的做功主要是指在准静态过程中压力做功。

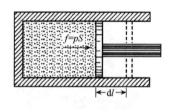

图 3-10 微小过程压力的功

如图 3-10 所示,带有一活塞的气缸,里面封闭一定质量的气体,初态时气体的压强为 p,体积为 V,活塞的面积为 S,系统作用在活塞上的压力为 f。假设整个过程是准静态过程,设在气体压力的作用下,活塞缓慢地移动一微小距离 $\mathrm{d}l$,气体体积增加了 $\mathrm{d}V$,则在此微小过程中,气体压力所做的功为

$$\mathrm{d}W = \boldsymbol{f} \cdot \mathrm{d}\boldsymbol{l} = pS\mathrm{d}l = p\mathrm{d}V \tag{3-25}$$

当气体体积从 V_1 到 V_2,则系统对外做功为

$$W = \int_{V_1}^{V_2} p\mathrm{d}V \tag{3-26}$$

由式(3-26)可以看出,如果 $V_2 > V_1$,气体膨胀,系统对外界做功,即 $W > 0$;当 $V_2 < V_1$,气体被压缩,则 $W < 0$,即外界对系统做功,或称为系统对外界做负功。

对于准静态过程的体积功,可以用 p-V 图上的面积直观地表示出来,如图 3-11 所示。当系统由状态 I 到状态 II 整个过程所做的总功等于 p-V 图上过程曲线 a 和 $\Delta V = V_2 - V_1$ 所围成的面积。

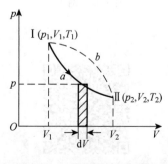

图 3-11 准静态过程的功

在图 3-11 中,如果系统从状态 I 到状态 II 经历的是另一路径,如图中虚线 b,则系统所做的总功等于虚线下所包围的面积,此面积大于过程曲线 a 线下所包围的面积。由此可以清楚地看到,系统做功大小与具体的热力学过程有关,即**功是一个过程量**。

3. 热量

向系统传递能量也可以改变系统的状态。我们把系统与外界之间由于存在温度差而传递的能量叫作**热量**，一般用 Q 表示，在国际单位制(SI)中，热量的单位为焦耳，符号为 J。规定：$Q > 0$ 表示系统从外界吸热；$Q < 0$ 表示系统向外界放热。

设在热传递的某个微小过程中，热力学系统吸收热量为 dQ，温度升高了 dT，则热容量定义为

$$C = \frac{dQ}{dT}$$

1 mol 的某物质的热容量叫作该物质的**摩尔热容量**，用 C_m 表示。

dQ 是一个过程量，所以热容量也是一个过程量。其大小和具体的热力学过程有关，如**等压摩尔热容量**和**等体摩尔热容量**，分别用 $C_{p, m}$ 和 $C_{V, m}$ 表示。

$C_{p, m}$ 是指在等压过程中，1 mol 物质温度每升高(降低)1 K 所吸收(放出)的热量，即

$$C_{p, m} = \frac{1}{\nu} \left(\frac{dQ}{dT} \right)_p \tag{3-27}$$

$C_{V, m}$ 是体积不变的过程中，1 mol 物质温度每升高(降低)1 K 所吸收(放出)的热量，即

$$C_{V, m} = \frac{1}{\nu} \left(\frac{dQ}{dT} \right)_V \tag{3-28}$$

在国际单位制中，等压摩尔热容量和等体摩尔热容量的单位都为 $J \cdot mol^{-1} \cdot K^{-1}$。

4. 内能增量

上面内容我们已讲过，理想气体的内能 $E = \nu \frac{i}{2} RT$，其中 i 为气体分子的自由度。当一定量的理想气体从一个平衡态变化到另一平衡态时，内能变化量为

$$\Delta E = \frac{i}{2} \nu R \Delta T \tag{3-29}$$

在微小过程中

$$dE = \frac{i}{2} \nu R dT \tag{3-30}$$

由式(3-30)可以看出，由于理想气体的内能是温度 T 的单

值函数,所以内能的变化只与系统始末两态的温差有关,而与具体的热力学过程无关。约定:系统内能增加时 $\Delta E > 0$,系统内能减少时 $\Delta E < 0$。

5. 热力学第一定律

在热力学中,改变系统的内能主要有两种途径:做功和热传递。在一般热力学过程中,做功和热传递往往同时存在,且三个物理量 W、Q 以及内能变化 ΔE 之间满足能量守恒。假设有一热力学系统从平衡态 Ⅰ 变化到平衡态 Ⅱ,它的内能从 E_1 变化到 E_2,在此过程中:

$$Q = E_2 - E_1 + W = \Delta E + W \qquad (3\text{-}31)$$

式(3-31) 称为**热力学第一定律**。

式(3-31) 表明,当系统从外界吸收热量,一部分用来改变系统的内能,另一部分用于对外做功,在此状态变化过程中能量守恒。热力学第一定律不仅适用于气体,也适用于固体和液体。热力学第一定律对始末两态为平衡态的任意一热力学过程均成立,即不仅对准静态过程成立,对非静态过程也成立。

对于系统状态的微过程,热力学第一定律可表示为

$$\mathrm{d}Q = \mathrm{d}E + \mathrm{d}W \qquad (3\text{-}32)$$

式(3-32) 主要应用于准静态过程。

历史上有人曾试图设计一种机器,它可以不需要消耗外界能量,却能够持续不断地对外做功,这种违反能量守恒定律的机器称为**第一类永动机**。这显然是违反热力学第一定律的。

例3-2 一系统由图 3-12 中的 A 态沿 ABC 到达 C 态时,吸收了 350 J 的热量,同时对外做 126 J 的功。

(1) 如果沿 ADC 进行,则系统做功 42 J,问这时系统吸收了多少热量?

(2) 当系统由 C 态沿曲线 CA 返回 A 态时,如果是外界对系统做功 84 J,问这时系统吸热还是放热?热量传递是多少?

解 依题意,系统在 ABC 过程中,吸热 $Q = 350$ J,做功 $W = 126$ J,据热力学第一定律,从 A 到 C 系统内能的变化是

$$\Delta E = E_C - E_A = Q - W = 350 - 126 = 224 \text{ J}$$

(1) 如果沿 ADC 进行,系统做功 $W_1 = 42$ J,内能增量为 $\Delta E = E_C - E_A = 224$ J,据热力学第一定律,有

$$Q_1 = \Delta E + W_1 = 224 + 42 = 266 \text{ J}$$

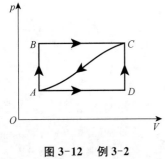

图 3-12 例 3-2

$Q_1 > 0$,表明在此过程中系统吸热 266 J。

(2) 系统 C 沿曲线 CA 至 A 时,系统做功$W_2 = -84$ J,内能增量为 $\Delta E = E_A - E_C = -224$ J。据热力学第一定律,有

$$Q_2 = \Delta E + W_2 = -224 - 84 = -308 \text{ J}$$

$Q_2 < 0$,表明在此过程中,系统放热 308 J。

3-6-2 典型热力学过程

1. 等体过程

在等体过程中,理想气体的体积 V 保持不变,如图 3-13 所示。设有 ν 摩尔的理想气体,经历一等体过程 $\mathrm{d}V = 0$,由热力学第一定律可知,$\mathrm{d}Q = \mathrm{d}E$。考虑到式(3-30),则等体摩尔热容量

$$C_{V,\,\mathrm{m}} = \frac{1}{\nu}\left(\frac{\mathrm{d}Q}{\mathrm{d}T}\right)_V = \frac{1}{\nu}\left(\frac{\mathrm{d}E}{\mathrm{d}T}\right)_V = \frac{i}{2}R \qquad (3\text{-}33)$$

若气体从一个温度为 T_1 的平衡态过渡到一个温度为 T_2 的平衡态,这一过程中,气体内能的改变量 ΔE 等于

$$\Delta E = \int \mathrm{d}E = \nu C_{V,\,\mathrm{m}}(T_2 - T_1) \qquad (3\text{-}34)$$

这里我们应该强调,由于理想气体内能只与温度有关,则式(3-34)不仅适用于等体过程,对所有其他准静态过程也是成立的。

2. 等压过程

在等压过程中,理想气体的压强 p 保持不变,如图 3-14 所示。由理想气体状态方程 $pV = \nu RT$,得

$$p\,\mathrm{d}V = \nu R\,\mathrm{d}T \qquad (3\text{-}35)$$

将式(3-35)代入热力学第一定律:

$$\mathrm{d}Q = \mathrm{d}E + p\,\mathrm{d}V = \frac{i}{2}\nu R\,\mathrm{d}T + \nu R\,\mathrm{d}T \qquad (3\text{-}36)$$

则等压摩尔热容量为

$$C_{p,\,\mathrm{m}} = \frac{1}{\nu}\left(\frac{\mathrm{d}Q}{\mathrm{d}T}\right)_p = \frac{\dfrac{i}{2}R\,\mathrm{d}T + R\,\mathrm{d}T}{\mathrm{d}T}$$

$$= \frac{i}{2}R + R = C_{V,\,\mathrm{m}} + R \qquad (3\text{-}37)$$

$C_{p,\,\mathrm{m}}$ 与 $C_{V,\,\mathrm{m}}$ 的比值称为气体的摩尔热容比,用 γ 表示,有

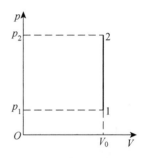

图 3-13 等体过程

动画:等体过程

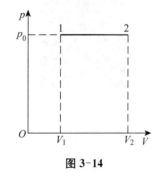

图 3-14

$$\gamma = \frac{C_{p,\,m}}{C_{V,\,m}} = \frac{i+2}{i} \tag{3-38}$$

动画:等压过程

对于单原子分子气体,$i=3$,$\gamma=5/3$;对于刚性双原子分子气体,$i=5$,$\gamma=7/5$;对于刚性多原子分子气体,$i=6$,$\gamma=4/3$。实际气体的 γ 值与上述理论值或多或少存在着差别,尤其对多原子分子气体来说,差异较大,这是理想气体结构模型过于简单造成的。

3. 等温过程

在等温过程中,理想气体的温度 T 保持恒定。由理想气体的状态方程

$$pV = \nu RT = 常量$$

可以看出,等温线是双曲线,如图 3-15 所示。

如果在等温过程中,理想气体的体积由 V_1 变到 V_2,气体对外所做的功为

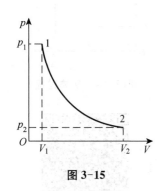

图 3-15

$$W_T = \int_{V_1}^{V_2} p\mathrm{d}V = \nu RT \int_{V_1}^{V_2} \frac{\mathrm{d}V}{V} = \nu RT \ln \frac{V_2}{V_1} \tag{3-39}$$

由于理想气体的内能只决定于温度,所以等温过程中气体的内能保持不变,即 $(\Delta E)_T = 0$。由热力学第一定律可知,气体从外界所吸收的热量

$$Q_T = W_T = \nu RT \ln \frac{V_2}{V_1} \tag{3-40}$$

动画:等温过程

具体地说,对于等温膨胀过程,气体从外界获取的热量全部用来对外做功;对于等温压缩过程,外界对气体所做的功使气体以热量的形式释放到外界。

4. 绝热过程

如果气体在状态变化过程中,始终和外界没有热量的交换,即 $\mathrm{d}Q=0$,则这种过程叫作**绝热过程**。

准静态的绝热过程曲线可在 p-V 图用绝热线表示,如图 3-16 中的实线所示。

绝热过程中 $\mathrm{d}Q=0$,因此有

$$\mathrm{d}E + p\mathrm{d}V = 0$$

或

$$p\mathrm{d}V = -\mathrm{d}E = -\nu C_{V,\,m}\mathrm{d}T \tag{3-41}$$

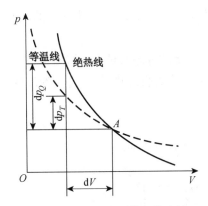

图 3-16　绝热线与等温线比较

若气体从一个温度为 T_1 的平衡态过渡到另一个温度为 T_2 的平衡态,有

$$W = \int dW = \int_{V_1}^{V_2} p dV = -\Delta E = -\nu C_{V,m}(T_2 - T_1)$$

$$(3\text{-}42)$$

式(3-42)表明,在绝热过程中,如果系统体积膨胀,气体对外做正功,则 ΔE 为负,即系统温度降低;如果系统体积被压缩,气体对外做负功,则 ΔE 为正,即系统温度升高。由于绝热过程中做功与温度有如此关系,所以绝热线和等温线相比,绝热线比等温线要陡峭,如图 3-16 所示中的绝热实线与等温虚线的比较。

动画:绝热过程

例 3-3　1 mol 理想气体初态(p_0, V_0),分别计算在等压和等温情况下系统体积膨胀至 $3V_0$ 时系统对外界做的功。

解　气体的起始温度为:

$$p_0 V_0 = \nu R T_0 = R T_0 \rightarrow T_0 = p_0 V_0 / R$$

等温过程中:

$$pV = \nu R T_0 = R T_0$$
$$p = R T_0 / V$$

所以

$$W_1 = \int_{V_0}^{3V_0} p \cdot dV = \int_{V_0}^{3V_0} \frac{R T_0}{V} \cdot dV = R T_0 \ln 3 = p_0 V_0 \ln 3$$

等压过程中:

$$p = p_0$$
$$W_2 = \int_{V_0}^{3V_0} p_0 \cdot dV = p_0(3V_0 - V_0) = 2 p_0 V_0$$

$W_1 \neq W_2$,此例计算说明了系统对外所做的功与具体的热力学过程有关。

例 3-4 一定量的理想气体 N_2,如图 3-17 所示经历 $1 \rightarrow 2 \rightarrow 3 \rightarrow 4$ 过程后,求系统吸收的热量 Q、内能的改变 ΔE 和系统对外做的功 W。

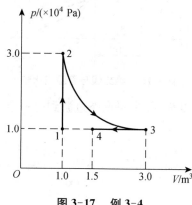

图 3-17 例 3-4

解 理想气体状态方程:

$$pV = \nu RT$$
$$\Delta E = \nu C_{V,m}(T_4 - T_1)$$

$N_2 : i = 5$,则 $C_{V,m} = 5R/2$

$$\Delta E = \nu \frac{5}{2}R(T_4 - T_1) = \frac{5}{2}(p_4 V_4 - p_1 V_1)$$
$$= 1.25 \times 10^4 \text{ J}$$

$$Q = Q_{1 \rightarrow 2} + Q_{2 \rightarrow 3} + Q_{3 \rightarrow 4}$$

$$= \nu C_{V,m}(T_2 - T_1) + \nu RT_2 \ln \frac{V_3}{V_2} + \nu C_{p,m}(T_4 - T_3)$$

因 $C_{V,m} = 5R/2$, $C_{p,m} = 7R/2$,

$$Q = \frac{5}{2}(p_2 V_2 - p_1 V_1) + p_2 V_2 \ln 3 + \frac{7}{2}(p_4 V_4 - p_3 V_3)$$

$$\approx 3.05 \times 10^4 \text{ J}$$

由热力学第一定律,

$$W = Q - \Delta E$$
$$= 3.05 \times 10^4 - 1.25 \times 10^4 = 1.80 \times 10^4 \text{ J}$$

3-7　卡诺循环　热机效率　制冷系数

3-7-1　卡诺循环

1. 循环过程

在生产、工程实践中,通过"机械"可以将热与功之间的转换持续进行,这需要经过循环过程才能实现。**系统由某个状态出发,经过一系列变化过程又回到初始状态的整个过程**叫作**循环过程**,简称**循环**。

由于内能是状态的函数,所以从一个状态出发,又回到原状态,$\Delta E = 0$。在状态图上,一条闭合曲线表示一个准静态循环过程。

如果在 p-V 图中循环沿顺时针方向进行,如图 3-18 所示,系统对外所做的净功 $W > 0$,数值上等于 p-V 曲线所包围的面积,这称为**正循环(热机)**。由于循环过程 $\Delta E = 0$,则由热力学第一定律可知,系统净吸热量 $Q > 0$,即系统从外界吸收的热量 Q_1 大于放出的热量 Q_2

$$Q_1 - Q_2 = W > 0 \qquad (3\text{-}43)$$

式中 Q_1,Q_2 表示在循环过程中吸收和放出的热量的绝对值。

如果循环沿逆时针方向进行,则叫作**逆循环(制冷机)**,如图 3-19 所示。在逆循环中,系统对外所做的净功 $W < 0$,系统总体向外放出热量 $Q < 0$,即系统向外界放出的热量 Q_1 大于吸收的热量 Q_2。

2. 热机和制冷机

热机是将热量持续地转化为功的机器。热机的工作方式是正循环,如图 3-18 所示。热机中的工作原理示意图,如图 3-20 所示。由图可见,热机从高温热源获取热能 Q_1,一部分用来对外界做功 W,另一部分以热能 Q_2 方式传给了低温热源。定义热机效率 η 为

$$\eta = \frac{W}{Q_1} \qquad (3\text{-}44)$$

将式(3-43)代入式(3-44),得

$$\eta = 1 - \frac{Q_2}{Q_1} \qquad (3\text{-}45)$$

例 3-5　一个热机的工作物质为 ν mol 理想气体,其循环过

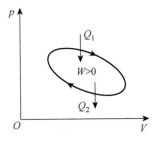

图 3-18　正循环(热机)

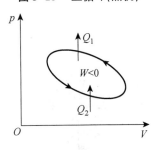

图 3-19　逆循环(制冷机)

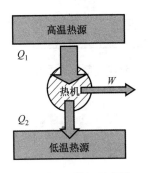

图 3-20　热机示意图

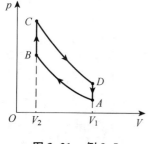

图 3-21   例 3-5

程如图 3-21 所示,其中 $A \to B$ 和 $C \to D$ 分别为绝热压缩和绝热膨胀过程,而 $B \to C$ 和 $D \to A$ 分别为等体升压和等体降压过程,求该热机的热机效率。

解   设气体在 A、B、C 和 D 状态的温度分别为 T_A、T_B、T_C 和 T_D。

在 $B \to C$ 等体升压的过程中,气体温度升高,其吸收的热量为

$$Q_1 = \nu C_{V,m}(T_C - T_B)$$

在 $D \to A$ 等体降压的过程中,气体温度降低,其释放的热量为

$$Q_2 = \nu C_{V,m}(T_D - T_A)$$

由式(3-45),得

$$\eta = 1 - \frac{Q_2}{Q_1} = 1 - \frac{T_D - T_A}{T_C - T_B}$$

本题所述的循环实际上是四冲程汽油机的奥托(Otto)循环。

制冷机的工作方式是逆循环,如图 3-19 所示。制冷机工作原理示意图如图 3-22 所示。从示意图可以知,外界对系统做功 W',使系统从低温热源吸收热量 Q_2,并向高温热源放出的热量为 Q_1,定义制冷系数 e

$$e = \frac{Q_2}{W'} \tag{3-46}$$

由于 $Q_1 - Q_2 = W'$,式(3-46)又可写作

$$e = \frac{Q_2}{Q_1 - Q_2} \tag{3-47}$$

常用的制冷机如空调,在夏天,可以将关闭门窗的房间作为低温热源,以室外的大气为高温热源。通过压缩机做功 W',迫使工作物质从房间内吸收热量 Q_2,同时向室外放出热量 $Q_1 = Q_2 + W'$,从而达到对房间的制冷作用。

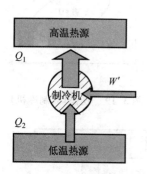

图 3-22   制冷机示意图

3. 卡诺循环

以两条等温线、两条绝热线围成循环曲线,称卡诺循环。卡诺正循环和卡诺逆循环的过程曲线如图 3-23 和 3-24 所示,可以证明这两个循环过程中的热效率和制冷系数分别为

$$\eta = 1 - \frac{T_2}{T_1} \tag{3-48}$$

$$e = \frac{T_2}{T_1 - T_2} \tag{3-49}$$

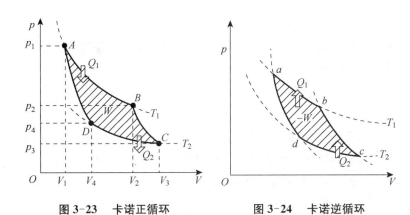

图 3-23 卡诺正循环　　　图 3-24 卡诺逆循环

其中 T_1 为高温热源的温度，T_2 为低温热源的温度。上述的系数也是工作在 T_1 和 T_2 之间的各种热机效率和制冷机制冷系数的理论上的最大值，这个结论是建立在卡诺定理基础上的。

4. 卡诺定理

1824 年卡诺提出有关热机效率的重要定理 —— **卡诺定理**。

（1）**在相同的高温热源 T_1 和相同的低温热源 T_2 之间工作的一切可逆热机**（其循环过程是可逆过程），**其效率都相等，与工作物质无关**，且等于卡诺热效率

$$\eta = 1 - \frac{Q_2}{Q_1} = 1 - \frac{T_2}{T_1} \qquad (3-50)$$

（2）**在相同的高温热源 T_1 和相同低温热源 T_2 之间工作的一切不可逆机，其效率 η 小于可逆机的效率**，即

$$\eta_{不} < 1 - \frac{T_2}{T_1} \qquad (3-51)$$

3-8　热力学第二定律　熵与熵增原理

3-8-1　热力学第二定律

热力学第一定律告诫我们，一切热力学过程都必须满足能量守恒的要求。但是，满足能量守恒的热力学过程就一定能发生吗？比如，高温物体传给低温物体的热能能够自动返回高温物体吗？破镜能自发重圆吗？人老能还童吗？实际上，自然界绝大多数发生的事件都有一个自发方向的问题 —— 某一方向可以自发进行，而相反方向却不能自发发生。这其中遵循什么规律？

1. 可逆过程与不可逆过程

一个系统由某一状态出发，经过某一过程达到另一状态，若

存在另一过程,它能使系统回到初始状态的同时也消除了系统对外界引起的一切影响,则原过程称为可逆过程,否则称为不可逆过程。实际的热力学过程,如果过程进行得足够缓慢,且不考虑能量损耗时,可以看作是可逆过程。但这只是理想状态,大量的过程是不可逆的。如

热传递过程:温度不同的两个物体相接触后,热量总是自动地由高温物体传向低温物体,从而使两物体温度相同或稳定分布。但是热量不会从低温物体传向高温物体而不引起外界的任何变化。也就是说,热量由高温物体传向低温物体的过程是不可逆的,即热传递具有不可逆性。比如,冷热水的混合。

功热转换过程:通过做功的方式,可以使机械能或电能自发地转换为物体内分子热运动的内能。但是,要将热能转变为有用的功,且不引起外界任何变化却不能完全做到。所以功热转换过程具有方向性,是不可逆过程。比如,子弹嵌入木板。

扩散过程:密度不相同的流体总可以从密度大的地方向密度小的地方自动扩散,但不会自发地反过来进行,所以扩散过程也是不可逆的。比如,墨水滴入清水中。

那么,是什么原因导致某些过程不可能自发发生的呢?

2. 热力学第二定律

热力学第二定律是在研究热机效率或制冷机系数提高的过程中首先被开尔文和克劳修斯提出来的。开尔文认为,热机不能只吸收热量全部用来做功,从而使热机效率达到 100%,形成热力学第二定律的开尔文说法:**不可能从单一热源吸收热量,使之完全变为有用功而不产生其他的影响**。克劳修斯认为,制冷机不能没有外界做功,而使热量自动从低温热源向高温热源传递,从而使制冷系数达到无穷大,形成热力学第二定律的克劳修斯说法:**热量不能自动地由低温物体传向高温物体**。可以证明这两种说法是完全等效的,它们都表示(指出)某种不可逆过程的存在,如本节开头所述。还如,落叶不可回,覆水不可收,生老病死不可违,生米成饭不可逆等皆为不可逆过程。甚至,**一切与热现象有关的宏观过程也都具有不可逆性**。

3-8-2 熵与熵增加原理

1. 热力学第二定律的统计意义

由上可知,热力学第二定律是描述(与热有关的)自然过程的不可逆性。但不可逆性从微观角度上说是与微观"可能性"相关的。

现以气体的自由膨胀为例来说明。设有一个长方形的容器,

中间用隔板分成容积相等的 A、B 两部分，A 室充满气体，B 室为真空(图3-25)。现抽去隔板后，容器中气体分子的位置要重新分布。为简单起见，设 A 室中有可标识的 a、b、c、d 四个分子，它们在无规则运动中可以处在容器内的任意一侧。分子的微观态是指，可标识的四个分子出现在左右两侧的不同组合形式。分子的宏观态则是指，不做分子识别时的分子分布情况。可能的微观态和宏观态的分布情况见表 3-1。

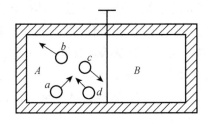

图 3-25　气体分子分布图

表 3-1　气体分子的分布

分子各种可能分布的微观状态		每个宏观状态所包含的微观状态数目		宏观态对应的微观态数 Ω	宏观态出现的概率
A 室	B 室	A 室 N_A	B 室 N_B		
a、b、c、d	无	4	0	1	$\dfrac{1}{16}$
a、b、c	d	3	1	4	$\dfrac{4}{16}$
b、c、d	a				
c、d、a	b				
d、a、b	c				
a、b	c、d	2	2	6	$\dfrac{6}{16}$
a、c	b、d				
a、d	b、c				
b、c	a、d				
b、d	a、c				
c、d	a、b				
a	b、c、d	1	3	4	$\dfrac{4}{16}$
b	c、d、a				
c	d、a、b				
d	a、b、c				
无	a、b、c、d	0	4	1	$\dfrac{1}{16}$

由表 3-1 可知，四个分子所处位置有 16 个微观态(组合方

式),但只有 5 个宏观态,各个宏观态对应的微观态的数目不同。其中 2 个在左、2 个在右的("平衡态")宏观态的微观数最多——6 个,此宏观态出现的概率最大——$\frac{6}{16}$。当容器内分子数很大时,这种平衡宏观态对应的微观态数还会更大,且与其他宏观态之间的微观态数的差别也会增大。在一定的宏观条件下,我们所能观测到的宏观态往往是出现概率最大的宏观态,即分子均匀分布时所对应的平衡宏观态。上述气体的自由膨胀过程就是由非平衡态向平衡态转化的过程,即由包含微观状态数目少(有序态)的宏观态向包含微观状态数目多(无序态)的宏观状态进行。而相反的过程就不可能实现,这就是自由膨胀过程的不可逆性。其他的自然过程,如功热转换、热传导等也是这种过程。

2. 熵和熵增加原理

为了定量说明过程进行的自然方向,引入一个新的物理量称为**熵**,用 S 表示。我们将任一宏观状态所对应的微观态数目称为该宏观状态的热力学概率,用 Ω 表示。从以上讨论可以看出,热力学第二定律的统计意义就是,在孤立系统(不受外界影响的系统)内发生的一切实际过程,总是从概率小(Ω 小)的宏观态向概率大(Ω 大)的宏观态进行的过程。为此,玻尔兹曼采用统计方法建立热力学概率 Ω 与描述系统状态的物理量——熵 S——二者的函数关系

$$S = k\ln\Omega \tag{3-52}$$

式中,k 为玻尔兹曼常量,式(3-52)称为**玻尔兹曼公式**。

玻尔兹曼公式解释了熵的统计意义:热力学概率越大,即某一宏观态所对应的微观态数目越多,系统内分子热运动的无序性(无规则性)越大,熵就越大,所以,**熵是系统微观粒子的无序性大小的量度**。因此热力学第二定律的意义还可以这样理解,在**孤立系统**内的一切实际过程(不可逆过程),末状态熵比初状态大,$\Delta S > 0$,即状态总向着无序的方向变化。

如果孤立系统中进行的是可逆过程,则意味着过程中任意两个状态的热力学概率都相等,因而,熵保持不变,即 $\Delta S = 0$。

由此得出结论:**在孤立系统中发生的任何不可逆过程都将导致系统熵的增加,而发生的一切可逆过程,其熵不变。或者说一个孤立系统的熵永不减少**,即

$$\Delta S \geqslant 0 \tag{3-53}$$

式中,等号仅适用于可逆过程。这一结论称为**熵增加原理**。它给

视频:熵与绝热去磁

出了热力学第二定律的数学表述,为判断过程进行的方向提供了可靠的依据。

需要特别注意的是,熵增加原理仅适用于孤立系统。对于非孤立系统,熵是可增可减的。

习 题

3-1 一定量的理想气体,经历某过程之后,它的温度升高了,则可以断定 ( )

(A) 该理想气体系统在此过程中做了功

(B) 在此过程中外界对该理想气体系统做了正功

(C) 该理想气体系统的内能增加了

(D) 在此过程中该理想气体系统既从外界吸收了热量,又对外做了正功

3-2 1 mol 理想气体从 p-V 图上初态 a 分别经历如图所示的(1)或(2)过程到达末态 b。已知 $T_a < T_b$,则这两过程中气体吸收的热量 Q_1 和 Q_2 的关系是 ( )

(A) $Q_1 > Q_2 > 0$

(B) $Q_2 > Q_1 > 0$

(C) $Q_2 < Q_1 < 0$

(D) $Q_1 < Q_2 < 0$

(E) $Q_1 = Q_2 > 0$

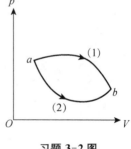

习题 3-2 图

3-3 对于室温下的双原子分子理想气体,在等压膨胀的情况下,系统对外所做的功与从外界吸收的热量之比等于 ( )

(A) 1/3　　　(B) 1/4　　　(C) 2/5　　　(D) 2/7

3-4 一台工作于温度分别为 327 ℃ 和 27 ℃ 的高温热源和低温热源之间的卡诺热机,每经历一个循环吸热为 2 000 J,则对外做功为 ( )

(A) 2 000 J　　　　　　　　(B) 1 000 J

(C) 4 000 J　　　　　　　　(D) 500 J

3-5 关于可逆过程和不可逆过程的判断:

(1) 可逆热力学过程一定是准静态过程。

(2) 准静态过程一定是可逆过程。

(3) 不可逆过程就是不能向相反方向进行的过程。

(4) 凡有摩擦的过程,一定是不可逆过程。

以上四种判断,其中正确的是 ( )

(A) (1)、(2)、(3)　　　　　(B) (1)、(2)、(4)

(C) (2)、(4)　　　　　　　　　　　(D) (1)、(4)

3-6 如图所示,理想气体在经历 $1 \to 2 \to 3$ 的过程中,应该是 　　　　　　　　　　　　　　　　　　　　　( )

(A) 吸热,内能增加

(B) 吸热,内能减少

(C) 放热,内能减少

(D) 放热,内能增加

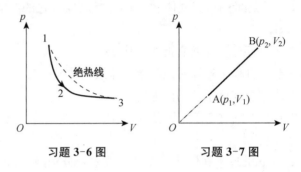

习题 3-6 图　　　　　　　　　习题 3-7 图

3-7 如图所示,1 mol 的单原子分子理想气体从初态 A 开始沿直线变到末态 B 时,对外界做功为＿＿＿＿,其内能的改变量为＿＿＿＿,从外界吸收的热量为＿＿＿＿。

3-8 压强、体积和温度都相同的氢气和氦气(均视为刚性分子的理想气体),它们的质量之比为 $m_1 : m_2 = $ ＿＿＿＿,它们的内能之比为 $E_1 : E_2 = $ ＿＿＿＿,如果它们分别在等压过程中吸收了相同的热量,则它们对外做功之比为 $W_1 : W_2 = $ ＿＿＿＿。(各量下角标 1 表示氢气,2 表示氦气)

3-9 如图所示,已知图中画不同斜线的两部分的面积分别为 S_1 和 S_2,那么

(1) 如果气体的膨胀过程为 $a \to 1 \to b$,则气体对外做功 $W = $ ＿＿＿＿;

(2) 如果气体进行 $a \to 2 \to b \to 1 \to a$ 的循环过程,则它对外做功 $W = $ ＿＿＿＿。

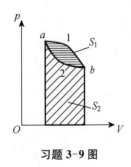

习题 3-9 图

3-10 一定量理想气体,从同一状态开始使其体积由 V_1 膨胀到 $2V_1$,分别经历以下三种过程:(1) 等压过程;(2) 等温过程;(3) 绝热过程。其中:＿＿＿＿过程气体对外做功最多;＿＿＿＿过程气体内能增加最多;＿＿＿＿过程气体吸收的热量最多。

3-11 热力学第二定律开尔文表述指出了自然界中的＿＿＿＿过程是不可逆的;而克劳修斯表述指出了＿＿＿＿过程不可逆。

3-12 一定量的理想气体 N_2,如图,求经历 $1 \to 2 \to 3 \to 4$

过程后系统的 Q、ΔE 及 W。

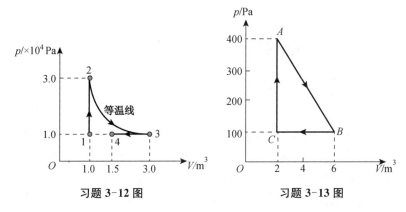

习题 3-12 图   习题 3-13 图

3-13 比热容比 $\gamma = \dfrac{C_p}{C_V} = 1.40$ 的理想气体，进行如图所示的 $ABCA$ 循环，状态 A 的温度为 300 K。

（1）求状态 B、C 的温度；

（2）计算各过程中气体所吸收的热量、气体所做的功和气体内能的增量。

（普适气体常量 $R = 8.31$ J·mol^{-1}·K^{-1}）

3-14 一定量的某种理想气体吸热 800 J，对外做功 500 J，由状态 A 沿过程 1 变化到状态 B，如图所示。

（1）试问其内能改变了多少？

（2）如气体沿过程 2 从状态 B 回到状态 A 时，外界对其做功 300 J，试问气体放出多少热量？

（3）循环过程 $A \rightarrow 1 \rightarrow B \rightarrow 2 \rightarrow A$ 的效率是多少？

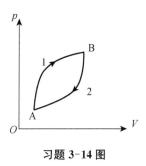

习题 3-14 图

3-15 1 mol 的氢，在压强为 1.0×10^5 Pa，温度为 20 ℃ 时，其体积为 V_0。今使它经以下两种过程达到同一状态：

（1）先保持体积不变，加热使其温度升高到 80℃，然后令它做等温膨胀，体积变为原体积的 2 倍；

（2）先使它做等温膨胀至原体积的 2 倍，然后保持体积不变，加热使它温度升到 80℃。

试分别计算以上两种过程中内能的增量，气体对外做的功和吸收的热量，并在 p-V 图上表示两过程。

第四章　电　磁　学

电磁学研究的是与电荷有关的现象与规律,电荷间的相互作用——电磁力是自然界中四种基本相互作用力之一,也是最广泛与最被人类所熟知的作用力之一。维持物质形成液体与固体的作用力是原子之间的力,它归结于电磁力。手机、Wi-Fi、电脑、电动机、高能加速器等众多设备的制造与应用,都离不开对电磁规律的掌握。根据电荷的运动与相互作用性质的不同,电磁学大致可以分为静电场、稳恒磁场、电磁感应等方面,这也大致与人类认识和理解电磁规律的历史进程相一致。1873 年,麦克斯韦在总结前人发现的基础上,创造性地提出了我们所熟知的麦克斯韦方程组。他基于"媒介"中的传播的性质(磁导率和电容率)得到了光速的理论值,预言了光就是电磁波,并促进了爱因斯坦的狭义相对论的创立。

4-1　库仑定律　电场强度及其叠加原理

4-1-1　库仑定律

物体所带电荷的多少用电量来量度。在国际单位制(SI)中,电量的单位是库仑,符号为 C。一个电子所带电量的绝对值称为基本电量,用 e 表示。目前 e 的实验测量值为

$$e = 1.602\ 189\ 2 \times 10^{-19} \text{C}$$

经典电磁学认为,实际带电体所带的电量是基本电量的整数倍。电荷最基本的性质是与其他电荷之间存在相互作用力。两个静止电荷之间的相互作用力叫作静电力。当带电体的尺度和形状与带电体间的距离相比可以略去时,就可将它视为点电荷。点电荷与力学中的质点、刚体等概念相类似,也是一种理想模型,它是在一定条件下对实际带电体的抽象。

电荷之间相互作用力的基本规律叫作**库仑定律**,它是由法国物理学家库仑(1736—1806 年)通过扭秤实验于 1785 年总结出来的,反映点电荷之间的相互作用力的规律。其表述如下:

真空中两个静止的点电荷 q_1 与 q_2,它们之间相互作用力的大小与 $q_1 q_2$ 成正比,与距离 r 的平方成反比。作用力的方向沿着它们的连线方向,同号电荷相斥,异号电荷相吸。其数学表达式为

$$\boldsymbol{F} = k \frac{q_1 q_2}{r^2} \boldsymbol{e}_r \qquad (4-1)$$

式中 k 为比例系数,$\boldsymbol{e}_r$ 为一单位矢量,大小为 1,方向由施力者指向受力者。根据实验测定,在国际单位制中,比例系数

$$k = 8.99 \times 10^9 \text{ N} \cdot \text{m}^2/\text{C}^2 \approx 9 \times 10^9 \text{ N} \cdot \text{m}^2/\text{C}^2$$

为了使以后常用的电场公式中不出现 4π 因子,通常取 $k = \dfrac{1}{4\pi\varepsilon_0}$,则库仑定律可写成

$$\boldsymbol{F} = \frac{1}{4\pi\varepsilon_0} \frac{q_1 q_2}{r^2} \boldsymbol{e}_r \qquad (4-2)$$

式中 $\varepsilon_0 = 1/(4\pi k) = 8.85 \times 10^{-12} \text{ C}^2/(\text{N} \cdot \text{m}^2)$,$\varepsilon_0$ 称为真空中的介电常数,又叫作真空电容率。

例 4-1 氢原子由一个质子(即氢原子核)和一个电子组成。根据原子的经典模型,在正常状态下,电子绕核做圆周运动,轨道半径为 5.3×10^{-11} m,电子质量为 9.11×10^{-31} kg,质子质量为 1.67×10^{-27} kg,万有引力恒量 $G = 6.67 \times 10^{-11}$ N $\cdot$ m^2 $\cdot$ kg^{-2}。试求它们之间的静电力和万有引力,并比较两种力的大小。

解 由于质子与电子之间的距离远大于它们本身的直径,所以可将电子和质子看成点电荷,质子带 $+e$ 电荷,电子带 $-e$ 电荷,它们之间的静电力为引力,其大小由库仑定律求得

$$F_e = \frac{1}{4\pi\varepsilon_0} \frac{e \cdot e}{r^2} = \frac{1}{4\pi \times 8.85 \times 10^{-12}} \times \frac{(1.6 \times 10^{-19})^2}{(5.3 \times 10^{-11})^2}$$
$$= 8.2 \times 10^{-8} (\text{N})$$

它们之间的万有引力大小为

$$F_m = G\frac{mM}{r^2} = 6.67 \times 10^{-11} \times \frac{9.1 \times 10^{-31} \times 1.67 \times 10^{-27}}{(5.3 \times 10^{-11})^2}$$
$$= 3.6 \times 10^{-47}(\text{N})$$

$$\frac{F_e}{F_m} = \frac{8.2 \times 10^{-8}}{3.6 \times 10^{-47}} = 2.3 \times 10^{39}$$

由此可见 $F_e \gg F_m$,这两种力量大小的差异,犹如人类把 100 t 质量的物体发射到太空克服地球引力所需要的能量,才刚好够把 1 g 质量的氢原子中的电子剥离,并发射到太空所需要克服原子核的静电力的能量。所以在原子中,作用在电子上的力主要为电力,而万有引力可以忽略不计。

如果一个点电荷同时受到多个点电荷的相互作用,则每两个点电荷之间的相互作用力都各自服从库仑定律。这意味着,任意两个点电荷之间的相互作用力的大小和方向不因其他电荷的存在与否而受到影响,那么,这个点电荷受到的总作用力(合力)等于每个电荷对它作用力的矢量和,这就是静电力的叠加原理。

4-1-2 电场

近代物理学认为,(静)电力是靠带电体周围空间(无论是真空还是介质)都存在的一种"特殊"的物质传递的,这种物质称为电场。每一个电荷都会产生电场,该电场对处于其中的其他电荷的作用力叫作电场力,两个电荷之间的相互作用力本质上是一个电荷激发的电场作用在另一个电荷上的电场力。这种观点可具体表示为:

电荷 ⟺ 电场 ⟺ 电荷

电荷是(静)电场的源,激发电场的电荷叫作场源电荷。

场虽然不像由分子、原子组成的实物那样看得见、摸得着,但近代科学的发展表明,场与实物一样具有能量、动量和质量。因此,场是客观存在的,是物质存在的另一种形式。场与实物所不同的是,各种场可以共同占据同一位形空间,即场具有可叠加性,而实物不具备这种特征。

相对于观察者静止的带电体产生的电场,称为静电场。静电场的特点是电场分布不随时间变化。

电场的基本性质之一就是对处于电场中的电荷都施加电场力。为了研究电场中各点(称为场点)的性质,我们可以在带电体

Q 激发的电场中放入一个试探电荷 q_0，通过测量电场中不同位置对它的作用力，从而得到电场的性质。

实验表明：对于电场中的某一点来说，试探电荷受到的电场力与电荷电量的比值 F/q_0 是一个无论大小及方向均与试探电荷无关的物理量，它反映了电场本身的性质。我们把这个比值作为描写电场的场量，称为**电场强度**（简称场强），即静电场中任一点的电场强度是一矢量，其大小等于单位电荷在该点所受电场力的大小，其方向与正电荷在该点所受电场力的方向一致。电场强度通常用符号 E 表示，即

$$E = \frac{F}{q_0} \qquad (4-3)$$

在国际单位制中，场强的单位为 N/C 或 V/m（伏特／米）。

电场强度 E 是从电场力的角度描述电场性质的一个基本物理量。理解时应明确：

第一，场强 E 是矢量，既有大小又有方向，它的方向与正电荷所受电场力的方向一致。

第二，场强 E 的大小和方向仅由电场本身的性质决定，与有无试探电荷以及试探电荷的种类和大小无关。引入试探点电荷只是为了检验电场的存在和讨论电场的性质而已。犹如人们使用天平可以称量出物体的质量，如果不用天平去称量物体，物体的质量仍然是客观存在的一样。

第三，电场中每一点都有一个确定的场强，不同点的场强一般是不同的，即 E 是空间坐标的矢量函数。如果电场中各点场强的大小和方向都相同，这种电场叫作匀强电场或均匀电场。

4-1-3　场强叠加原理

如果空间有 q_1，q_2，$\cdots$，q_n 等多个点电荷同时存在，则电场中任一点 P 的场强应是这些电荷共同激发的结果。为了求得 P 点的场强，我们仍在 P 点放置一试验电荷 q_0，由静电力的叠加原理知，作用于 q_0 上的电场力 F 为

$$F = F_1 + F_2 + \cdots + F_n = \sum F_i$$

式中 F_i 是第 i 个点电荷单独存在时作用于 q_0 的电场力。根据场强的定义，P 点的场强

$$E = \frac{F_1}{q_0} + \frac{F_2}{q_0} + \cdots + \frac{F_n}{q_0} = E_1 + E_2 + \cdots + E_n = \sum E_i$$

$$(4-4)$$

其中 $E_i = \dfrac{F_i}{q_0}$ 表示点电荷 q_i 单独存在时所激发的电场在 P 点的场强。

由此可见,在一组点电荷所激发的电场中,任意一点的场强等于各点电荷单独存在时所激发的电场在该点的场强的矢量和,这个结论叫作**场强叠加原理**。

若静电场是由电荷连续分布的带电体产生的,求解空间各点的电场强度分布时,则可将此带电体看成由许多电荷元 $\mathrm{d}q$ 所组成,每个电荷元可视为点电荷,利用场强叠加原理和矢量积分可求得总场强,即

$$E = \int \mathrm{d}E = \frac{1}{4\pi\varepsilon_0} \int \frac{\mathrm{d}q}{r^2} e_r \tag{4-5}$$

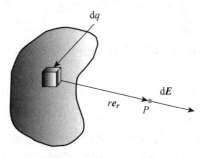

图 4-1 电荷元的电场

对于一个带电体,电荷元 $\mathrm{d}q = \rho\mathrm{d}V$,其中 ρ 为电荷体密度(单位体积中的电量),$\mathrm{d}V$ 为带电体的体积元;对于一个带电面,$\mathrm{d}q = \sigma\mathrm{d}S$,其中 σ 为电荷面密度(单位面积上的电量),$\mathrm{d}S$ 为带电面上的面元;对于一个带电线,$\mathrm{d}q = \lambda\mathrm{d}l$,其中 λ 为电荷线密度(单位长度上的电量),$\mathrm{d}l$ 为带电线上的线元。

例 4-2 如图 4-2 所示,一对等量异号点电荷 $\pm q$,相距为 l,求两电荷连线的中垂线上任一点 P 处的场强。

解 以两点电荷连线的中点 O 为原点建立如图 4-2 所示的直角坐标系,设 P 点到 O 点的距离为 r,点电荷 $+q$ 和 $-q$ 单独存在时激发的电场在 P 点的场强分别为 E_+ 和 E_-,由于 P 点到 $+q$ 和 $-q$ 的距离相等,$r_+ = r_- = \sqrt{r^2 + (l/2)^2}$,故有 E_+ 和 E_- 大小相等,即

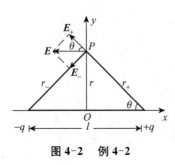

图 4-2 例 4-2

$$E_+ = E_- = \frac{1}{4\pi\varepsilon_0} \frac{q}{r^2 + (l/2)^2}$$

E_+ 和 E_- 的方向如图 4-2 所示。根据场强叠加原理,P 点的场强 E 应为

$$E = E_+ + E_-$$

由对称性可知，E_+ 和 E_- 在 x 轴上的分量大小相等，方向相同，都沿 x 轴的负方向；在 y 轴上的分量大小相等，方向相反，互相抵消。所以总场强 E 的 x 分量和 y 分量分别为

$$E_x = E_{+x} + E_{-x} = -2E_+ \cos\theta$$
$$E_y = E_{+y} + E_{-y} = 0$$

由图 4-2 可知，$\cos\theta = \dfrac{l/2}{\sqrt{r^2 + (l/2)^2}}$

故 P 点的场强的大小为

$$E_P = |E_x| = 2E_+ \cos\theta = \frac{1}{4\pi\varepsilon_0} \frac{ql}{(r^2 + l^2/4)^{3/2}}$$

场强 E_P 的方向沿 x 轴的负方向。

特别地，在两点电荷连线的中点 O，以 $r = 0$ 代入得 O 点的场强的大小为

$$E_O = \frac{1}{4\pi\varepsilon_0} \frac{8q}{l^2}$$

场强 E_O 的方向沿 x 轴的负方向。

例 4-3　如图 4-3 所示，一均匀带正电直线，长为 L，电荷线密度为 λ。在中垂面有一点 P 与带电直线的距离为 a，求 P 点的场强 E 的大小与方向。

解　建立如图 4-3 所示的坐标系，设 $\mathrm{d}q$ 到 P 点的距离为 r，则 $\mathrm{d}q$ 在 P 产生的场强大小为

$$\mathrm{d}E = \frac{\lambda\,\mathrm{d}y}{4\pi\varepsilon_0 r^2}$$

由于不同位置处的电荷元在 P 点产生的 $\mathrm{d}E$ 的方向不同，所以在计算场强时要分别计算 x 方向和 y 方向上的电场分量

$$\mathrm{d}E_x = \mathrm{d}E \cdot \cos\theta = \frac{\lambda\,\mathrm{d}y}{4\pi\varepsilon_0 r^2} \cdot \cos\theta$$

$$\mathrm{d}E_y = \mathrm{d}E \cdot \sin\theta = \frac{\lambda\,\mathrm{d}x}{4\pi\varepsilon_0 r^2} \cdot \sin\theta$$

P 点场强

$$E = E_x\boldsymbol{i} + E_y\boldsymbol{j}$$

由于对称性

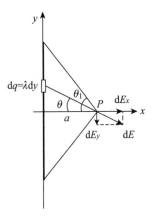

图 4-3　例 4-3

$$E_y = \int \mathrm{d}E_y = 0$$

下面来求 E_x，为了便于积分，必须要统一变量，这里将变量统一为 θ。由三角形关系

$$r \cos \theta = a$$

有

$$E_x = 2 \int_0^{\theta_1} \frac{\lambda \cos \theta \mathrm{d}\theta}{4\pi\varepsilon_0 a} = \frac{\lambda \sin \theta_1}{2\pi\varepsilon_0 a}$$

例 4-4　如图 4-4 所示，一均匀带电细圆环的半径为 R，带电量为 $q > 0$，环的轴线上有一点 P 与环心 O 的距离为 x，求 P 点的场强。

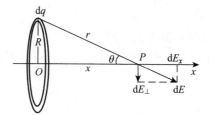

图 4-4　例 4-4

解　将圆环分割成许多小的线元，任取一线元 $\mathrm{d}l$，其上带电量为

$$\mathrm{d}q = \frac{q\mathrm{d}l}{2\pi R}$$

此电荷元 $\mathrm{d}q$ 在圆环轴线上距环心为 x 的 P 点的场强大小为

$$\mathrm{d}E = \frac{\mathrm{d}q}{4\pi\varepsilon_0 r^2}$$

把电场 $\mathrm{d}\boldsymbol{E}$ 分解为沿 x 轴的分量 $\mathrm{d}E_x$ 和垂直 x 轴的分量 $\mathrm{d}E_\perp$，由对称性有

$$E_\perp = \int \mathrm{d}E_\perp = 0$$

$$E_x = \int \mathrm{d}E_x = \int \mathrm{d}E \cdot \cos \theta = \int \frac{\cos \theta \cdot \mathrm{d}q}{4\pi\varepsilon_0 r^2}$$

由于 R、x 为定值，故 θ、r 亦为常量，所以

$$E_x = \frac{\cos \theta}{4\pi\varepsilon_0 r^2} \int_0^q \mathrm{d}q = \frac{q \cdot \cos \theta}{4\pi\varepsilon_0 r^2} = \frac{qx}{4\pi\varepsilon_0 (x^2 + R^2)^{3/2}}$$

于是，P 点场强为

$$\boldsymbol{E} = E_x \boldsymbol{i} = \frac{qx}{4\pi\varepsilon_0 (x^2 + R^2)^{3/2}} \boldsymbol{i}$$

（1）当 $x \gg R$，则 $(x^2 + R^2)^{3/2} \approx x^3$ 这时有

$$E = \frac{q}{4\pi\varepsilon_0 x^2}i$$

表明在远离环心处的场强与环上电荷全部集中在环心处的一个点电荷所激发的场强相同。

（2）若 $x = 0$，得 $E = 0$，即在环心处由于各电荷元的电场互相抵消，其电场强度为 0。

4-2 静电场的高斯定律

4-2-1 电场线

为了形象、直观地描绘电场的分布情况，我们引入电场线的概念。在静电场中，每一点的场强都有一个确定的方向。因此，我们可以在电场中画出一系列有向曲线，使这些曲线上每一点的切线方向都与那一点的场强方向一致，且曲线的疏密程度能反映该点场强的大小。这样画出来的曲线就称为电场线。图 4-5 列举了几种典型电场的电场线分布。从这些电场线分布图可以看出，电场线有如下一些性质：

（1）电场线为非闭合曲线。电场线始于正电荷（或来自无穷远处），终止于负电荷（或终止于无穷远处），在无电荷处不中断。

（2）任何两条电场线不相交。

为了使画出的电场线不仅能反映出场强方向的分布情况，而且还能反映出场强大小的分布情况。通常还规定：在电场中每一点，穿过垂直于场强方向单位面积的电场线根数，正比于该点场强的大小。即电场线密集处场强大，电场线稀疏处场强小。

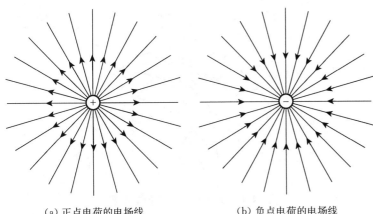

（a）正点电荷的电场线　　　　（b）负点电荷的电场线

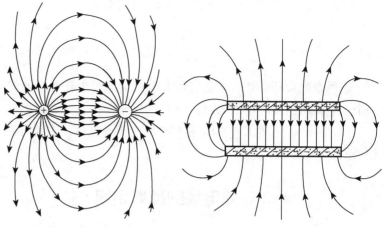

（c）两个等量异号点电荷的电场线　　（d）两块带等量异号电荷的平行板的电场线

图 4-5　几种典型电场的电力线分布

需要说明的是，电场线只是人们用来形象地表示电场分布的曲线，它并不客观存在。但我们可以借助一些实验方法显示出来。比如，在盘子里倒上蓖麻油，上面撒一些花粉或短发丝，放上各种形状的导体作为电极，当电极带电后，这些原来杂乱无章的花粉或短发丝在电场力作用下，就会沿场强方向排列起来，显示出电场线图形。

4-2-2　电通量

在电场中，穿过任一曲面 S 的电场线条数称为通过该曲面的电通量，用 Φ_e 表示。如图 4-6 所示，设电场中一面积元 dS 的法线方向 n（亦即 dS 的方向）与该处场强 E 的夹角为 θ，$dS_\perp$ 是 dS 在垂直于 E 方向的投影。根据电场线的绘制规定，$E = d\Phi_e/dS_\perp$，则有

$$d\Phi_e = EdS_\perp = EdS\cos\theta \tag{4-6}$$

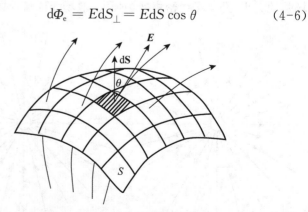

图 4-6　通过任一曲面的电通量

为了表示面积元 dS 的方位，可以利用面积元的法线方向 **n** 将它表示为矢量

$$d\boldsymbol{S} = dS\boldsymbol{n}$$

根据矢量标积的定义，穿过面积元 dS 的电通量也可以表示为

$$d\varPhi_e = \boldsymbol{E} \cdot d\boldsymbol{S}$$

对于任意一个曲面 S，我们可将它分割为由无限多个小面元 dS 组成，这样通过该曲面的电通量为

$$\varPhi_e = \int_S d\varPhi_e = \int_S \boldsymbol{E} \cdot d\boldsymbol{S} \qquad (4\text{-}7)$$

对于非闭合的任意曲面，面元可以有两个任意选择的法线正方向，由于电场强度的方向是确定的，所以不同的选择计算出的电通量的符号相反。而对闭合曲面，一般规定面元的外法线方向为面元的正方向。于是闭合曲面的电通量即为

$$\varPhi_e = \oint_S \boldsymbol{E} \cdot d\boldsymbol{S} \qquad (4\text{-}8)$$

当电场线从内部穿出时，$\varPhi_e > 0$；当电场线从外部穿入时，$\varPhi_e < 0$。

4-2-3 高斯定理

高斯定理是电磁学理论中的一条重要定理，它给出了静电场中，通过任一闭合曲面的电通量与该闭合曲面所包围的电荷电量之间在数值上的关系。**高斯定理可表述为：在真空中，静电场通过任一闭合曲面的电通量，等于该闭合曲面内所包围电荷电量的代数和乘以 $\dfrac{1}{\varepsilon_0}$**，其数学表达式为：

$$\varPhi_e = \oiint_S \boldsymbol{E} \cdot d\boldsymbol{S} = \frac{1}{\varepsilon_0}\sum_{i=1}^{n} q_i \, (\text{不连续分布的源电荷})$$

$$(4\text{-}9a)$$

$$\varPhi_e = \oiint_S \boldsymbol{E} \cdot d\boldsymbol{S} = \int_V \frac{1}{\varepsilon_0}\rho dV \,(\text{连续分布的源电荷}) \, (4\text{-}9b)$$

式中 ρ 为连续分布源电荷的体密度，V 为包围在闭合曲面内的体积，定理中闭合曲面常称为高斯面。下面我们通过一个简单的情形来阐明高斯定理。

设有一静止点电荷 q 处于半径为 r 的球面的中心，如图 4-7

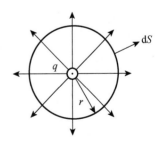

图 4-7 电荷在球面内

所示。根据点电荷的场强公式,在球面 S 上每一点场强大小均为 $E = q/4\pi\varepsilon_0 r^2$,场强方向均沿径向向外,$\boldsymbol{E}$ 与小面元 d$\boldsymbol{S}$ 同向。因此,通过球面的总电通量为

$$\Phi_e = \oiint_S \mathrm{d}\Phi_e = \oiint_S \boldsymbol{E} \cdot \mathrm{d}\boldsymbol{S}$$

$$= \oiint_S E\,\mathrm{d}S = \oiint_S \frac{q}{4\pi\varepsilon_0 r^2}\,\mathrm{d}S$$

$$= \frac{q}{4\pi\varepsilon_0 r^2} \oiint_S \mathrm{d}S = \frac{q}{4\pi\varepsilon_0 r^2} \cdot 4\pi r^2 = \frac{q}{\varepsilon_0}$$

上式表明通过球面的电通量与球面半径 r 无关,而只与它所包围的电荷电量有关。这意味着,对以点电荷 q 为中心的任意球面来说,通过它们的电通量都等于 q/ε_0。

高斯定理的重要意义在于它把电场与产生电场的源电荷联系起来,它反映了静电场是有源场这一基本性质。凡是有正电荷的地方必有电场线发出,凡是有负电荷的地方必有电场线汇聚,正电荷是电场线的源头。因此,高斯定理指出了静电场是有源场。

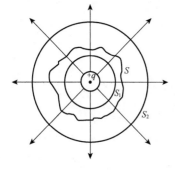

图 4-8 电荷在任意闭合曲面内

4-2-4 高斯定理应用举例

高斯定理还具有重要的实际意义。当带电体的电荷分布具有高度对称性时,应用高斯定理能够方便地求出带电体在空间产生的场强分布。

例 4-5 一均匀带电薄球壳,半径为 R,带电量为 Q。试求球壳内、外的场强分布。

解 由于球壳均匀带电,因此球壳上的电荷分布具有球对称性,我们可以用高斯定理求得场强分布。用高斯定理求场强分布的主要步骤是:

(1) 分析电场分布的对称性

设球心在 O 点,在球壳外任取一点 P,在连线 OP 两侧的球壳上对称地选取面积相等的两面元 dS_1 和 dS_2,设两面元上电荷的电量分别为 dq_1 和 dq_2,因球壳均匀带电,故有 d$q_1 =$ dq_2。设两电荷激发的电场在 P 点的场强分别为 d$\boldsymbol{E}_1$ 和 d$\boldsymbol{E}_2$。

由对称性可知,d$\boldsymbol{E}_1$ 和 d$\boldsymbol{E}_2$ 的矢量和 d$\boldsymbol{E}$ 一定沿着 OP 连线方向,如图 4-9(a) 所示。将整个球壳分割成许多对对称的面元,由于球壳均匀带电,每一对对称面元上的电荷激发的电场在 P 点的场强的矢量和也一定沿着 OP 连线方向,故 P 点的总场强 $\boldsymbol{E}$ 沿 OP 方向。由于电荷在球壳上均匀分布,所以在以 O 为球心、以 $OP = r$ 为半径的球面上,各点的场强大小相等。

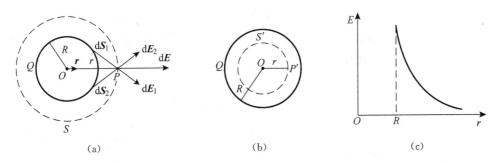

图 4-9 均匀带电球壳产生电场所分布

由此可见,均匀带电球壳上的电荷激发的电场分布具有球对称性:在与带电球壳同心的球面上各点的场强大小相等,场强的方向沿着径向。

(2)选取恰当的闭合曲面(高斯面)

由于场强分布具有球对称性,因此应选取以 O 点为球心,以所求场强点(P 点)到球心的距离 r 为半径的球面 S 为高斯面。

(3)计算通过高斯面的电通量

由于高斯面 S 上各点场强的大小相等,且 $\boldsymbol{E}$ 的方向都沿径向,与各点的法线方向(即面元 d$\boldsymbol{S}$ 的方向)相同。所以,通过高斯面 S 的电通量为

$$\varPhi_e = \oiint_S \boldsymbol{E} \cdot \mathrm{d}\boldsymbol{S} = \oiint_S E \cos\theta \mathrm{d}S = E \oiint_S \mathrm{d}S = E \cdot 4\pi r^2$$

(4)应用高斯定理求场强

① 带电球壳外的场强分布:因为高斯面 S 包围的电荷量为 Q,即 $\sum q_i = Q$,根据高斯定理

$$\oiint_S \boldsymbol{E} \cdot \mathrm{d}\boldsymbol{S} = \frac{\sum q_i}{\varepsilon_0}$$

得

$$E \cdot 4\pi r^2 = \frac{1}{\varepsilon_0}Q$$

所以该球壳外场强分布为 $E = \dfrac{Q}{4\varepsilon_0 \pi r^2}$。

当 $Q > 0$ 时,场强方向由球心沿半径指向外;当 $Q < 0$ 时,场强方向由外沿半径指向球心。

② 带电球壳内的场强分布:设 P' 为带电球壳内任一点,P' 点到球心的距离为 $r(r < R)$,

如图 4-9(b)所示,上述有关均匀带电球壳上的电荷激发的

电场分布具有对称性的分析同样适用。选取以 O 点为球心,以 P' 点到球心的距离 r 为半径的球面 S' 为高斯面。通过高斯面 S' 的电通量为

$$\Phi_e = \oint_S \boldsymbol{E} \cdot d\boldsymbol{S} = \oint E \cos\theta dS = E \oint dS = E \cdot 4\pi r^2$$

因为高斯面 S' 包围的电荷量为零,即 $\sum q_i = 0$,根据高斯定理,得

$$E \cdot 4\pi r^2 = 0$$

所以带电球壳内的场强等于零,即

$$E = 0$$

由计算结果可以看出,均匀带电球壳在球外空间激发的电场,与全部电荷量集中在球心时的点电荷激发的电场相同;均匀带电球壳在球壳内部激发的电场处处为零。场强大小随距离 r 变化的规律如图 4-9(c) 所示。从图中可以看出,球壳表面处的场强最大。

例 4-6 求无限大均匀带电平面的场强分布。设平面上的电荷面密度为 σ(单位面积的带电量)。

解 由于电荷分布是面对称的,所以电场分布也是面对称的,即到带电平面距离相等的各点场强大小相等(分析方法可参照例 4-5),各点的场强方向应是垂直于平面且指向平面外侧(设 $\sigma > 0$)。如图 4-10 所示,作一个圆柱形高斯面,让它的一个底面 S_1 过场点 P,另一底面 S_2 与 S_1 对称地置于带电平面的另一侧。设圆柱底面的面积为 ΔS,根据高斯定理,有

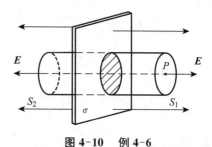

图 4-10 例 4-6

$$\Phi_e = \oiint_S \boldsymbol{E} \cdot d\boldsymbol{S} = \int_{S_1} \boldsymbol{E} \cdot d\boldsymbol{S} + \int_{S_2} \boldsymbol{E} \cdot d\boldsymbol{S} + \int_{\text{柱侧面}} \boldsymbol{E} \cdot d\boldsymbol{S} = \frac{\sum q_i}{\varepsilon_0}$$

即

$$E \cdot \Delta S + E \cdot \Delta S + 0 = \frac{\sigma \cdot \Delta S}{\varepsilon_0}$$

于是可得

$$E = \frac{\sigma}{2\varepsilon_0}$$

上式表明,无限大带电平面在空间某点产生场强的大小与该点到带电平面的距离无关,即无限大均匀带电平面两侧的电场是匀强电场。需要说明的是,虽然在实际中并不存在无限大的带电体系,但在有限大的带电平面的附近,只要不是太靠近边缘,上面得到的结果具有很好的近似性。

如果将两个带电荷 $\pm\sigma$ 的无限大均匀带电平面平行放置,可求得在两平面之间电场强度为 $E = \sigma/\varepsilon_0$。

例4-7 一无限长均匀带电直线,其电荷线密度为 λ,求其在周围空间产生的电场分布。

解 由于电荷分布具有轴对称性,所以电场分布也具有轴对称性,即在以带电直线为轴的任意柱面上各点的场强大小相同,设 $\lambda > 0$,则场强方向沿半径向外。选取一个以此带电直线为轴,半径为 r、高为 h 的直圆柱面作为高斯面,如图 4-11 所示。

根据高斯定理

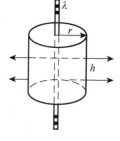

图4-11 例4-7

$$\oiint_S \boldsymbol{E} \cdot \mathrm{d}\boldsymbol{S} = \frac{\sum q_i}{\varepsilon_0}$$

而

$$\oiint_S \boldsymbol{E} \cdot \mathrm{d}\boldsymbol{S} = \int_{柱侧} \boldsymbol{E} \cdot \mathrm{d}\boldsymbol{S} + \int_{上底} \boldsymbol{E} \cdot \mathrm{d}\boldsymbol{S} + \int_{下底} \boldsymbol{E} \cdot \mathrm{d}\boldsymbol{S}$$
$$= E \cdot 2\pi r \cdot h + 0 + 0 = 2\pi rh \cdot E$$

又

$$\frac{\sum q_i}{\varepsilon_0} = \frac{1}{\varepsilon_0} \cdot \lambda h$$

所以有

$$2\pi rh \cdot E = \frac{\lambda h}{\varepsilon_0}$$

解得

$$E = \frac{\lambda}{2\pi\varepsilon_0 r}$$

应用高斯定理求电场强度分布的一般思路和方法是:

首先进行对称性分析,由电荷分布的对称性,分析电场强度分布的对称性。常见的电荷分布对称性主要包括球对称性(均匀带电球面、球体、球壳和多层同心球壳等),轴对称性(均匀带电无限长直线、圆柱体、圆柱面和多层同轴圆柱面等),面对称性(均匀带电无限大平面、平板、平行平板等)。

然后选取合适的高斯面,使通过该面的电通量的积分易于计算,例如将待求 E 的场点落在高斯面的某个面上,并使 E 与这些面垂直,且面上各点 E 的大小相等;高斯面的其余辅助面部分或者与 E 平行,或者其上各点 $E=0$,或者其上各点 E 为已知量。

最后计算高斯面上的电通量和高斯面内包围的电量代数和,根据高斯定理求出电场强度表达式。

高斯定理的重要意义远不止用于计算场强。它在描述静电场性质时与库仑定律等效,在描述运动电荷产生的电场时,库仑定律不再成立,而高斯定理却依然有效。所以,高斯定理是一个描述场源电荷与它的电场之间关系的普遍规律。

4-3　电势　电势叠加原理　静电场的环路定理

前两节中,我们从电荷在电场中受力出发,引入电场强度概念,并给出了从通量角度反映静电场性质的高斯定理。本节,我们将从静电场力做功入手,导出从环流角度反映静电场性质的环路定理,并由电势能引入电势、电势差、等势面等概念。

4-3-1　电场力的功

电荷在电场中运动时电场力要做功。下面我们来讨论静电场中电场力做功的特点,如图 4-12 所示,设有一点电荷 $q(q>0)$ 位于真空中 O 点,一试验电荷 q_0 在 q 激发的电场中从 a 点沿任意路径 acb 移到 b 点的过程中,电场力对试验电荷 q_0 所做的功为

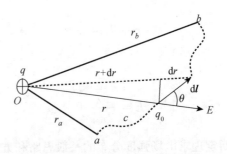

图 4-12　电场力的功

$$W_{ab} = \int_{(a)}^{(b)} \boldsymbol{F} \cdot \mathrm{d}\boldsymbol{l} = \int_{(a)}^{(b)} q_0 \boldsymbol{E} \cdot \mathrm{d}\boldsymbol{l}$$

$$= q_0 \int_{(a)}^{(b)} \frac{q}{4\pi\varepsilon_0 r^2} \cdot \cos\theta \cdot \mathrm{d}l = \frac{q_0 q}{4\pi\varepsilon_0} \int_{r_a}^{r_b} \frac{\mathrm{d}r}{r^2}$$

所以

$$W_{ab} = \frac{q_0 q}{4\pi\varepsilon_0} \left(\frac{1}{r_a} - \frac{1}{r_b} \right) \tag{4-10}$$

式中 r_a 和 r_b 分别为试探电荷的起点和终点到点电荷 q 的距离。上式表明，试探电荷在点电荷的电场中移动时，电场力所做的功只与试探电荷起点和终点的位置有关，而与所通过的路径无关。

由于任何带电体激发的电场都可以看成是若干点电荷电场的叠加，因此，根据场强叠加原理，可以将上述结论推广到任意带电体激发的电场中去，从而得出一般结论：试探电荷在任何静电场中移动时，电场力所做的功只与该电荷的起点和终点位置有关，与电荷移动的路径无关。这个特点说明静电场力是保守力，静电场是保守场。

静电场力是保守力这一特性，还可表述为：当电荷在静电场中沿任意闭合路径 L 运动一周时，静电场力做功为零，即

$$W = \oint_L q_0 \boldsymbol{E} \cdot \mathrm{d}\boldsymbol{l} = 0$$

由此得

$$\oint_L \boldsymbol{E} \cdot \mathrm{d}\boldsymbol{l} = 0 \tag{4-11}$$

式(4-11)表示：静电场场强沿任意闭合路径的线积分（即 $\boldsymbol{E}$ 的环流）恒等于零。这是一条反映静电场基本性质的重要规律，称为**静电场的环路定理**。

环路定理从另一侧面反映了静电场的性质，即静电场是保守场，是无旋场；而高斯定理说明静电场是有源场。它们一起构成静电场的基本性质和方程。

4-3-2　电势与电势差

由于静电场对电荷做功与路径无关，因此与重力场中的重力势能相类似，电荷在电场中某一位置也有一定的电势能，电势能的改变量就是电场力做的功，即电势能 E_p 与电场力功 W 的关系为

$$W_{ab} = \int_{(a)}^{(b)} \boldsymbol{F} \cdot \mathrm{d}\boldsymbol{l} = \int_{(a)}^{(b)} q_0 \boldsymbol{E} \cdot \mathrm{d}\boldsymbol{l} = -\int_{(a)}^{(b)} \mathrm{d}E_p = E_{pa} - E_{pb}$$

电势能的零点可任意选定,如果选定 b 点为电势能零点,即令 $E_{pb} = 0$,则上式可作为 a 点电势能的定义式

$$E_{pa} = q_0 \int_{(a)}^{零势点} \boldsymbol{E} \cdot \mathrm{d}\boldsymbol{l} \tag{4-12}$$

即电荷在静电场中某点的电势能等于将电荷由该点移到电势能零点的过程中电场力所做的功。当带电体的电荷量有限时,我们通常选择离场源电荷无限远处为电势能零点。这样式(4-12)可改写为

$$E_{pa} = q_0 \int_{(a)}^{\infty} \boldsymbol{E} \cdot \mathrm{d}\boldsymbol{l} \tag{4-13}$$

电势能与其他形式的势能一样,是电荷 q_0 与电场所共同拥有的,它是电荷 q_0 与电场之间的相互作用能量。

由式(4-12)可知,电荷 q_0 在电场中某点所具有的电势能 E_{pa},不仅与电场中 a 点的位置有关,还与电荷的电量 q_0 成正比。如果取比值 E_{pa}/q_0,则该比值就与电荷无关,因此这个比值可用来表征电场的性质。我们定义电场在 a 点的电势为

$$V_a = \frac{E_{pa}}{q_0} = \int_{(a)}^{零势点} \boldsymbol{E} \cdot \mathrm{d}\boldsymbol{l} \tag{4-14}$$

即:静电场中任一点 a 点的电势 V_a,在量值上等于将单位正电荷从 a 点经任意路径移到零电势参考点时,静电力所做的功,也等于单位正电荷在该点所具有的电势能。

电势是从能量角度来表征静电场性质的物理量,它是标量,也是一个相对量,电势零点原则上可任意选取。但在实际问题中,恰当地选取电势零点,可以简化电势的表达式,给相关问题的计算带来方便。在计算中,当电荷分布在有限区域时,一般选无穷远处为电势零点;在实际问题中,常以地球为电势零点。

对于点电荷 q 的电势,利用式(4-10),当以无穷远处为电势零点时,其表达式为

$$V = \frac{q}{4\pi\varepsilon_0 r} \tag{4-15}$$

其图形表示如图 4-13 所示。

电势虽为标量,没有方向,但有正负。若某点的电势为正,表明该点的电势高于参考点的电势;若某点的电势为负,则表明该点的电势低于参考点的电势。

电势的单位由电势能和电荷量的单位共同确定。在国际单位制中,电势的单位是伏特,简称伏,符号是 V。

静电场中 a、b 两点电势的差值,称为这两点间的电势差,用

U_{ab} 表示,所以

$$U_{ab} = V_a - V_b = \frac{E_{pa} - E_{pb}}{q_0} = \frac{W_{ab}}{q_0} = \int_{(a)}^{(b)} \boldsymbol{E} \cdot \mathrm{d}\boldsymbol{l} \quad (4\text{-}16)$$

由式(4-16)可以看出,电势差与电势零点的选取无关。

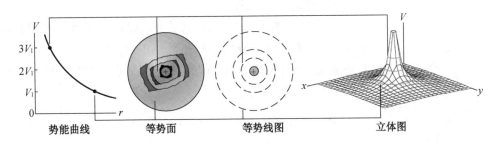

图 4-13　电势的多种表示

（势能曲线　等势面　等势线图　立体图）

4-3-3　电势叠加原理

设空间有 n 个点电荷 q_1, q_2, $\cdots$, q_n 同时存在,每一个点电荷单独存在时所激发电场的场强分别为 E_1, E_2, $\cdots$, E_n。根据场强叠加原理,电场中任一点的总场强

$$\boldsymbol{E} = \boldsymbol{E}_1 + \boldsymbol{E}_2 + \cdots + \boldsymbol{E}_n$$

图片:电势的多种表示

由式(4-14)得电场中任一点 a 的电势为

$$V_a = \int_{(a)}^{零势点} \boldsymbol{E} \cdot \mathrm{d}\boldsymbol{l} = \int_{(a)}^{零势点} (\boldsymbol{E}_1 + \boldsymbol{E}_2 + \cdots + \boldsymbol{E}_n) \cdot \mathrm{d}\boldsymbol{l}$$

$$= \int_{(a)}^{零势点} \boldsymbol{E}_1 \cdot \mathrm{d}\boldsymbol{l} + \int_{(a)}^{零势点} \boldsymbol{E}_2 \cdot \mathrm{d}\boldsymbol{l} + \cdots + \int_{(a)}^{零势点} \boldsymbol{E}_n \cdot \mathrm{d}\boldsymbol{l}$$

$$V_a = V_1 + V_2 + \cdots + V_n = \sum_{i=1}^{n} V_i \quad (4\text{-}17)$$

式(4-17)表明,在一组点电荷所激发的电场中,任一点的电势等于各点电荷单独存在时所激发的电场在该点电势的代数和,这个结论叫作电势叠加原理。

对于连续带电体的电场,可选取无限小电荷元 $\mathrm{d}q$ 作为点电荷,利用式(4-15)可求得场中任一点电势为

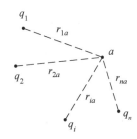

图 4-14　点电荷系
的电势

$$V_a = \int_{带电体} \frac{\mathrm{d}q}{4\pi\varepsilon_0 r} \quad (4\text{-}18)$$

此式可作为利用电势叠加原理计算电势的一般公式,注意此式是选取无穷远处为零电势。

需要指出的是,因为电势是标量,所以叠加是求代数和,这

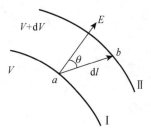

图 4-15　场强与电势的微分关系

一点与电场力及场强叠加的矢量求和是不同的。作为一个例子，可参考视频"从等势面到电磁惯性"中关于非等量异号点电荷的电势的计算。

电场强度和电势都是描述静电场性质的物理量，两者之间有着密切的联系。式(4-14) 表示了两者之间的积分关系，下面介绍两者之间的微分关系

如图 4-15 所示，在任意静电场中，取两个相距很近的等势面 Ⅰ 和 Ⅱ，它们的电势分别为 V 和 $V+\mathrm{d}V$，且 $\mathrm{d}V<0$。在两等势面上分别取 a 点和 b 点，一正的点电荷 q_0 从 a 点沿位移元移到 b 点，静电场力所做的功为

$$\mathrm{d}W = q_0(V_a - V_b) = q_0[V - (V + \mathrm{d}V)] = -q_0\mathrm{d}V$$

而

$$\mathrm{d}W = q_0\boldsymbol{E} \cdot \mathrm{d}\boldsymbol{l} = q_0 E \cos\theta\mathrm{d}l = q_0 E_l\mathrm{d}l$$

其中 $E_l = E\cos\theta$ 为场强 $\boldsymbol{E}$ 在 $\mathrm{d}\boldsymbol{l}$ 方向的投影。比较以上两式，得到

$$E_l = -\frac{\mathrm{d}V}{\mathrm{d}l} \tag{4-19}$$

上式表示，电场中给定点的电场强度沿某一方向的分量，等于该点电势沿该方向变化率的负值，负号表示电场强度 $\boldsymbol{E}$ 指向电势降低的方向。

在直角坐标系中，将 x、y、z 轴的方向，分别取作 $\mathrm{d}\boldsymbol{l}$ 的方向，则根据式(4-19)，场强 $\boldsymbol{E}$ 在这三个方向上的投影(此时亦为分量)为

$$E_x = -\frac{\partial V}{\partial x}, \ E_y = -\frac{\partial V}{\partial y}, \ E_z = -\frac{\partial V}{\partial z}$$

场强的矢量表达式为

$$\boldsymbol{E} = -\frac{\partial V}{\partial x}\boldsymbol{i} - \frac{\partial V}{\partial y}\boldsymbol{j} - \frac{\partial V}{\partial z}\boldsymbol{k} \tag{4-20}$$

矢量 $\left(\dfrac{\partial V}{\partial x}\boldsymbol{i} + \dfrac{\partial V}{\partial y}\boldsymbol{j} + \dfrac{\partial V}{\partial z}\boldsymbol{k}\right)$ 称为函数 V 的梯度，即电势梯度，用 $\mathrm{grad}V$ 或 ∇V 表示，所以式(4-20) 也可表示为

$$\boldsymbol{E} = -\nabla V \tag{4-21}$$

式(4-21) 表明：**静电场中任意一点的场强等于该点电势梯度的负值。**这一结论称为电场强度与电势的微分关系。

在国际单位制(SI)中,电势梯度的单位为 V/m,所以场强也常用这一单位。

应当指出,电场强度与电势的微分关系对于实际问题的求解有着重要的意义。因为电势 V 是标量,与场强 E 相比,求电势 V 相对容易,所以在实际计算中,如果先求电势 V,然后利用场强与电势的微分关系,进而求场强矢量 E,这也是求静电场的电场强度的有效方法之一。

4-4 导体的静电平衡 电容

在前几节中,我们研究的是真空中的静电场,讨论了静电场的一些基本性质和规律。由于在静电场中常有导体或电介质存在,因此本节我们将研究电场与导体和电介质的相互作用。自然界中的物质,按其导电性能可分为导体、半导体和绝缘体(电介质)。从物质的电结构来看,导体是指包含有大量能自由运动的电荷(自由电荷)的一类物质,金属是最常见的导体。电介质是指几乎没有自由电子的一类物质,如空气、纯净的水、油类、云母、玻璃等都是常见的电介质。半导体则为导电性能介于导体和电介质之间的一类材料,对此本教材不做过多阐述。

4-4-1 导体的静电平衡

我们知道,在金属内部存在大量的自由电子和带正电的晶体点阵。

当金属导体未受到外电场作用时,自由电子可以在导体内像气体分子一样做无规则热运动,但不会做宏观的定向运动,因此,导体内正、负电荷均匀分布,导体呈电中性状态。

当把电中性的导体置于场强为 E_0 的外电场中时,导体中的每一个自由电子都将受到电场力的作用,其方向与场强 E_0 的方向相反,如图 4-16(a) 所示。在该电场力的作用下,自由电子就沿着与场强 E_0 相反的方向做定向移动,结果导致导体的一端出现负电荷,另一端出现正电荷,如图 4-16(b) 所示。这种由于外电场作用而使导体上的电荷发生重新分布的现象叫作静电感应,导体左右两端积累的电荷叫作感应电荷。导体上的感应电荷形成阻碍电子定向移动的附加电场 E'。当 E' 与 E_0 在导体中互相抵消时,自由电子的宏观定向运动终止,导体达到静电平衡状态,如图 4-16(c) 所示。所以,导体达到静电平衡的条件是:导体内各点的合场强为零,即 $E_内 = 0$。在考虑导体静电平衡时,需要注意感应电荷除了

动画:外电场下导体的静电平衡

响应 E_0 外也会受到 E' 的影响,最终是在电场与电荷的相互影响下达到平衡状态。为了加深理解,可以参考视频"点电荷与电中性的金属之间的静电力都是吸引力吗?"。

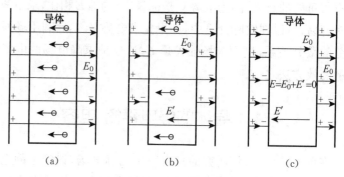

图 4-16　静电平衡

根据导体的静电平衡条件,可以导出导体处于静电平衡时有以下几个重要性质:

(1) 静电平衡时,导体是等势体,导体表面是等势面。

在导体内任取两点 a、b,它们之间的电势差为

$$V_a - V_b = \int_{(a)}^{(b)} \boldsymbol{E} \cdot \mathrm{d}\boldsymbol{l}$$

在导体内部从 a 到 b 任取一条路径 L,静电平衡时,L 上各点 $\boldsymbol{E} = 0$,故有 $V_a = V_b$。而 a、b 为任意点,由此可见导体上各点的电势都相等,即导体是等势体,表面是等势面。

(2) 静电平衡时,导体内部没有净电荷,净电荷只能分布在导体表面。

在导体内部,任意选取一闭合曲面作为高斯面。应用高斯定理 $\oiint_S \boldsymbol{E} \cdot \mathrm{d}\boldsymbol{S} = \sum q_i / \varepsilon_0$,由于处于静电平衡时导体内部场强处处为零,即 $\boldsymbol{E} = 0$,故有 $\sum q_i = 0$。又由于高斯面的位置和大小是任意选择的,所以导体内净电荷为零,于是导体所带净电荷只能分布于导体表面。

(3) 静电平衡时,导体表面场强与表面垂直,场强大小为 $E = \sigma / \varepsilon_0$。

因为导体表面是等势面,而电场线处处与等势面正交,所以导体外紧靠导体表面各点的场强方向处处与表面垂直。

设导体表面外附近一点 P 的场强为 $\boldsymbol{E}$,P 点附近导体表面的电荷面密度为 σ,利用高斯定理,就可以得到 $\boldsymbol{E}$ 与 σ 的关系。取一扁圆柱形的高斯面,使圆柱的侧面与导体表面垂直,上下底都与表面平行,上底通过 P 点,下底在导体内部,如图 4-17 所示。

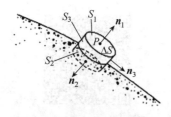

图 4-17　导体表面电荷与场

我们把上下底和侧面分别记作 S_1、S_2、S_3，则通过高斯面的电通量为

$$\Phi_e = \oiint_S \boldsymbol{E} \cdot \mathrm{d}\boldsymbol{S} = \oiint_S E \mathrm{d}S \cos\theta$$

$$= \int_{S_1} E\cos\theta\mathrm{d}S + \int_{S_2} E\cos\theta\mathrm{d}S + \int_{S_3} E\cos\theta\mathrm{d}S$$

由于在导体表面上，E 处处与表面垂直，在导体内部 E 处处为零，所以第一项积分中的 $E \neq 0$、$\cos\theta = 1$，第二项积分中的 $E = 0$，第三项积分中的 $E \neq 0$、$\cos\theta = 0$，即三项中只有第一项不为零，因此

$$\Phi_e = E\Delta S$$

其中 ΔS 为圆柱的底面积。在此高斯面内包围的电荷为 $\sigma\Delta S$，根据高斯定理

$$E\Delta S = \frac{1}{\varepsilon_0}\sigma\Delta S$$

得

$$E = \sigma/\varepsilon_0 \tag{4-22}$$

（4）孤立导体上电荷面密度与导体表面曲率的关系是：曲率越大处（即曲率半径越小处），电荷面密度 $|\sigma|$ 也越大。

当一个导体周围没有带电体或其他导体，或周围的带电体或其他导体对它的影响可以忽略时，这个导体就称为孤立导体。一般说来，孤立带电导体外表面凸出处曲率较大（曲率半径较小），该处电荷面密度的绝对值也较大；较平坦处，曲率小（曲率半径大），面密度的绝对值就小；表面凹进处曲率为负，则 $|\sigma|$ 就更小。孤立带电导体上电荷分布的这种特点主要是由于导体所带的同种电荷在"光滑"（导电性好）的导体上互相排斥的结果。

由式（4-22）可知，导体表面电荷密度越大，它附近的场强就越大。对于表面带有突出尖端的带电导体，由于尖端处曲率较大，就使得电荷面密度很大，因而尖端处的电场强度就会特别强。当场强大到一定程度，就会使尖端附近的空气发生电离而放电，这种现象称为尖端放电。这是由于在空气中总是存在一些正负离子，在尖端附近强电场的作用下，这些离子受电场力而被加速。当它们与空气分子相碰撞时，又会使空气分子电离，从而形成大量的正、负离子。与尖端上电荷异号的离子受吸引而趋向尖

视频：大气中的电现象 1

视频：场致发射显微镜

端;与尖端上电荷同号的离子受排斥而飞开,形成"电风"。这种简单的效应也被用来实现高精度的原子成像技术,可通过视频"场致发射显微镜"来了解。

4-4-2 静电屏蔽

导体处于静电平衡时导体内部场强为零这一特点在技术上可用来做静电屏蔽。静电屏蔽在实际中有广泛的应用。例如,为了使精密电磁测量仪器或电子仪器不受外电场干扰,可在其外部加上金属屏蔽罩。室内的高压设备,罩上接地的金属外壳就可避免它对外界的影响。用金属网包住信号传输线就能避免外电场产生的干扰信号串入。在高压线上带电操作的人员穿上屏蔽服就可减弱外电场对人体的影响。在视频"大气中的电现象"中也用到了金属的静电屏蔽。下面我们从探讨导体空腔的特点出发,分析静电屏蔽的原理。

(1) 导体空腔内无带电体时的特点

如图 4-18 所示,在导体壳体中任取一闭合曲面 S 包围空腔。据高斯定理 $\oint_S \boldsymbol{E} \cdot \mathrm{d}\boldsymbol{S} = \sum q_i/\varepsilon_0$,由于导体内 E 处处为零,所以

$$\oint_S \boldsymbol{E} \cdot \mathrm{d}\boldsymbol{S} = 0,$$ 于是有 $\sum q_i = 0$。这表明空腔内表面(导体壳内腔表面)电荷的代数和为零。这可能有两种情况:一种为空腔的内表面上无电荷分布;另一种为空腔的内表面上带等量异号电荷,有电场线从空腔内表面上的正电荷出发,经空腔内部终止于空腔内表面上的负电荷。这后一种情况显然与静电平衡状态下导体为等势体的结论相矛盾,是不可能存在的。故腔内无电荷的空腔导体,其电荷只能分布在导体的外表面。

从以上分析可以看出,腔内无电荷的导体空腔所具有的特点是:在静电平衡时,导体内空腔没有电场线,空腔内各点场强为零,腔内各点的电势相等,并等于导体壳的电势。

(2) 导体空腔内有其他带电体时的特点

对于腔内有其他带电体 q 的空腔导体,在静电平衡时,作与(1)相同的高斯面,由于 $\oint_S \boldsymbol{E} \cdot \mathrm{d}\boldsymbol{S} = 0$,于是有 $\sum q_i = 0$。由高斯定理可知导体空腔内表面有净电荷 $-q$,如图 4-19 所示。

在该空腔导体没有接地的情况下,如果空腔原来不带电,则根据电荷守恒,空腔外表面就带上与内表面等量异号电荷 $+q$,空腔外产生电场;若导体空腔原来带电 Q,则根据电荷守恒,此时空腔外表面带 $Q+q$ 的电荷,空腔外的电场发生变化。

视频:大气中的电现象2

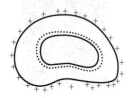

图 4-18　腔内无电荷

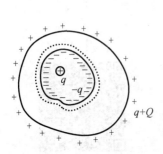

图 4-19　腔内有电荷

如果空腔导体接地,空腔内表面仍带 $-q$ 电荷,空腔外表面不带电,腔内带电体 q 不会对空腔外界产生影响。

综上所述可知:导体空腔内的任一物体,不受腔外电场的影响;若导体空腔接地,还能避免腔内带电物体对空腔外界的影响。这就是静电屏蔽原理。

4-4-3 电介质

电介质,又称为绝缘体。由于电介质中的电子被束缚在原子核周围,不能自由移动,因而电介质不导电。虽然电介质不能导电,但将它放入电场中时,它也会对电场产生影响。实验发现,在两极板带电不变的情况下,之间充入均匀各向同性的电介质后,前后两次测量的极板间的电压 U_0、U 之间满足关系

$$U = \frac{U_0}{\varepsilon_r}$$

这里 U_0 为没有电介质时的电压,U 为充入电介质后的电压,ε_r 称为相对介电常数或相对电容率,为无量纲数。ε_r 总是大于 1,随介质种类和状态而改变,可通过实验测定。表 4-1 为几种常见物质的相对介电常数。

表 4-1　几种常见物质的相对介电常数

物质	空气	水	煤油	玻璃	纸	陶瓷	硬橡胶
ε_r	1.000 54	78	2.8	4.1	2.5	$6.3 \sim 7.8$	2.6

两极板间充入电介质后,极板间电压变小了,是由于两个极板间的电场强度变小了。其原因是在外电场影响下电介质出现了极化现象。

下面我们扼要地分析一下电介质极化的机理。由于在电介质中,原子外层的电子被原子核紧紧地束缚着,在通常状态下,电介质中这些束缚电荷整体的正电中心与负电中心重合,宏观上并不显示电性。一旦有外加电场存在,由于原子或分子的正、负电荷中心发生局部移动,因而电介质整体的正、负中心将不再重合,此时电介质将处于非电中性状态,对外宏观上显示出电性,这种现象称电介质极化。

如果我们把一块长方形的均匀电介质置于电场强度为 E_0 的匀强电场中,实验表明,在电介质与电场 E_0 垂直的两表面上都出现了电荷,其中在电场线进入电介质的端面上出现负电荷,在电场线穿出电介质的端面上出现正电荷,如图 4-20(a) 所示。这种在电介质表面上出现的电荷叫作极化电荷。这些极化电荷

就会在电介质内激发一个附加电场 $\boldsymbol{E}'$,由图 4-20(b) 可以看出,附加电场 $\boldsymbol{E}'$ 的方向总与外电场 $\boldsymbol{E}_0$ 的方向相反,因此电介质内部的总电场 $\boldsymbol{E} = \boldsymbol{E}_0 + \boldsymbol{E}' < \boldsymbol{E}_0$。实验表明,当均匀电介质充满电场空间电场时,介质内的场强大小为

$$E = \frac{E_0}{\varepsilon_r} \qquad (4\text{-}23)$$

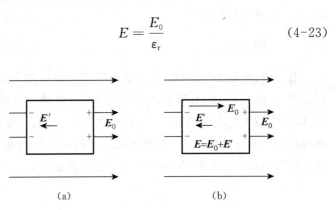

图 4-20　电场中的电介质的示意图

由于 ε_r 大于 1,所以当达到静电稳定状态时,电介质内的场强小于原来的场强。

4-4-4　电容

电容器是电气工程和无线电工程中最常见的一种元器件,使用在直流和交流的各种场合,发挥它隔直、滤波、振荡、储能等各种功能。本节仅从静电场的角度出发,研究描述电容器基本特性的物理量 —— 电容及电容的计算。

1. 孤立导体的电容

由半径为 R,带电量为 Q 的孤立导体球的电势 $U = \dfrac{Q}{4\pi\varepsilon_0 R}$ 可以看出导体球所带的电量与其电势成正比。

理论和实验结果都表明,任一孤立导体的带电量与其电势成正比,其比值与该孤立导体所带电量以及电势无关,这个比值称为孤立导体的电容,定义为

$$C = \frac{Q}{U} \qquad (4\text{-}24)$$

在国际单位制中,电容的单位是法拉(F),$1\ \mathrm{F} = 1\ \mathrm{C/V}$。实际应用中常使用微法($\mu$F)和皮法(pF),$1\ \mathrm{F} = 10^6\ \mu\mathrm{F} = 10^{12}\ \mathrm{pF}$。

2. 电容器的电容

通常电容器是由两片非常靠近的、中间填充了绝缘体的金属极板构成。这种电容器,由于静电屏蔽的作用,使得极板间的

电场不受外界影响。

在大多数情况下,电容器充电后两极板分别带有等量异号电荷$\pm Q$。我们把电容器的带电量Q与两板间的电势差U的比值定义为电容器的电容C。即

$$C = \frac{Q}{U}$$

电容器的电容C仅与电容器的形状、大小及周围的介质有关,而与导体极板的材料和电容器的带电量以及两极板间的电势差无关。

3. 几种典型电容器的电容值

对于常见的平行板电容器、同心薄圆柱电容器以及同心薄球壳电容器,利用前面其各自电场分布的结论,可以得到它们的电容为:

平行板电容器: $\quad C = \frac{\varepsilon S}{d}$

圆柱电容器: $\quad C = \frac{2\pi\varepsilon l}{\ln \dfrac{R_2}{R_1}}$

球形电容器: $\quad C = \frac{4\pi\varepsilon R_1 R_2}{R_2 - R_1}$

4-5 稳恒电流 磁感强度 毕奥-萨伐尔定律

4-5-1 稳恒电流

众所周知,导体中电子能够在导体内自由运动。在没有外部电场时,电子做无规则的热运动,如果将导体置于一电场中,导体中的电子会在电场作用下做定向运动,电子的这种在外电场作用下的定向运动就称为电流。如果在时间dt内通过导体中某个横截面的电量为dq,则将电流强度定义为

$$i = \frac{dq}{dt} \tag{4-25}$$

电流强度的单位是安培(A)。当它不随时间发生改变时,则称为**稳恒电流**。通常规定正电荷的定向运动方向为电流的方向,如果导电的是负电荷,其电流的方向与负电荷运动方向相反。

除了导体可以导电外,还有半导体等其他一些物质也能导电。起导电作用的电荷称为载流子,在金属中载流子就是电子,

半导体中载流子则可以是电子或空穴(也称为正离子),实际上有些导电物质(如电解液)起导电作用的也可以是正离子和负离子。

4-5-2　磁场及其描述

1. 磁现象、安培分子电流假说

人类对磁现象的研究比电现象早得多。我国早在战国时期,就已发现磁石能够吸引铁的现象。北宋时期我国科学家就发明了航海用的指南针,并发现了地磁偏角。18 世纪,人们开始引入磁场的概念来解释磁现象,认为任何磁极都会在自己的周围空间激发磁场,磁场最基本的性质是对磁极有作用力,磁极与磁极之间的相互作用都是通过磁场来实现的。并且规定:小磁针静止时的 N 极在磁场中某点所指示的方向即为该点磁场的方向。这一规定一直沿用到现在。尽管人们对磁现象的研究很早,但一直是把它独立于电现象来研究,而没有认识到两者之间的联系。直到 19 世纪初,丹麦物理学家奥斯特(1777—1851 年)发现了电流的磁效应,才使人们认识到磁现象起源于电荷的运动,磁现象与电现象之间有着不可分割的联系。

1820 年 4 月,奥斯特在哥本哈根向人们作题为"电与磁"的讲演时,为了让听众更容易理解,他边讲边做演示实验。当他把电路接通时,发现放置在通电导线旁的小磁针突然发生了偏转,后来他又多次得到了相同的实验现象。这一实验事实说明,电流对磁极有作用力,因而不仅磁铁能够激发磁场,电流也能够激发磁场,即电流具有磁效应。

法国物理学家安培之后也重复了上述实验,他在实验中发现磁针转动的方向与电流方向之间的关系遵从右手螺旋定则,还发现磁场对载流导线也有力的作用。所有这些实验表明:不仅磁极能够在周围空间激发磁场,电流也能够在周围空间激发磁场;而磁场对电流,也像对磁极一样,有作用力。磁场对电流和磁极的作用力叫作磁场力。

为了解释磁现象的本源,安培于 1822 年提出了有关磁现象起源的假说——分子电流假说,认为一切磁现象都起源于电流。按照这种假说,组成物质的分子是一个个很小的环形电流,叫作分子电流。如图 4-21 所示。当物质未被磁化时,这些分子电流的取向杂乱无章,如图 4-22(a)所示,因此整体对外不显示出磁性。物质被磁化后,分子电流成规则排列,如图 4-22(b)所示,所以对外产生磁场。

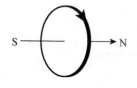

图 4-21　分子电流

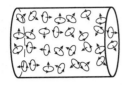 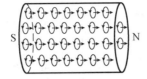

（a）物质未被磁化时　　　（b）物质被磁化后

图 4-22　物质被磁化前后分子电流示意图

安培假说被 20 世纪以来物理学的发展所证实，并成为近代磁性理论的基础。现在大家知道，一切宏观物质都是由分子、原子组成的，原子又是由带正电的原子核和带负电的电子组成；电子不仅绕原子核旋转，而且还有自旋运动，电子的各类运动便形成电子电流。安培的分子电流实际上相当于分子内所有电子电流形成的圆形电流。

动画：磁化

总之，无论是导线中的电流，还是天然磁铁，它们产生磁现象的起源是相同的，都源于电流或运动的电荷，因此，我们说磁场是由电流(运动电荷)所激发的场。

2. 磁感应强度

在研究静电场时，为了建立和描述电场的力的性质，引入电场强度 E。与此类似，研究磁场时，由于磁场对处于场中的运动电荷有作用力，因此我们可以在磁场中引入运动试探电荷，通过讨论它在磁场中受到的作用力，来建立描述磁场性质的物理量——磁感应强度 B。

为了确定空间某点的磁感应强度的大小，将一电量为 q_0、速度为 v 的试探电荷射入磁场中，如果该试探电荷的运动方向与磁感应强度 B 的方向平行，可以测得电荷所受到的磁力为 0。若将试探电荷 q_0 以速度 v 垂直于磁感应强度 B 的方向射入磁场中，测得电荷所受到的磁力为最大值 $F = F_{max}$。实验表明，运动电荷所受的最大磁场力与电量 q_0 和速率 v 成正比，对于一个确定的场点，比值 $\dfrac{F_{max}}{q_0 v}$ 是一个与运动电荷的电量 q_0 和速率 v 无关的量。即不同电量、不同速率的运动电荷经过该点时，其比值都是相等的。而对于不同场点，这一比值则一般不同。

由于比值 $\dfrac{F_{max}}{q_0 v}$ 与运动电荷无关，可见它反映了磁场在某一点的性质。因此，我们可以将磁感应强度大小定义为：

$$B = \frac{F_{max}}{q_0 v} \tag{4-26}$$

在国际单位制中,磁感应强度的单位为特斯拉,简称特(T)。1 T 的磁场是很强的,地球表面附近的地磁场的变化范围是从赤道上的大约 0.3×10^{-4} T 到两极的大约 0.6×10^{-4} T;一般永久磁铁的磁场约为 0.1 T;大型电磁铁产生的磁场可达 2 T;用超导材料制成的电磁铁的磁场更强,可达 10 T 以上;而人体心脏激发的磁场只有约 3.0×10^{-10} T。

磁感应强度 **B** 是矢量,将可自由转动的小磁针置于磁场中,磁针静止时 N 极(北极)所指的方向规定为该处磁感应强度 **B** 的方向。

在静电场中,我们在计算任意带电体激发的电场在某点的电场强度时,可以把带电体分成无限多个电荷元 $\mathrm{d}q$,然后利用场强叠加原理,求出带电体激发的电场在该点的场强 **E**。同样,在稳恒磁场中,我们可以采用类似的方法求任意线状恒定电流激发的磁场。先把线状电流分割成许多小段的电流元,用矢量 $I\mathrm{d}\boldsymbol{l}$ 表示。I 是电流强度,$\mathrm{d}\boldsymbol{l}$ 是电流元的线元,其大小是线元的长度,其方向沿电流方向。如果知道电流元 $I\mathrm{d}\boldsymbol{l}$ 激发磁场的规律,就可以根据叠加原理求出任意形状的电流所激发的磁场。

1820 年,法国科学家毕奥、萨伐尔和拉普拉斯在实验的基础上,通过分析总结得出电流元激发磁场的规律:毕奥-萨伐尔定律(以下简称毕-萨定律)。其内容如下:

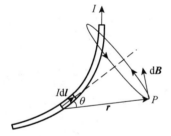

图 4-23 电流元产生的磁场

通电导线中任一电流元 $I\mathrm{d}\boldsymbol{l}$ 激发的磁场在空间某点 P 的磁感应强度 $\mathrm{d}\boldsymbol{B}$ 的大小与电流元的大小 $I\mathrm{d}l$ 成正比,与电流元 $I\mathrm{d}\boldsymbol{l}$ 和径矢 $\boldsymbol{r}$($\boldsymbol{r}$ 是由电流元指向场点 P 的矢量,如图 4-23 所示)之间的夹角 θ 的正弦成正比,与径矢大小 r 的二次方成反比,即

$$\mathrm{d}B = \frac{\mu_0}{4\pi} \frac{I\mathrm{d}l \sin\theta}{r^2} \tag{4-27}$$

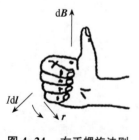

图 4-24 右手螺旋法则

式中的常量 $\mu_0 = 4\pi \times 10^{-7}(\mathrm{N/A^2})$ 叫作真空磁导率。$\mathrm{d}\boldsymbol{B}$ 的方向垂直于 $I\mathrm{d}\boldsymbol{l}$ 与 $\boldsymbol{r}$ 所组成的平面,用右手螺旋法则进行判定:伸开右手,四指并拢,大拇指与四指垂直,让四指先指向 $I\mathrm{d}\boldsymbol{l}$ 的方向,然后经小于 $180°$ 的角转向 $\boldsymbol{r}$ 的方向,则伸直的大拇指所指的方向就是 $\mathrm{d}\boldsymbol{B}$ 的方向,如图 4-24 所示,若用矢量式,$\mathrm{d}\boldsymbol{B}$ 的大小和方向可表示为

$$\mathrm{d}\boldsymbol{B} = \frac{\mu_0}{4\pi} \frac{I\mathrm{d}\boldsymbol{l} \times \boldsymbol{r}}{r^3} \tag{4-28}$$

与库仑定律在静电场中的地位相似,毕-萨定律在稳恒磁场中也是研究恒定电流磁场的基础。不过由于电流元不可能单独

存在,故毕-萨定律不能直接通过实验证明,但由它推出的所有结果都与实验相符,从而间接证明了它的正确性。对毕-萨定律的来源感兴趣的同学可以参考视频"毕奥-萨伐尔定律的来龙去脉"。

任意载流导线激发的磁场在某点的总磁感应强度 $\boldsymbol{B}$,等于组成该电流的所有电流元激发的磁场在该点的磁感应强度 $\mathrm{d}\boldsymbol{B}$ 的矢量和,即

$$\boldsymbol{B} = \int_L \mathrm{d}\boldsymbol{B} = \frac{\mu_0}{4\pi}\int_L \frac{I\mathrm{d}\boldsymbol{l} \times \boldsymbol{r}}{r^3}$$

利用毕奥-萨伐尔定律我们可以计算如图 4-25 所示的一通有电流 I 的长直导线外任意一点 P 的磁感应强度

$$B = \frac{\mu_0 I}{4\pi x}\int_{\theta_1}^{\theta_2}\sin\theta\mathrm{d}\theta = \frac{\mu_0 I}{4\pi x}(\cos\theta_1 - \cos\theta_2) \quad (4\text{-}29)$$

如图 4-25 所示,$\boldsymbol{B}$ 的方向垂直图平面向里。

对式(4-28)作进一步的讨论可以得到两个常用的公式:

(1) 若载流直导线为无限长,此时 $\theta_1 = 0$,$\theta_2 = \pi$,则有

$$B = \frac{\mu_0 I}{2\pi x} \quad (4\text{-}30)$$

式(4-30)表明,在无限长载流直导线的磁场中,离导线垂直距离为 x 处一点的磁感应强度 $\boldsymbol{B}$ 的大小与电流强度 I 成正比,与垂直距离 x 成反比。在实际情况下,载流直导线不可能无限长,但只要满足载流直导线的长度 $L \gg x$,我们就可以认为它是无限长载流直导线,上式就近似成立。

(2) 若导线为半无限长,且 P 点与导线一端的连线垂直于该载流直导线,此时有 $\theta_1 = 0$,$\theta_2 = \frac{\pi}{2}$ 或 $\theta_1 = \frac{\pi}{2}$,$\theta_2 = \pi$ 则有

$$B = \frac{\mu_0 I}{4\pi x}$$

例 4-8 求半径为 R,通过电流强度为 I 的圆电流轴线上的磁场。

解 设轴线上场点 P 到圆心的距离为 x,如图 4-26 所示。在环上取一电流元 $I\mathrm{d}\boldsymbol{l}$,据毕奥-萨伐尔定律

$$\mathrm{d}\boldsymbol{B} = \frac{\mu_0}{4\pi}\frac{I\mathrm{d}\boldsymbol{l} \times \boldsymbol{e}_r}{r^2}$$

因为 $I\mathrm{d}\boldsymbol{l} \perp \boldsymbol{r}$,电流元在 P 点产生的磁感应强度大小为

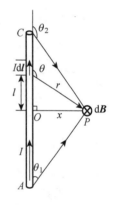

图 4-25 长直导线磁场

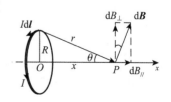

图 4-26 例 4-8

$$dB = \frac{\mu_0 I dl}{4\pi \ r^2}$$

d$\boldsymbol{B}$ 的方向如图 4-26 所示，把 d$\boldsymbol{B}$ 分解为与 x 轴平行和垂直的两个分量

$$dB_{/\!/} = dB \sin\theta \qquad dB_{\perp} = dB \cos\theta$$

由对称性知

$$B_{\perp} = \int dB_{\perp} = 0$$

所以

$$B = B_{/\!/} = \int_0^{2\pi R} \frac{\mu_0 I}{4\pi} \frac{dl}{r^2} \sin\theta = \frac{\mu_0 I \sin\theta}{4\pi r^2} 2\pi R = \frac{\mu_0 I R^2}{2 \left(R^2 + x^2\right)^{3/2}}$$

在 O 点($x = 0$) 有

$$B_0 = \frac{\mu_0 I}{2R}$$

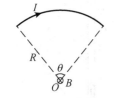

图 4-27 载流圆弧形导线

即圆环形电流激发的磁场在圆心处的磁感应强度的大小与环的半径成反比，与电流强度成正比。

如果是一段载流圆弧形导线所激发的磁场在圆心 O 点(图 4-27)磁感应强度 B 的大小为

$$B_0 = \frac{\mu_0 I}{4\pi R} \theta$$

式中 θ 是圆弧对圆心 O 所张的圆心角。

我们可以直接利用上面得出的载流直导线、载流圆环和一段载流圆弧形导线的磁感应强度公式与叠加原理来计算一些较复杂的组合载流导线的磁场。

4-6　恒定磁场的高斯定理和安培环路定理

4-6-1　磁感应线

在 4-2 节中，我们曾借助于电场线来形象地描绘电场的分布情况，同样，在本节中我们为了更形象地描绘磁场 $\boldsymbol{B}$ 的分布，我们也可引入磁感线的概念。磁感线是一些有方向的曲线，其上任一点的切线方向与该点的磁场方向(即 $\boldsymbol{B}$ 的方向)一致。为了使磁感线不仅能描绘磁场的方向，而且能反映磁场的强弱，通常还

规定:在磁场中每一点,穿过垂直于磁感应强度方向单位面积的磁感线的根数,与该点磁感应强度 **B** 的大小相等。即曲线的疏密程度与该点磁感应强度 **B** 的大小成正比。因此,由磁感线的分布就能直观、形象地反映出磁场的方向及其强弱。

磁感线与电场线一样,也可以通过实验方法显示出来。在水平放置的玻璃板上,撒上一些铁屑,让导线穿过玻璃板并通以电流,铁屑就会被磁场磁化变成一个个小磁针,轻轻敲击玻璃板,铁屑就会形成规则的排列,显示出磁感线的分布图像。如图 4-28 所示是三种不同形状的电流所激发的磁场的磁感线图。图中磁感应线上的箭头方向表示磁感应线的正方向。

从这三种典型的载流导线的磁感线图中,可以看出磁感线具有以下基本性质:

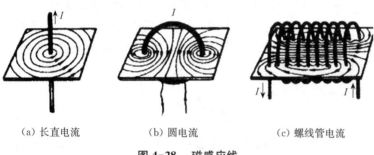

(a) 长直电流　　　　(b) 圆电流　　　　(c) 螺线管电流

图 4-28　磁感应线

（1）任意两条磁感应线不会相交;

（2）磁感线是与激发磁场的电流互相套连的无头无尾的闭合曲线;

（3）磁感线的绕行方向与电流方向之间遵从右手螺旋定则,如图 4-29 所示。

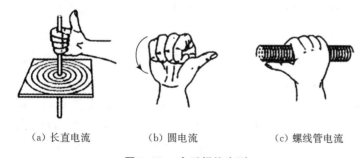

(a) 长直电流　　　　(b) 圆电流　　　　(c) 螺线管电流

图 4-29　右手螺旋定则

4-6-2　磁通量

为了研究电场的性质,我们曾经引入了电通量的概念,同样,为了研究磁场的性质,我们引入磁通量的概念。

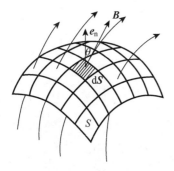

图 4-30　磁通量

在磁场中,如果面元 $\mathrm{d}\boldsymbol{S}$ 处的磁感应强度为 $\boldsymbol{B}$,则定义通过该面元的磁通量为

$$\mathrm{d}\Phi_{\mathrm{m}} = \boldsymbol{B} \cdot \mathrm{d}\boldsymbol{S} = B\mathrm{d}S\cos\theta$$

式中 θ 为 $\boldsymbol{B}$ 与面元 $\mathrm{d}\boldsymbol{S}$ 的单位法线矢量 $\boldsymbol{n}$(即 $\mathrm{d}\boldsymbol{S}$ 的方向)之间的夹角,如图 4-30 所示,通过曲面 S 的总磁通量为

$$\Phi_{\mathrm{m}} = \int \mathrm{d}\Phi_{\mathrm{m}} = \int \boldsymbol{B} \cdot \mathrm{d}\boldsymbol{S} \tag{4-31}$$

在国际单位制中,磁通量的单位为韦伯(Wb)。

4-6-3　磁场的高斯定理

由于磁感应线是无头无尾的闭合曲线,所以对任一闭合曲面来讲,穿入的磁感线的数目与穿出的磁感线的数目一定相等,正、负磁通量刚好抵消。所以,通过磁场中任意闭合曲面的磁通量恒等于零。这个结论叫作磁场的高斯定理。高斯定理的数学表达式为

$$\oiint_{S} \boldsymbol{B} \cdot \mathrm{d}\boldsymbol{S} = 0 \tag{4-32}$$

它反映了磁感应线为闭合曲线的特性,说明了磁场是无源场,不存在磁单极。

4-6-4　磁场的安培环路定理及应用

在静电场中,电场强度 $\boldsymbol{E}$ 沿任意闭合环路的线积分恒等于零,$\oint_{l} \boldsymbol{E} \cdot \mathrm{d}\boldsymbol{l} = 0$,说明了静电场是保守力场。现在,我们来看在稳恒磁场中,磁感应强度 $\boldsymbol{B}$ 沿任意闭合环路的线积分 $\oint_{l} \boldsymbol{B} \cdot \mathrm{d}\boldsymbol{l}$ 等于多少?

为简便起见,我们先讨论真空中无限长载流直导线所激发的磁场的情形。

如图 4-31 所示,取一平面与载流直导线垂直,并以该平面与导线的交点 O 为圆心,在平面上作一半径为 r 的圆环。由式 (4-29) 可知,在这圆环上任意一点的磁感应强度 $\boldsymbol{B}$ 的大小均为 $B = \dfrac{\mu_0 I}{2\pi r}$,方向沿圆环的切线方向。若选取圆周的绕行方向与电流方向之间遵从右手螺旋关系,则圆周上每一点的 $\boldsymbol{B}$ 的方向与该点附近线元 $\mathrm{d}\boldsymbol{l}$ 的方向相同,即 $\boldsymbol{B}$ 与 $\mathrm{d}\boldsymbol{l}$ 之间的夹角 $\theta = 0$。所以,磁感应强度 $\boldsymbol{B}$ 沿着该闭合环路的线积分

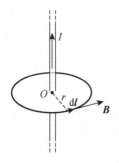

图 4-31　闭合路径在垂直于导线的平面内,并包围导线

$$\oint_l \boldsymbol{B} \cdot \mathrm{d}\boldsymbol{l} = \oint_L B\mathrm{d}l \cos \theta = \oint_L B\mathrm{d}l = \oint_L \frac{\mu_0 I}{2\pi r}\mathrm{d}l = \frac{\mu_0 I}{2\pi r} \cdot 2\pi r = \mu_0 I$$

上式表明，$\oint_l \boldsymbol{B} \cdot \mathrm{d}\boldsymbol{l}$ 只与穿过闭合环路的电流有关，而与环路的半径 r 无关。如果导线中的电流方向与图 4-31 中的方向相反，则 $\boldsymbol{B}$ 与 $\mathrm{d}\boldsymbol{l}$ 的方向相反，上述积分为

$$\oint_l \boldsymbol{B} \cdot \mathrm{d}\boldsymbol{l} = \oint_L B\mathrm{d}l \cos \theta = \oint_L B\mathrm{d}l \cos 180° = -\mu_0 I$$

由此可见，积分结果与电流方向有关。因此通常规定，当环路绕行方向与电流方向之间遵从右手螺旋定则时，该电流取正值，反之取负值。

以上结论虽然是从长直电流和圆形环路这一特例得出的，但可以证明对其他恒定电流和任意形状的闭合环路是普遍适用的。因此，**在稳恒磁场中，磁感应强度 $\boldsymbol{B}$ 沿任意闭合环路的线积分等于穿过该环路的所有电流强度代数和的 μ_0 倍，这个结论就是磁场的安培环路定理。**其数学表达式为

$$\oint_l \boldsymbol{B} \cdot \mathrm{d}\boldsymbol{l} = \mu_0 \sum_{i=1}^{n} I_i \tag{4-33}$$

理解磁场的安培环路定理时应注意以下几点：

第一，$\sum I_i$ 是穿过闭合环路的所有电流强度的代数和，不包括没有穿过环路的电流。在穿过环路的电流中，凡是与环路的绕行方向之间遵从右手螺旋定则的电流取正值，反之取负值。

第二，安培环路定理表达式中的 $\boldsymbol{B}$ 是闭合环路上各点的总磁感应强度，是由空间所有电流激发的，包括穿过环路的电流和没有穿过环路的电流。

第三，安培环路定理反映了磁场性质的另一个特性 —— 有旋场或涡旋场。

在静电场中，我们应用高斯定理可以很方便地计算出具有一定对称性的带电体的电场分布，同理，在磁场中，利用安培环路定理，也可以很方便地计算出具有一定对称性的电流的磁场分布。下面举例说明如何用安培环路定理求电流的磁场分布。

例 4-9 有一半径为 R 的无限长圆柱形导体，横截面上均匀分布电流 I，求磁场分布。

解 由对称性可知，圆柱形载流导体内外磁场的磁场线是以轴线为圆心、圆周平面与轴线垂直的圆，磁场线上各点的磁感应强度相等。选取以轴线为圆心、圆周平面与轴线垂直、半径为 r

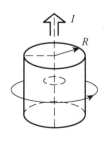

图 4-32 例 4-9

的圆周作为闭合路径 L，路径绕向与磁场线同方向。如图 4-32 所示。于是有

$$\oint_l \boldsymbol{B} \cdot \mathrm{d}\boldsymbol{l} = B \cdot 2\pi r = \mu_0 \sum I_i$$

在柱内：L 所包围电流为部分电流

$$\sum I_i = \frac{I}{\pi R^2} \cdot \pi r^2 = \frac{Ir^2}{R^2}$$

则

$$B \cdot 2\pi r = \mu_0 \frac{Ir^2}{R^2}$$

$$B = \frac{\mu_0 Ir}{2\pi R^2} \qquad (r < R)$$

在柱外有

$$B \cdot 2\pi r = \mu_0 I$$

所以

$$B = \frac{\mu_0 I}{2\pi r} \qquad (r < R)$$

例 4-10 求长直载流螺线管内的磁场分布。设长直密绕螺线管通有电流 I，单位长度上绕有 n 匝线圈。

解 对于一个长直密绕载流螺线管，当螺线管的长度远大于螺线管的直径时，实验表明，在螺线管的中间部分，其磁场分布具有以下特点：管内的磁感应强度 $\boldsymbol{B}$ 的方向处处与管的轴线平行，大小处处相等，即管内是匀强磁场；管外壁附近的磁感应强度等于零。

根据上述特点，我们可以应用安培环路定理计算管内中间部分任一点的磁感应强度。

如图 4-33 所示，作矩形闭合曲线 $abcda$，据安培环路定理

$$\oint_l \boldsymbol{B} \cdot \mathrm{d}\boldsymbol{l} = \int_a^b \boldsymbol{B} \cdot \mathrm{d}\boldsymbol{l} + \int_b^c \boldsymbol{B} \cdot \mathrm{d}\boldsymbol{l} + \int_c^d \boldsymbol{B} \cdot \mathrm{d}\boldsymbol{l} + \int_d^a \boldsymbol{B} \cdot \mathrm{d}\boldsymbol{l}$$

由于在 $b \rightarrow c$ 段及 $d \rightarrow a$ 段，因 $\boldsymbol{B} \perp \mathrm{d}\boldsymbol{l}$，或 $B = 0$，故 $\boldsymbol{B} \cdot \mathrm{d}\boldsymbol{l} = 0$；而在 $c \rightarrow d$ 段，因该处 $B = 0$，故 $\boldsymbol{B} \cdot \mathrm{d}\boldsymbol{l} = 0$；$a \rightarrow b$ 段，$\boldsymbol{B} \cdot \mathrm{d}\boldsymbol{l} = B \cdot l$

故

$$\oint_l \boldsymbol{B} \cdot \mathrm{d}\boldsymbol{l} = B \cdot l + 0 + 0 + 0 = \mu_0 nIl$$

所以

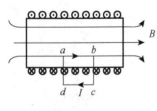

图 4-33 例 4-10

$$B = \mu_0 nI$$

4-7 安培定律 洛伦兹力

4-7-1 磁场对载流导线的作用

在研究静电场对带电体的作用时,我们用微元法将带电体分割为无限多个微元,求出各个微元所受的电场力,然后用叠加法求出整个带电体所受的力。同样,我们在磁场对载流导线作用的计算中依然如此,可以设想把载流导线分割为许多无穷小的电流元,找到磁场对电流元的作用规律,整个载流导线所受的作用力便可通过叠加法计算出来。

在载流导线上取一电流元 $I\mathrm{d}l$,设此电流元所在处的磁感应强度为 $\boldsymbol{B}$,电流元 $I\mathrm{d}l$ 与磁感应强度 $\boldsymbol{B}$ 之间小于 $180°$ 的夹角为 θ,如图 4-34 所示,则此电流元 $I\mathrm{d}l$ 在磁场中所受的作用力,在数值上等于电流元的大小、电流元所在处的磁感应强度的大小以及电流元 $I\mathrm{d}l$ 和磁感应强度 $\boldsymbol{B}$ 之间的夹角 θ 的正弦的乘积,即

$$\mathrm{d}F = BI\mathrm{d}l \sin \theta$$

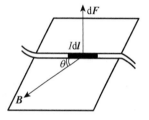

图 4-34 电流元在磁场中所受作用力

这个规律称为**安培定律**。磁场对电流元的作用力通常叫作安培力。安培力的方向由右手螺旋法则判定:右手四指由 $I\mathrm{d}l$ 经 θ 角弯向 $\boldsymbol{B}$,大拇指的指向就是安培力的方向,如图 4-35 所示。

于是安培定律可以写成矢量式

$$\mathrm{d}\boldsymbol{F} = I\mathrm{d}\boldsymbol{l} \times \boldsymbol{B} \qquad (4-34)$$

对于有限长直载流导线可以通过积分求得该载流导线在匀强外磁场中所受的作用力的大小为

$$F = \int_L IB\mathrm{d}l \sin \theta = IB \sin \theta \int_L \mathrm{d}l = IBL \sin \theta$$

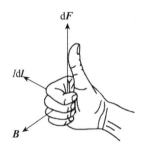

图 4-35 右手螺旋法则

4-7-2 磁场对载流线圈的作用

讨论刚性矩形线圈置于匀强磁场中的情况,如图 4-36 所示。矩形线圈 $abcd$ 的边长为 l_1、l_2,电流为 I,线圈可绕垂直于磁感应强度 $\boldsymbol{B}$ 的中心轴 OO' 自由转动,设线圈的法线矢量 $\boldsymbol{n}$ 与磁感应强度 $\boldsymbol{B}$ 的夹角为 θ。

由式(4-34)可知 ab、cd 两边受力大小相等,即

$$F_{ab} = Il_1 B \sin\left(\frac{\pi}{2} - \theta\right)$$

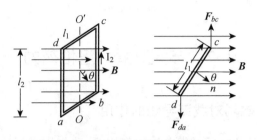

图 4-36 载流线圈在磁场中的受力

F_{ab} 与 F_{ad} 方向相反,作用于同一条线 OO' 上,因为线圈是刚性的,所以这一对力不产生任何效果,bc 和 ad 两边都与 B 垂直,它们受的力大小也相等,但方向相反,由于不作用在同一直线上而形成绕 OO' 轴的力偶矩,如图4-36所示,它使线圈的法线方向 n 向 B 方向旋转,由于这两个力的力臂都是 $\dfrac{l_1}{2}\sin\theta$,力矩的方向相同,因此力偶矩 M 的大小为

$$M = F_{bc}\frac{l_1}{2}\sin\theta + F_{da}\frac{l_1}{2}\sin\theta = IBl_1l_2\sin\theta$$

即

$$M = IBS\sin\theta$$

式中 $S = l_1l_2$ 是矩形线圈的面积,考虑到力偶矩 M、磁感应强度 B 以及线圈法线矢量 n 三者方向之间的关系,上式可以通过下面的矢量积来表示

$$M = IS(n\times B)$$

此结果虽然是从矩形线圈的特例推导出来的,但可以证明它对任意形状的平面线圈都是适用的。其中 ISn 是一个只决定于任意形状载流平面线圈本身性质的矢量,称为线圈的磁矩。用 P_m 表示。则上式可写为

$$M = P_m \times B \tag{4-35}$$

综合上面的讨论,我们看到,任意形状的载流平面线圈作为整体,在均匀外磁场中所受合力为零,却受到一个力矩的作用,这个力矩总是力图使这线圈的磁矩 P_m(或说它的法线矢量 n)转到磁感应强度 B 的方向,这也是理解顺磁物质的磁化机理的基础。

4-7-3 磁场对运动电荷的作用

置于磁场中的载流导线所受安培力与电流强度有关,而我

们知道,导体中的电流是由自由电子做定向运动形成的,这样安培力应该与其中每个做定向运动的自由电子的受力有关。这种运动电荷所受的磁场力称为洛伦兹力。下面我们来推导一下洛伦兹力的表达式。

为简单起见设导线内电流方向与磁场方向垂直,每个电子所受的洛伦兹力为 f,电流元 $I\mathrm{d}l$ 所受安培力为 F,如图 4-37 所示。设电子的平均速率为 v,导线的横截面积为 s。在稳恒电流情况下,导线内的自由电子数密度不变,设单位体积内的自由电子数为 n,电流强度 $I = ensv$,则安培力为

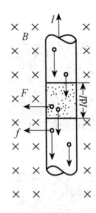

$$F = BI\mathrm{d}l = B \cdot evns \cdot \mathrm{d}l$$

在电流元 $I\mathrm{d}l$ 内,共有 $ns\mathrm{d}l$ 个自由电子,安培力显然可以看作是作用在每个运动电荷上的洛伦兹力的合力,从而单个自由电子所受的洛伦兹力为

图 4-37 电荷受力与安培力

$$f = \frac{F}{ns\mathrm{d}l} = evB$$

对于一般情形可以得到洛伦兹力关系式为

$$\boldsymbol{f} = q\boldsymbol{v} \times \boldsymbol{B} \tag{4-36}$$

下面讨论带电粒子进入磁场后的几种运动情况。

(1)带电粒子进入磁场时,其速度 v 与 $\boldsymbol{B}$ 平行,如图 4-38 所示。

带电粒子所受的洛伦兹力为零,粒子做匀速直线运动。

(2)带电粒子 q 的初速度 v 垂直于 $\boldsymbol{B}$。

由于洛伦兹力 f 永远在垂直于磁感应强度 $\boldsymbol{B}$ 的平面内,而粒子的初速度 v 也在这个平面内,因此,它的运动轨迹不会越出这个平面,如图 4-39 所示。

又因为洛伦兹力始终垂直于粒子的速度,它只改变粒子运动的方向,而不改变其速度的大小,故粒子在 v 和 f 组成的平面内做匀速圆周运动。设粒子的质量为 m,圆周轨道半径为 R,由粒子做圆周运动时的向心加速度为 $a = v^2/R$。这里维持粒子做圆周运动的向心力的大小为 $f = qvB$,由牛顿第二定律

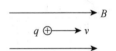

图 4-38 带电粒子匀速直线运动

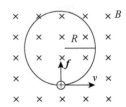

图 4-39 带点粒子垂直于磁场方向的运动轨迹

$$qvB = mv^2/R$$

得轨道半径

$$R = mv/qB \tag{4-37}$$

由式(4-37)可知,在同一磁场中,带电量 q 相同、运动速度 v

相同的不同带电粒子,它们的运动轨道半径与质量 m 成正比。质谱仪就是根据这一规律工作的。

粒子回绕一周所需的时间(即周期)为

$$T = 2\pi R/v = 2\pi m/qB$$

由上式可知,m、q 均相同的粒子,不管 v 有多大,它们运动的周期均相同。因此若引进固定周期(周期与旋转周期相同为 T)的交变加速电场,就可使粒子总得到加速。回旋加速器就是根据这个原理工作的。

而单位时间内所绕的周数(即频率)为

$$f = \frac{1}{T} = \frac{qB}{2\pi m}$$

动画:磁场中的电荷

视频:磁镜约束的物理原理

其中,f 叫作带电粒子在磁场中的回旋频率。此式表明,回旋频率与粒子的速率和回旋半径无关,而只决定于带电粒子的比荷(荷质比)q/m 和磁场 B。利用磁场可以控制带电粒子的运动,具体可参考视频"磁镜约束的物理原理"。

(3)带电粒子运动速度 v 与 B 夹角为 θ,如图 4-40 所示。

把 v 分解为 $v_\perp$ 和 $v_{/\!/}$,带电粒子的运动是沿磁场方向的匀速直线运动和垂直于磁场方向平面内的匀速率圆周运动的合成。粒子做半径为 R,螺距为 h 的螺旋运动。因

$$v_\perp = v\sin\theta, \quad v_{/\!/} = v\cos\theta$$

有

$$R = \frac{mv_\perp}{qB} = \frac{mv\sin\theta}{qB}$$

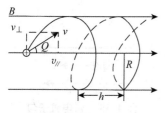

图 4-40　带点粒子在磁场中做螺旋运动

则,回旋周期

$$T = \frac{2\pi m}{qB}$$

回旋螺距

$$h = v_{/\!/} \cdot T = v\cos\theta \cdot \frac{2\pi m}{qB}$$

若一束速度大小近似相等、发散角很小的带电粒子进入纵向均匀磁场,则有

$$v_\perp = v\sin\theta \approx v \cdot \theta, \quad v_{/\!/} = v\cos\theta \approx v$$

由于各粒子的发散角 θ 不同,从而 $v_\perp$ 也不同,故它们在磁场

中做螺旋运动的半径不同。但因 θ 很小,使得 $v_{/\!/}$ 近似相等,所以它们的螺距基本相同。这样,这些粒子回旋一个周期后又重新汇聚一点,如图 4-41 所示,这种作用与凸透镜会聚光线的作用十分相似,故称为磁聚焦。它被广泛应用于电子真空器件,例如电子显微镜就是根据磁聚焦制成的。当然工程上还会有一些更细致的考虑,进一步可以参考视频"磁透镜的聚焦原理"。当还存在电场时,粒子将同时受电场力与洛伦兹力,这时粒子的运动会更加复杂,而霍尔效应是其中简单而实用的例子。

视频:磁透镜的聚焦原理

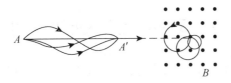

图 4-41 均匀磁场的磁聚焦

动画:霍尔效应

4-8 法拉第电磁感应定律

上述内容主要集中在磁场的获得和磁场对电流或运动电荷的作用方面,实际上,磁场还能产生电流,本节就来讨论这个问题,即电磁感应问题。

实验表明,当穿过闭合导体回路(线圈、金属框等)的磁通量发生变化时,回路中就有电流产生,这种现象叫作电磁感应现象,所产生的电流叫作感应电流,由此产生的电动势称为感应电动势,该电动势的大小和什么有关呢?法拉第通过大量的精确实验总结得出:**闭合导体回路中感应电动势 $\mathscr{E}$ 的大小与穿过回路所包围的面积的磁通量的变化率 $\dfrac{\mathrm{d}\Phi_{\mathrm{m}}}{\mathrm{d}t}$ 成正比,这个结论叫作法拉第电磁感应定律。**用公式表示就是

$$\mathscr{E} = k \frac{\mathrm{d}\Phi_{\mathrm{m}}}{\mathrm{d}t}$$

在国际单位制中,感应电动势 $\mathscr{E}$ 的单位是伏(V),磁通量 Φ_{m} 的单位是韦伯(Wb),t 的单位是秒(s),实验证明上式中的比例系数 $k = 1$。因此,上式可表示为

$$\mathscr{E} = \frac{\mathrm{d}\Phi_{\mathrm{m}}}{\mathrm{d}t}$$

至于感应电动势的方向则由楞次定律判定，判断方法是，回路中产生的感应电流的磁场总是阻碍原磁场的变化。其中的感应电流方向即为感应电动势的方向。

为了在运算中既能反映感应电动势的大小，又能表示感应电动势的方向，我们将两个定律用一个公式表示出来，即

$$\mathscr{E} = -\frac{\mathrm{d}\Phi_{\mathrm{m}}}{\mathrm{d}t} \tag{4-38}$$

在约定的正负符号法则下，式（4-38）中的负号反映了感应电动势的方向，它是楞次定律的数学表现。

4-9　动生电动势和感生电动势

根据法拉第电磁感应定律，只要穿过导体回路的磁通量发生变化，在回路中就会产生感应电动势，若回路闭合则有感应电流。

磁通量的改变有两种形式，其一，回路中的磁场发生变化；其二，回路的面积发生变化。通常把由于磁感强度变化而引起的感应电动势称为**感生电动势**；把磁场保持不变，导体在磁场中运动而产生的感应电动势称为**动生电动势**。

4-9-1　动生电动势

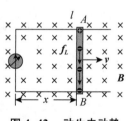

图 4-42　动生电动势

如图 4-42 所示，一段长为 l 的直导体在均匀磁场中以速度 v 匀速运动。假设某一时刻回路的长度为 x，此时穿过回路的磁通量为 $\Phi_{\mathrm{m}} = \boldsymbol{B} \cdot \boldsymbol{S} = Blx$。根据法拉第电磁感应定律，可得动生电动势为

$$\mathscr{E}_{\mathrm{i}} = \left| \frac{\mathrm{d}\Phi_{\mathrm{m}}}{\mathrm{d}t} \right| = Bl\frac{\mathrm{d}x}{\mathrm{d}t} = Blv$$

注意：法拉第电磁感应定律所求的是整个回路的电动势，但是，动生电动势只存在于运动的一段导体上，不动的那部分导体上没有电动势。

产生动生电动势的原因是洛伦兹力。如图 4-42 所示，导线中的自由电子随导线一起以相同速度 v 运动，每个电子受到洛伦兹力的作用

$$\boldsymbol{f} = -e\boldsymbol{v} \times \boldsymbol{B}$$

在洛伦兹力的作用下，电子向导线的 B 端移动，A 端由于缺少电子而出现正电荷的积累，这样在 AB 两端就形成一电场，这

时电子除了洛伦兹力外还要受到电场力 $F_e = -eE$ 的作用。当导体两端的电荷积累到一定程度，电场力与洛伦兹力达到平衡，这时电子受力平衡，不再发生定向移动。导体 AB 两端出现恒定的电势差，相当于一个电源。B 端为负极，电势较低；A 端为正极，电势较高。洛伦兹力就是在 AB 两端产生电动势的非静电力，与之对应的非静电场 E_k 表示为

$$E_k = \frac{f}{-e} = v \times B$$

由此，可得 AB 两端动生电动势

$$\mathscr{E} = \int_{(-)}^{(+)} E_k \cdot \mathrm{d}l = \int_{(B)}^{(A)} (v \times B) \cdot \mathrm{d}l \tag{4-39}$$

注意，动生电动势 $\mathscr{E}$ 的方向就是 $E_k = v \times B$ 的方向，因此式 (4-39) 中的积分微元方向应该取 $E_k = v \times B$ 才有效。

如果整个回路都在磁场中运动，则在回路中产生的总动生电动势为

$$\mathscr{E}_i = \oint (v \times B) \cdot \mathrm{d}l \tag{4-40}$$

4-9-2　感生电动势

至于磁感强度变化引起的感应电动势的机理，是麦克斯韦提出的，他认为，变化的磁场能在周围空间激发感应电场 $E_{感}$，这个电场对电荷也会有力的作用，但不同于静电场，它是有旋场或称涡旋电场。此感生电场沿任意闭合曲线的线积分有

$$\oint_L E_{感} \cdot \mathrm{d}l = -\frac{\mathrm{d}\Phi_m}{\mathrm{d}t} = -\iint_S \frac{\partial B}{\partial t} \cdot \mathrm{d}S \tag{4-41}$$

也就是此闭合回路上的感生电动势。

4-9-3　涡电流

前面我们讨论的感应电流都是在构成闭合回路的导线中产生的。在许多电气设备中常常有大块金属导体存在（如发电机、变压器和电磁铁的铁心等），显然，当这些大块导体处于变化的磁场中或是在磁场中做相对运动时，在导体内部也会产生感应电流。这种感应电流在整块导体中的流动，类似水中漩涡，故叫作涡电流，简称涡流。

涡电流在工程技术中有广泛应用，比如电磁仪表中用到的电磁阻尼，以及汽车车速的显示（参考视频"汽车车速表的工作

视频：汽车车速表的工作原理

原理")等等。现代厨房常见的电磁炉的加热原理也是利用交变电场隔空在铁锅底部形成感应电流,此涡电流在铁锅底部流动会产生焦耳热,这样就能达到加热食物、煮熟食物的目的。

4-10　自感　互感和磁场能

4-10-1　自感和自感系数

电磁感应定律告诉我们,当一个回路有电流通过时,电流所产生的磁感应线必定穿过回路自身。若回路自身电流发生变化,穿过回路的磁通量也随之发生变化,从而在自身回路上会产生感应电动势,**这种由于线圈自身的电流变化而在线圈中产生电磁感应的现象,叫作自感现象**,所产生的感应电动势称为自感电动势。

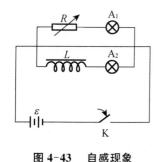

图 4-43　自感现象

自感现象可以用如图 4-43 所示的实验来演示,图中 A_1、A_2 是两个相同的小灯泡,L 是具有铁心的多匝线圈,R 是电阻,其阻值与线圈 L 的阻值相同。当开关 K 闭合时,我们会看到灯泡 A_1 立刻点亮,而灯泡 A_2 是逐渐变亮,经过一段时间后才与 A_1 的亮度相同。这表明,线圈 L 中产生了自感电动势,在开关闭合后电流增大的过程中,自感电动势的方向与电流方向相反,因而电流增大比较迟缓,故灯泡 A_2 是逐渐变亮。

设某时刻通过线圈的电流为 I,根据毕奥-萨伐尔定律,该电流所激发的磁场的磁感应强度 $\boldsymbol{B}$ 的大小与 I 成正比。因此,穿过线圈的全磁通 $\varPsi_m = N\varPhi_m$ 也与 I 成正比,即

$$\varPsi_m = LI \tag{4-42}$$

式中的比例系数 L 叫作线圈的**自感系数**,简称**自感或电感**。

自感系数 L 的大小如同电阻、电容一样,自感也是一个电路参数,它是由线圈的大小、形状、匝数以及周围介质的磁导率所决定,与线圈中有无电流以及电流的大小无关。

在国际单位制中,自感系数的单位是亨利,简称亨,符号是 H。根据式(4-42),当线圈中的电流强度为 1 A,穿过线圈的全磁通为 1 Wb 时,线圈的自感系数为 1 H。由于 H 这个单位相当大,因此,实用中还常以毫亨利(mH) 作为辅助单位。

在实际使用中,各类线圈的自感系数相差很大。例如,半导体收音机中磁性天线的自感系数仅有几毫亨,日光灯镇流器的自感系数是几亨,而电磁铁线圈的自感系数可达几百亨。

一般地讲,自感系数的计算比较复杂,在实际工作中,多采

用实验方法测定，只有某些简单情形可以根据式(4-42)计算。

例4-11 一截面积为S的空心长螺线管的单位长度上的线圈匝数为n，试计算螺线管中部长度为l的一段的自感系数。

解 设某时刻通过螺线管线圈的电流强度为I，则由例4-10结果可知，螺线管内的磁感应强度的大小为

$$B = \mu_0 nI$$

又由于螺线管内部中心附近是匀强磁场，所以通过每匝线圈的磁通量为

$$\Phi_{\mathrm{m}} = BS = \mu_0 nIS$$

通过长度为l的一段螺线管的全磁通为

$$\Psi_{\mathrm{m}} = N\Phi_{\mathrm{m}} = nl\mu_0 nIS = \mu_0 n^2 IV$$

其中，$V = lS$为螺旋管的体积。

将Ψ_{m}代入式(4-42)得

$$L = \mu_0 n^2 V \qquad (4\text{-}43)$$

如果在螺线管中充满相对磁导率为μ_{r}的均匀磁介质，则螺线管的自感系数为

$$L = \mu_0 \mu_{\mathrm{r}} n^2 V = \mu n^2 V$$

可见自感系数L确实与线圈的大小、形状、匝数以及周围介质的磁导率有关。

将式(4-42)代入法拉第电磁感应定律$\mathscr{E} = -\dfrac{\mathrm{d}\Psi_{\mathrm{m}}}{\mathrm{d}t}$，便得到线圈中产生的自感电动势为

$$\mathscr{E} = -L\frac{\mathrm{d}I}{\mathrm{d}t} \qquad (4\text{-}44)$$

由式(4-44)可知，自感电动势的大小与电流随时间的变化率成正比。式中的负号表示，自感电动势的方向总是阻碍本身电流的变化，自感L越大，电流越难改变。

在工程技术和日常生活中，自感现象的应用十分广泛。例如日光灯，它的镇流器就是一个自感线圈。在刚通电时，镇流器线圈中产生的自感电动势远大于220 V，从而使灯管中的气体电离而开始工作。日光灯正常发光后，镇流器又起着限流的作用，使灯管不致电流过大而损坏。

4-10-2 互感和互感系数

通过某一回路的电流发生变化时，穿过其附近另一回路的

磁通量会随之发生变化,根据法拉第电磁感应定律,则在另一回路上会产生感应电动势。这种现象称为**互感现象**,所产生的电动势称为**互感电动势**。互感现象与自感现象一样,都是由电流变化而引起的电磁感应现象,所以可用讨论自感现象类似的方法来进行研究。

如图 4-44 所示,设线圈 1 中的电流 i_1 激发的磁场通过线圈 2 的全磁通为 Ψ_{21}。设线圈 2 中的电流 i_2 激发的磁场通过线圈 1 的全磁通为 Ψ_{12}。根据毕奥-萨伐尔定律,应有

$$\Psi_{21} = M_{21} i_1$$
$$\Psi_{12} = M_{12} i_2$$

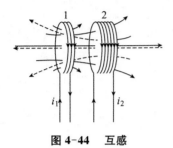

图 4-44 互感

式中的比例系数 M_{21} 和 M_{12} 叫作**互感系数**,简称**互感**。互感系数的大小与两个线圈中有无电流以及电流的大小无关,它由每一个线圈的尺寸、形状、匝数、两个线圈的相对位置以及周围介质的磁导率所决定。

实验和理论均证明,M_{21} 和 M_{12} 是相等的,因此统一用 M 表示,即

$$M_{21} = M_{12} = M \tag{4-45}$$

互感系数的单位与自感系数的单位相同,在国际单位制中也是亨利。

当线圈 1 中的电流 i_1 变化时,通过线圈 2 的全磁通 Ψ_{21} 将发生变化,根据法拉第电磁感应定律,在线圈 2 中产生的互感电动势为

$$\mathscr{E}_{21} = -\frac{\mathrm{d}\Psi_{21}}{\mathrm{d}t} = -\frac{\mathrm{d}}{\mathrm{d}t}(Mi_1) = -M\frac{\mathrm{d}i_1}{\mathrm{d}t}$$

同理,当线圈 2 中的电流 i_2 变化时,通过线圈 1 的全磁通 Ψ_{12} 将发生变化,根据法拉第电磁感应定律,在线圈 1 中产生的互感电动势为

$$\mathscr{E}_{12} = -M\frac{\mathrm{d}i_2}{\mathrm{d}t} \tag{4-46}$$

互感现象在电工技术和无线电技术中也有广泛应用。各种变压器和交流互感器都是依据互感原理生产制造的,它们被广泛用来把电能或电信号由一个电路传递到另一个电路。

4-10-3 磁场能量

电场具有能量,磁场也具有能量。现在,我们从能量的观点

对电磁感应现象作进一步的研究,以便对它的本质有较为深入的理解。

考虑如图 4-45 所示的电路,设灯泡的电阻为 R,线圈由粗导线制成,其自感系数 L 较大。由实验可观察到,当闭合开关 K 时,会看到灯泡缓慢达到正常亮度,表明电路中的电流是逐步增大到某一稳定值 I 的。这是由于当流过线圈的电流从无到有增加时,线圈中会产生一个方向与电流方向相反的自感电动势 $\mathscr{E}_L$,从而阻碍电路中电流的增长,所以电流只能逐渐地达到稳定值 I。在电流增长的过程中,电源供给的能量,一部分转换为焦耳热,另一部分将用于反抗自感电动势做功,转换为其他形式的能量储存在线圈中。按照电流激发磁场的观点,线圈中电流从零增长到稳定值 I 的过程,也就是磁场建立并逐渐增强至某一稳定值 B 的过程,所以电源反抗自感电动势做功所转换的能量,也就是线圈中电流激发的磁场的能量。

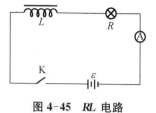

图 4-45 RL 电路

现在我们来计算储存在线圈的磁场中的这部分能量。设在某一瞬时,流过线圈的电流为 i,则在 $\mathrm{d}t$ 时间内,电源反抗自感电动势所做的元功为

$$\mathrm{d}W = -\,\mathrm{d}A = -\,i\mathscr{E}_L\mathrm{d}t$$

式中 $\mathrm{d}A$ 是自感电动势 $\mathscr{E}_L$ 所做的元功。由于线圈中的自感电动势为

$$\mathscr{E}_L = -L\,\frac{\mathrm{d}i}{\mathrm{d}t}$$

故

$$\mathrm{d}W = Li\,\mathrm{d}i$$

在电流从零增长到稳定值 I 的整个过程中,电源反抗自感电动势所做的总功为

$$W = \int\mathrm{d}W = \int_0^I Li\,\mathrm{d}i = \frac{1}{2}LI^2$$

即在电流从零增长到稳定值 I 的整个过程中,通过电源反抗自感电动势做功,储存在线圈中的磁场能量为

$$W = \frac{1}{2}LI^2 \tag{4-47}$$

上式对长螺线管内的磁场能量亦成立。设空心长直螺线管的体积为 V,由例 4-11 知该螺线管的自感系数 $L = \mu_0 n^2 V$,当螺线管的导线中通有电流 I 时,管内磁场的磁感应强度的大小为

$B = \mu_0 nI$，将其代入式（4-47），可得螺线管内的磁场能量为

$$W = \frac{1}{2}LI^2 = \frac{1}{2}\mu_0 n^2 V \left(\frac{B}{\mu_0 n}\right)^2 = \frac{B^2}{2\mu_0}V$$

由于长直螺线管内的磁场是均匀的，因而能量也是均匀分布的，所以单位体积内磁场的能量，即磁场能量密度（简称磁能密度）为

$$w = \frac{W}{V} = \frac{B^2}{2\mu_0} \tag{4-48}$$

式（4-48）中磁场能量密度虽然是通过长直螺线管内均匀磁场这个特例推导出来的，但可以证明它在非均匀磁场中也是成立的。只不过在非均匀磁场中，磁能密度 w 是随磁感应强度 B 逐点变化的。对任意磁场，总场能是磁能密度的体积分：

$$W = \iiint\limits_V w\,\mathrm{d}V = \iiint\limits_V \frac{B^2}{2\mu_0}\,\mathrm{d}V \tag{4-49}$$

4-11　位移电流　麦克斯韦方程组的积分形式

4-11-1　位移电流

前面介绍的安培环路定理适用的前提是恒定电流，麦克斯韦提出了位移电流的假设，使安培环路定理也适用于非恒定电流的情形。他通过对电容器充放电过程中的电流激发磁场的规律的分析和研究，指出在电容器充放电过程中，电容器的两极板间虽然没有传导电流（电荷定向运动所形成的电流），但是有随时间变化的电场 $E(t)$，变化的电场与传导电流一样也能在其周围空间激发磁场。这个磁场好像是由一个电流激发的，这个电流叫作位移电流 I_D。

$$I_D = \varepsilon_0 \iint\limits_S \frac{\partial \boldsymbol{E}}{\partial t} \cdot \mathrm{d}\boldsymbol{S} \tag{4-50}$$

如果传导电流和位移电流同时存在，则空间的磁场就由它们两者共同激发，这时磁场的安培环路定理应为

$$\oint_L \boldsymbol{B} \cdot \mathrm{d}\boldsymbol{l} = \mu_0 \left(\sum I + I_D\right) = \mu_0 \sum I + \mu_0 \varepsilon_0 \iint\limits_S \frac{\partial \boldsymbol{E}}{\partial t} \cdot \mathrm{d}\boldsymbol{S}$$

$$\tag{4-51}$$

麦克斯韦的位移电流假设的实质就是变化的电场要激发磁场。它与前面的感生（涡旋）电场假设一起，全面深刻地揭示了电场与磁场之间的相互联系以及相互转化的规律。如果空间存在变化的电场，则必然存在着变化的磁场；同样，如果空间存在变化的磁场，也必然存在着变化的电场。因此，变化电场与变化磁场不是彼此孤立的，它们相互联系，相互激发，互为因果，形成一个不可分离的统一体，这就是电磁场。这种电磁的相互转化在今天有着广泛的应用，比如无线充电（参考视频"从电偶极子磁偶极子到无线充电"）等等。

视频：从电偶极子磁偶
极子到无线充电

4-11-2 麦克斯韦方程组的积分形式

麦克斯韦在引入感生电场和位移电流概念后，把静电场和稳恒磁场的基本规律加以修正和推广，得到了一组适用于真空中宏观电磁场的方程组，这个方程组叫作麦克斯韦方程组。下面介绍麦克斯韦方程组的积分形式。

在前面的章节中我们知道，有关静电场和稳恒磁场的性质和规律，可用以下四个方程表示：

$$\oiint_S \boldsymbol{E} \cdot \mathrm{d}\boldsymbol{S} = \frac{1}{\varepsilon_0} \sum q_i \text{（静电场中的高斯定理）}$$

$$\oint_L \boldsymbol{E} \cdot \mathrm{d}\boldsymbol{l} = 0 \text{（静电场中的安培环路定理）}$$

$$\oiint_S \boldsymbol{B} \cdot \mathrm{d}\boldsymbol{S} = 0 \text{（稳恒磁场中的高斯定理）}$$

$$\oint_L \boldsymbol{B} \cdot \mathrm{d}\boldsymbol{l} = \mu_0 \sum I \text{（稳恒磁场中的安培环路定理）}$$

麦克斯韦在引入了涡旋电场和位移电流两个重要概念后，将电场的环路定理修改为

$$\oint_L \boldsymbol{E} \cdot \mathrm{d}\boldsymbol{l} = -\frac{\mathrm{d}\Phi_\mathrm{m}}{\mathrm{d}t} = -\iint_S \frac{\partial \boldsymbol{B}}{\partial t} \cdot \mathrm{d}\boldsymbol{S}$$

将磁场的安培环路定理推广为

$$\oint_L \boldsymbol{B} \cdot \mathrm{d}\boldsymbol{l} = \mu_0 \sum I + \mu_0 \varepsilon_0 \iint_S \frac{\partial \boldsymbol{E}}{\partial t} \cdot \mathrm{d}\boldsymbol{S}$$

麦克斯韦还认为，由于变化磁场激发的电场和变化电场激发的磁场都是涡旋场，因此将静电场的高斯定理和稳恒磁场的高斯定理推广到一般电磁场时，仍然具有原来的形式。于是，得到了反映真空中一般电磁场性质和规律的四个方程，即

$$\begin{cases} \oiint_S \boldsymbol{E} \cdot \mathrm{d}\boldsymbol{S} = \frac{1}{\varepsilon_0} \sum q_i \\[2mm] \oint_L \boldsymbol{E} \cdot \mathrm{d}\boldsymbol{l} = -\frac{\mathrm{d}\Phi_\mathrm{m}}{\mathrm{d}t} = -\iint_S \frac{\partial \boldsymbol{B}}{\partial t} \cdot \mathrm{d}\boldsymbol{S} \\[2mm] \oiint_S \boldsymbol{B} \cdot \mathrm{d}\boldsymbol{S} = 0 \\[2mm] \oint_L \boldsymbol{B} \cdot \mathrm{d}\boldsymbol{l} = \mu_0 \sum I + \mu_0 \varepsilon_0 \iint_S \frac{\partial \boldsymbol{E}}{\partial t} \cdot \mathrm{d}\boldsymbol{S} \end{cases} \tag{4-52}$$

从这一组方程式出发,通过数学推导,可以得出电磁场的各种性质,在已知电荷和电流分布的情况下,这组方程组可以给出电场和磁场的唯一分布,特别是当初始条件给定后,这组方程组还能唯一地预言电磁场此后变化的情况。正像牛顿运动方程能完全描述质点的动力学过程一样,麦克斯韦方程组能完全描述电磁场的动力学过程。麦克斯韦方程组不仅能够说明当时已知的所有电磁现象,而且还成功地预言了电磁波的存在,并且推测出光辐射就是一定频率范围内的电磁辐射。麦克斯韦的这一成就是物理学发展的一次飞跃,是物理学史上最重要的理论成果之一。

习　题

4-1　为了得到 1 C 电量大小的概念,试分别计算两个 1 C 电量的点电荷在空间相距 1 m 和 1 km 时的相互作用力大小,并做比较。($\varepsilon_0 = 8.85 \times 10^{-12} \ \mathrm{C^2 \cdot N^{-1} \cdot m^{-2}}$)

4-2　无限长均匀带电直线(设线电荷密度为λ)被弯成如图所示形状,中间四分之一圆弧段以 O 为圆心、半径为 R。试求圆心处的检验电荷 +q 受到的电场力。

4-3　有一半径为 R 的带电球体,其电荷体密度为 $\rho = 4kr$,k 为一正的常量,r 为球内任一点到球心的距离,求球体内外任一点处的电场强度。

习题 4-2 图

4-4　半径为 R 的圆环上均匀分布着电量为 Q 的电荷,在环的轴线上离环心 O 点距离为 x_A 的 A 点处放置一个质量为 m、电量为 q 的带电粒子。此带电粒子在圆环所带电荷的静电力驱动下,以初速为零的状态运动到距环心 O 距离为 x_B 的 B 点时,其运动速度大小为多少?

4-5　两块平行放置的无限大带电平面,相距 1 cm,电荷面密度分别为 $\sigma_1 = 3 \times 10^{-8} \ \mathrm{C \cdot m^{-2}}$ 和 $\sigma_2 = 1 \times 10^{-8} \ \mathrm{C \cdot m^{-2}}$。今

将一块不带电的厚度为 2 mm 的金属大平板平行插入两平面之间。求：(1)金属平板两表面上的感应电荷面密度；(2)放入金属平板后，两块带电平板之间的电势差改变了多少？

4-6 一空气平板电容器，空气层厚度 $d = 1.5$ cm，两极板间电压为 40 kV，已知空气的击穿场强为 3.0×10^6 V·m^{-1}，则该电容器会被击穿吗？现将一厚度为 $\delta = 0.3$ cm 的玻璃板插入此电容器，并与两级板平行，若该玻璃的相对电容率为 $\varepsilon_r = 7.0$，击穿电场强度为 10 MV·m^{-1}，则此时电容器会被击穿吗？

4-7 如图所示，长为 a，其带电量为 $+Q$ 的均匀带电刚性细杆 AB，绕过 O 点且与纸面垂直的轴以角速度 ω 匀速顺时针转动（O 点在细杆 AB 延长线上），求 O 点处磁感强度。

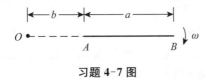

习题 4-7 图

4-8 半径为 R 的无限长载流圆柱导体，沿轴向方向通有电流 I 且电流均匀分布在横截面上，求圆柱体内、外的磁场分布。

4-9 AA' 和 CC' 为两个正交放置的圆形线圈，两者圆心相重合。AA' 线圈半径为 20.0 cm，共 10 匝，通有电流 10.0 A；CC' 线圈半径为 10.0 cm，共 20 匝，通有电流 5.0 A，求两线圈圆心 O 点的磁感强度的大小和方向（$\mu_0 = 4\pi \times 10^{-7}$ T·m·A^{-1}）。

4-10 如图所示，有三条无限长的直导线 a，b，c 等距离在同一平面并排摆放，导线 a，b，c 中载有同方向的电流，电流值如图所示。由于磁相互作用结果，导线 a，b，c 单位长度上受力大小分别为 F_a，F_b，F_c，求 F_a 与 F_c 的比值。

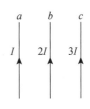

习题 4-10 图

4-11 一个正电子以 80.0 eV 的初动能射入磁感强度 $\boldsymbol{B}$ 为 0.2 Wb/m^2 的均匀磁场内，其速度方向与 $\boldsymbol{B}$ 成 80°，路径为其轴沿 $\boldsymbol{B}$ 方向的螺旋线。求该正电子做螺旋线运动的周期和螺距。

4-12 如图所示，有一弯成 θ 角的金属架 COD 放在垂直于磁场的平面内，导体杆 MN 垂直于 OD 边并在金属架上以恒定速度 v 向右滑动，$v \perp MN$。设 $t = 0$ 时，$x = 0$，求磁场均匀分布，且 B 不随时间改变时框架内的感应电动势 $\mathscr{E}$ 的大小和方向。

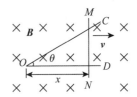

习题 4-12 图

4-13 在圆柱形空间里有磁感强度为 $\boldsymbol{B}$ 的均匀磁场，$\boldsymbol{B}$ 平行于圆柱轴线，其大小随时间变化关系为 $B = B_0 - kt$（B_0 和 k 是常量）。在磁场中有一根长为 l 的直导线 ab，导线位于圆柱横截面内，位置如图所示，求导线 ab 间的感生电动势大小。

4-14 一长直导线载有 5.0 A 的直流电流，旁边有一个与

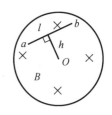

习题 4-13 图

它共面的矩形线圈,长为 $l = 20$ cm,长边与导线平行,如图所示。已知 $a = 10$ cm, $b = 20$ cm,线圈共有 $N = 1\,000$ 匝,线圈以 $v = 3$ m/s 的速度离开导线,求线圈在如图所示位置时的感应电动势大小和方向。

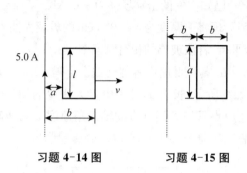

习题 4-14 图　　　习题 4-15 图

4-15 几何尺寸为 $a \times b$ 的矩形线圈由 N 匝绝缘导线密绕而成,线圈共面放置在一根绝缘长直导线旁。求如图线圈与长直导线间的互感系数。

第五章　波 动 光 学

光的本性是什么?以牛顿为代表的"微粒说"认为光是光源发出的高速粒子流,这种假说很容易解释光的直线传播和反射现象。以惠更斯为代表的"波动说"认为光是某种振动形式向周围传播的波,这一假说能够成功地解释光的反射和折射,但由于波能够绕过障碍物继续传播,所以在解释光的直线传播时遇到了困难。由于牛顿对科学界的贡献巨大,整个 18 世纪几乎无人向"微粒说"挑战,"波动说"处于劣势。1801 年,托马斯·杨进行了著名的杨氏双缝干涉实验,证明了光具有波动性。1864 年,麦克斯韦对众多的电磁学定律进行了归纳总结,预言了电磁波的存在,并指出电磁波在真空中的传播速度就等于真空中光速,说明我们日常生活中非常熟悉的可见光实际上是特定波段的电磁波。自此,"波动说"似乎完全胜出,但争论远未就此结束。在 19 世纪末和 20 世纪初,人们发现,光在光电效应和康普顿散射等实验中体现了粒子性,当然这种粒子是完全不同于牛顿"微粒说"中的粒子。可见,光具有波粒二象性。

本章以光的电磁理论为基础,主要研究光的传播及与物质的相互作用过程中表现出的各种波动特性,包括光的干涉、衍射和偏振现象。

5-1　相 干 光

光波是电场强度 E 和磁场强度 H 振荡的传播,通常把 E 矢量叫作**光矢量**。若两束光的光矢量满足(诸如机械波一样的)相干条件,则它们是**相干光**,相应的光源叫**相干光源**。但是,普通光源所发出的光是由光源中大量的原子(或分子)所发出的波列组成的,原子(或分子)的发光时间非常短,每次发出的是一个长度有限的波列。各原子(或分子)的发光是完全相互独立的、互不相关的,因此,两个相同的光源不构成相干光源,同一普通光源上不同部分发出的光,也不能产生干涉现象。

如何才能使普通光源发出的光成为相干光呢?基本的原理

是,将光源上同一点发出的光设法分成两部分,然后让它们沿着两条不同的路径传播,最后相遇。由于这两部分光的相应部分实际上都来源于同一个原子所发出的同一个波列,因此它们满足相干条件,构成相干光。两种方法可以实现上述原理,一种是**分波阵面法**,另一种是**分振幅法**。

所谓分波阵面法,就是在光源发出的同一波阵面上,取出两部分面元作为相干光源,如图 5-1 所示。杨氏双缝干涉实验就是采用这种方法来获取相干光的。

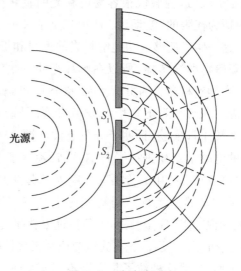

图 5-1　分波阵面法

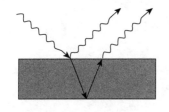

图 5-2　分振幅法

如图 5-2 所示,当一束光线入射到两种介质的分界面上时发生反射和折射,由于反射光线和折射光线是由同一条光线分出来的,它们一般构成相干光。反射光线和折射光线的能量也是来源于入射光线,由于波的能量与振幅有关,因此,这种获取相干光的方法叫作分振幅法,薄膜干涉实验采用的就是这种方法。

5-2　光 的 干 涉

两束(或多束)相干光叠加时,叠加区域的光强有一稳定的分布,这种现象叫作光的干涉,干涉现象是光的波动性的一个具体体现。

如图 5-3 所示,两束相干光 1 和 2 在 P 点相遇,两者在 P 点引起的光振动的振幅分别为 A_1 和 A_2,相位差为 $\Delta\varphi$。当

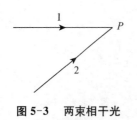

图 5-3　两束相干光的叠加

$$\Delta\varphi = \pm 2k\pi, \ k = 0, 1, 2, \cdots \tag{5-1}$$

时,两束光在 P 点叠加的合振幅最大,为

$$A_{\max} = A_1 + A_2$$

对应的光强也最大,这种叠加称为**相长干涉**。当

$$\Delta\varphi = \pm(2k+1)\pi, \; k = 0, 1, 2, \cdots \qquad (5-2)$$

时,两束光叠加后的合振幅最小,为

$$A_{\min} = |A_1 - A_2|$$

对应的光强也最小,这种叠加称为**相消干涉**。对于相干光来说,在叠加区域相位差 $\Delta\varphi$ 不随时间改变,因此光强的分布也不随时间变化。

5-2-1 相位差的计算

在折射率为 n 的介质中,频率为 ν 的单色光传播的速度为 $v = c/n$,因此它在该介质中的波长 λ 是真空中波长 λ_0 的 $1/n$,即

$$\lambda = \frac{\lambda_0}{n}$$

若某光线由 A 点传到 B 点,假设两点的间距为 d,则它们之间的相位关系为

$$\varphi_B = \varphi_A - \frac{2\pi}{\lambda}d = \varphi_A - \frac{2\pi}{\lambda_0}nd \qquad (5-3)$$

若光线从 A 传到 B 的过程中发生不同界面处的反射,那么就可能出现半波损,每发生一次半波损相位会跃变 π,若发生了 N_π 次半波损失,这样,B 点的光振动相位由式(5-3)变成

$$\varphi_B = \varphi_A - \frac{2\pi}{\lambda_0}\sum_i n_i d_i - \pi N_\pi = \varphi_A - \frac{2\pi}{\lambda_0}\Delta \qquad (5-4)$$

这里,Δ 代表光由 A 行进到 B 所经历的**光程**,它等于

$$\Delta = \sum_i n_i d_i + \frac{\lambda_0}{2}N_\pi \qquad (5-5)$$

显然,光程 Δ 与光所走的空间距离 d 不是一个概念,Δ 除了与 d 有关外,还依赖于光线所经过各段的介质以及发生半波损失的情况。

这样,图 5-3 中的两束相干光在 P 点的相位差就等于

视频:激光陀螺仪的工作原理

$$\Delta \varphi = \varphi_2 - \varphi_1 = \Delta \varphi_0 - \frac{2\pi}{\lambda_0} \delta \qquad (5\text{-}6)$$

这里，$\Delta\varphi_0 = \varphi_{20} - \varphi_{10}$ 代表 1、2 两束光在各自起始点的相位差，而 $\delta = \Delta_2 - \Delta_1$ 为两束光的光程差。

在光的干涉和衍射实验中，常常要用到透镜，平行光束通过透镜后，将会聚于焦平面上，形成一个亮点(如图 5-4 所示)。这说明，在焦点处各光线是同相的。由于平行光束的波阵面与光线垂直，图 5-4 中 A、B、C 各点的相位相同，由式(5-6)可知，从入射平行光任意一个与光线垂直的平面算起，直到会聚焦点，各光线的光程都相等。因此，使用透镜并不产生额外的光程，只是改变了光波的传播方向。

图 5-4 透镜的等光程性

5-2-2 杨氏双缝干涉

图 5-5 为杨氏双缝干涉实验的装置图。遮光板与观察屏平行放置，其上开有两个平行狭缝 S_1 和 S_2，波长为 λ 的平行单色光垂直照射在双缝上，由 S_1 和 S_2 透射出的光在观察屏上相干叠加，形成明暗交替的干涉条纹，这些条纹都与狭缝平行，条纹间的距离彼此近似相等。

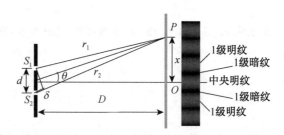

图 5-5 杨氏双缝干涉实验

假设 S_1 和 S_2 之间的距离 d 远远小于遮光板与屏之间的距离 D，即 $d \ll D$。双缝的中垂线与屏交于 O 点，以该点为坐标原点建立 x 轴，屏上 P 点的坐标为 x。P 点和双缝中点的连线与这一中垂线的夹角为 θ，P 点到 S_1 和 S_2 的距离分别为 r_1 和 r_2。由图 5-5 可知，从双缝发出的、会聚于 P 点的两光线的光程差为

$$\delta = r_2 - r_1 \approx d \sin \theta \qquad (5\text{-}7)$$

两光线在 P 点的相位差为

$$\Delta \varphi = -\frac{2\pi}{\lambda_0} \delta \approx -\frac{2\pi}{\lambda_0} d \sin \theta \qquad (5\text{-}8)$$

若两光线在 P 点的相位差为 $\Delta \varphi = \pm 2\pi k (k$ 为非负整数)，则

两者发生相长干涉而形成明纹,对应的光程差满足

$$\delta = d \sin \theta = \pm k\lambda \qquad (5-9)$$

其中,$k = 0, 1, 2, \cdots$。光程差 $\delta = 0$ 的明条纹叫作中央明纹,光程差 $\delta = \pm \lambda$ 的明条纹叫作第一级明纹,以此类推。除了中央明纹以外,其他每级明纹都各有两条,在中央明纹两侧对称分布。

若两光线在 P 点的相位差为 $\Delta \varphi = \pm (2k+1)\pi$($k$ 为非负整数),则两者发生相消干涉而形成暗纹,对应的光程差满足

$$\delta = d \sin \theta = \pm (2k+1) \frac{\lambda}{2} \qquad (5-10)$$

其中,$k = 0, 1, 2, \cdots$。光程差 $\delta = \pm \lambda/2$ 的暗条纹叫作第一级暗纹,光程差 $\delta = \pm 3\lambda/2$ 的暗条纹叫作第二级暗纹,以此类推。

由图 5-5 可知,P 点在屏上的坐标 x 满足

$$x = D \tan \theta$$

当 θ 很小时,$\tan \theta \approx \sin \theta$,此时有

$$x \approx \frac{D}{d} d \sin \theta$$

因此,由式(5-9)屏上明纹位置为

$$x = \pm k \frac{D}{d} \lambda, \ k = 0, 1, 2, \cdots \qquad (5-11)$$

同样,由式(5-10),屏上暗纹位置为

$$x = \pm (2k+1) \frac{D}{2d} \lambda, \ k = 0, 1, 2, \cdots \qquad (5-12)$$

由此可知,相邻两明纹或相邻两暗纹之间的距离都等于

$$\Delta x = \frac{D}{d} \lambda \qquad (5-13)$$

这说明,各级条纹是等间距排列的。

例 5-1 在杨氏双缝实验中,两缝之间的距离为 $d = 0.36 \text{ mm}$,屏幕与缝之间的距离为 $D = 1 \text{ m}$。若以白光(波长范围 $400 \sim 760 \text{ nm}$)垂直于双缝入射,屏上将出现彩色条纹,求第二级光谱的宽度。

解 第二级光谱的级数为 $k = 2$,代入到式(5-11)中得到

$$x = 2 \frac{D}{d} \lambda$$

由此可得,第二级光谱的宽度为

$$\Delta x = 2\frac{D}{d}(\lambda_{\max} - \lambda_{\min}) = 2 \times \frac{1}{0.36 \times 10^{-3}} \times (760 - 400) \times 10^{-9}\,\mathrm{m}$$

$$= 2.0\,\mathrm{mm}$$

5-2-3　时间相干性

在干涉实验中,通常使用的光源所发出的光的波列长度 L 是有限的,因而光波中所包含的波长成分不是单一的。假设光源发出的光的波长在 $\lambda - \Delta\lambda/2$ 到 $\lambda + \Delta\lambda/2$ 的范围内,每一波长的光各自产生一套干涉条纹,屏上的图样是各个波长的干涉条纹的非相干叠加的结果。由于波长不同,除了中央明纹以外,其他同级明纹都彼此错开形成彩色条纹。由式(5-11)可知,随着级次的增加,彩色条纹的宽度越来越宽,这导致相邻两个彩色明纹之间的间距越来越小。当波长为 $\lambda + \Delta\lambda/2$ 的成分的第 k 级明纹与波长为 $\lambda - \Delta\lambda/2$ 的成分的第 $(k+1)$ 级明纹重合时,干涉条纹就消失了。此时的光程差 $\delta_{\max}$ 满足

$$\delta_{\max} = k\left(\lambda + \frac{1}{2}\Delta\lambda\right) = (k+1)\left(\lambda - \frac{1}{2}\Delta\lambda\right)$$

因为 $\Delta\lambda \ll \lambda$,由上式化简整理可得

$$k = \frac{\lambda}{\Delta\lambda} \tag{5-14}$$

而最大允许的光程差 $\delta_{\max}$ 为

$$\delta_{\max} = k\lambda = \frac{\lambda^2}{\Delta\lambda} \tag{5-15}$$

上面两式表明,光源的单色性的好坏决定了干涉实验中能观察到干涉条纹的级次 k,$\Delta\lambda$ 越大,观测到的级次 k 和最大允许的光程差 $\delta_{\max}$ 越小。

光的单色性和光波波列的长度有一定的关联。如图 5-6 所示,双缝将入射光的各波列分成两部分,只要两光路的光程差不太大,由同一波列分解出来的两波列就可能相遇叠加,自然就可以观察到干涉条纹,如图 5-6(a) 所示。但是,如果两光路的光程差太大,超过了波列长度 L 时,就不再发生干涉,如图 5-6(b) 所示。在临界情况下,两光路的光程差等于波列长度 L,如图 5-6(c) 所示。可见,最大允许的光程差 $\delta_{\max}$ 满足

$$\delta_{\max} = L = \frac{\lambda^2}{\Delta\lambda} \tag{5-16}$$

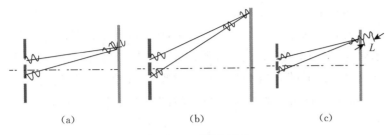

(a)　　　　　　　(b)　　　　　　　(c)

图 5-6　时间相干性

由波列的长度 L 可确定它通过叠加区域任意一点的时间 $\tau = L/c$，τ 称为相干时间。对于确定点，若由同一波列分解出来的两波列前后到达该点的时间差 $\Delta t < \tau$，则两者能够发生相干叠加，产生干涉，这种光的相干性受相干时间 τ（或波列长度 L）制约的性质称为**时间相干性**。显然，光的单色性愈好，相干长度和相干时间愈长，其时间相干性愈好。

视频：光的时间相干性与光拍现象

5-2-4　薄膜干涉

薄膜干涉是最典型的分振幅干涉，我们常见到的肥皂膜在阳光的照射下呈现彩色的条纹，就是薄膜干涉的结果。薄膜干涉的一般情况比较复杂，这里仅讨论比较简单又具有实用价值的等厚薄膜干涉的三种情况。

1. 等厚薄膜干涉

如图 5-7 所示，有一厚度为 e、折射率为 n_2 的均匀薄膜，其上、下方介质的折射率分别为 n_1、n_3。波长为 λ 的平行单色光由折射率为 n_1 的介质向薄膜垂直入射，其中一部分光在薄膜上表面被反射，透射光的一部分又在薄膜的下表面被反射，再经薄膜的上表面透射。射向折射率为 n_1 的介质的这两束光都源于入射光，因此构成相干光。

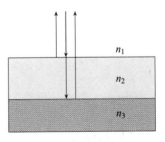

图 5-7　等厚薄膜干涉

若 $n_1 < n_2 < n_3$ 或 $n_1 > n_2 > n_3$，则光在薄膜的上、下表面反射时，要么都是从光疏介质向光密介质入射，要么都是从光密介质向光疏介质入射，因此，薄膜上、下表面两反射光没有因为半波损失而带来额外的光程差。两束光的光程差为

$$\delta = 2n_2 e$$

要使两反射光发生相长干涉，应有

$$\delta = 2n_2 e = k\lambda$$

要使两反射光发生相消干涉，应有

$$\delta = 2n_2 e = \left(k - \frac{1}{2}\right)\lambda$$

上面两式中 k 都取正整数。

若 $n_1 < n_2 > n_3$ 或 $n_1 > n_2 < n_3$，则光在薄膜的上、下表面反射时，其中一束光是从光疏介质向光密介质入射，而另一束是从光密介质向光疏介质入射，因此，薄膜上、下表面两反射光会由于半波损失而带来额外的 $\lambda/2$ 的光程差。两束光的光程差为

$$\delta = 2n_2 e + \frac{1}{2}\lambda$$

要使两反射光发生相长干涉，应有

$$\delta = 2n_2 e + \frac{1}{2}\lambda = k\lambda$$

要使两反射光发生相消干涉，应有

$$\delta = 2n_2 e + \frac{1}{2}\lambda = \left(k + \frac{1}{2}\right)\lambda$$

上面两式中 k 都取正整数。

上面我们讨论的平行光垂直入射到厚度均匀的薄膜上时所产生的干涉现象，不会形成条纹，它的干涉效果是或一偏明(反射加强，可作增反膜)，或一偏暗(反射减弱，可作增透膜)。若平行光入射到厚度不均匀的薄膜表面上，则发生的干涉效果就是明、暗条纹了。这是因为凡厚度相同的位置，经膜的上、下表面反射(或透射)后产生的相干光线具有相同的光程差，满足加强条件的光程差的相干结果就是一明条纹，相反就是一暗条纹，这种条纹称为**等厚条纹**。为此，介绍两个重要的例子：劈尖和牛顿环。

2. 劈尖

如图 5-8 所示，将两块平板玻璃(折射率都为 n')一端接触，另一端用一细丝相隔，使两玻璃片之间形成一个很小的夹角 θ，这两块玻璃片之间的空气膜称为空气劈尖。当一束平行单色光(真空中波长为 λ)垂直入射到玻璃片时，光在空气劈尖的上、下表面反射形成两束相干光，透过玻璃片可观察到一系列平行于劈尖棱边的、明暗相间的直条纹。

因为 θ 角很小，空气膜上、下面处的反射光都可看作是垂直于劈面、相互平行的。由于空气的折射率 n 比玻璃的折射率 n' 小，光在劈尖下表面反射时，会发生半波损失而产生附加光程差 $\lambda/2$，因此，在空气膜厚度为 d 处，上、下表面反射的两相干光线的光程差为

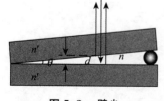

图 5-8 劈尖

$$\delta = 2nd + \frac{\lambda}{2}$$

在反射光发生相消干涉时，暗纹处空气膜的厚度 d 满足

$$\delta = 2nd + \frac{\lambda}{2} = \left(k - \frac{1}{2}\right)\lambda \qquad (5\text{-}17)$$

在空气膜棱边处,$d = 0$,$\delta = \lambda/2$,故在该处应看到暗纹。在反射光发生相长干涉时,明纹中心处空气膜的厚度 d 满足

$$\delta = 2nd + \frac{\lambda}{2} = k\lambda \qquad (5\text{-}18)$$

上面两式中,k 都取正整数。这两个公式说明,同一级次的干涉条纹上各点所对应的空气膜厚度相等。另外,相邻两条明纹或暗纹所对应的空气膜的厚度差 Δd 为

$$\Delta d = \frac{\lambda}{2n} \qquad (5\text{-}19)$$

由于 θ 角很小,在空气膜上表面到棱边距离为 x 处,空气膜的厚度 d 满足

$$d = x\theta$$

由此可知,两相邻明纹或暗纹在玻璃表面上的间距为

$$\Delta x = \frac{\Delta d}{\theta} = \frac{\lambda}{2n\theta} \qquad (5\text{-}20)$$

这说明,劈尖干涉所形成的条纹是等间距的,且条纹间距与波长 λ 和 θ 角有关:λ 越大或 θ 越小,条纹间距越大。

3. 牛顿环

如图 5-9 所示,在一块平板玻璃上放一曲率半径 R 很大的平凸透镜,在两者之间形成薄薄的空气层。当平行单色光(真空中波长为 λ)垂直照射到平凸透镜时,人眼可以观测到由空气膜上、下表面反射的光发生干涉所形成的明暗交替的条纹,这些条纹是以凸透镜与平板玻璃的接触点 O 为圆心的同心圆环,这种等厚条纹称为牛顿环。

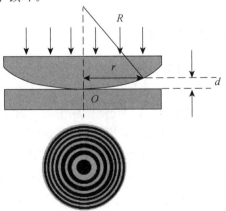

图 5-9　牛顿环

动画:牛顿环 1

由于透镜的曲率半径 R 很大,在垂直入射光照射下,空气膜上、下表面处的反射光线都可看作是与平板玻璃垂直、彼此平行的。考虑到半波损失的存在,在空气膜厚度为 d 处,两反射光的光程差为

$$\delta = 2nd + \frac{\lambda}{2}$$

设该处所对应的牛顿环的半径为 r,则由图 5-9 可知

$$r^2 = R^2 - (R-d)^2 = 2Rd - d^2$$

由于 $d \ll R$,上式可进一步写成

$$r^2 = 2Rd \tag{5-21}$$

明纹圆环所满足的条件为

$$\delta = 2nd + \frac{\lambda}{2} = k\lambda$$

其中,k 为正整数。该式与式(5-21)联立,求解可得第 k 级明纹圆环的半径为

$$r_k = \sqrt{\frac{\lambda R}{n}\left(k - \frac{1}{2}\right)} \tag{5-22}$$

同理可得,第 k 级暗纹圆环的半径为

$$r_k = \sqrt{\frac{\lambda R}{n}k} \tag{5-23}$$

动画:牛顿环 2

其中,$k = 0,1,2,\cdots$。当 $k = 0$ 时,$r_k = 0$,这说明,O 点处为一暗斑,称为中央暗斑。从上面两式我们还可以看出,牛顿环是不等间距的,级数 k 越大,相邻明(暗)纹之间的距离越小,即内疏外密。

5-2-5　迈克耳孙干涉仪

迈克耳孙干涉仪是一种用分振幅法获得两束相干光并发生干涉的精密光学仪器,它是由迈克耳孙于 1881 年发明的。干涉仪的结构如图 5-10 所示,M_1 和 M_2 是两块平面反射镜,分别安装在相互垂直的两臂上,其中 M_2 是固定的,M_1 可沿着臂轴方向前后移动。平板玻璃 G_1 放在两臂相交处且与两臂成 45° 角,它背离光源 S 的一面镀有一层薄薄的半透明银膜,该膜的作用是将入射光束分成振幅近似相等的两束光。平板玻璃 G_2 与 G_1 相比,除了没有镀银膜外,完全相同,且两者平行放置。

由光源 S 发出的光平行射向 G_1，经分光后形成两部分，反射光束经 M_1 反射后再次穿过 G_1 并射向观察屏，而透射光束通过 G_2 射向 M_2，经 M_2 反射后再次穿过 G_2，经 G_1 反射后也射向观察屏。由图 5-10 可知，射向屏的两束光在半透膜处分开后，都是两次通过玻璃板，两者在玻璃板中光程相等，这样，两束光的光程差只由两臂扣除玻璃板后的长度之差所决定。另外，来自 M_2 的反射光束可看成是从 M_2 在 G_1 中形成的虚像 M'_2 发出来的。因此，迈克耳孙干涉仪所产生的干涉图样等效于是由 M_1 和 M'_2 之间的空气薄膜所产生的。

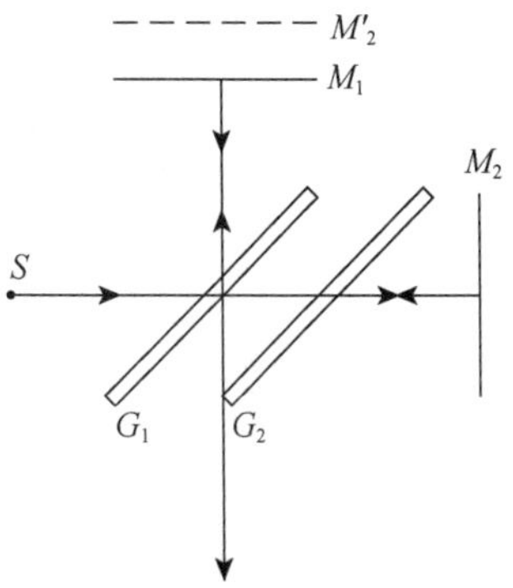

图 5-10　迈克耳孙干涉仪

5-3　光 的 衍 射

波在传播的过程中遇到障碍物后，能够绕过障碍物继续传播的现象叫作波的衍射。衍射现象是波的特性，作为电磁波，光也能发生衍射。根据光源、障碍物、观察屏的相对空间关系，我们可将衍射分为两类。一类是光源或观察屏离障碍物的距离有限，叫作菲涅耳衍射，也叫近场衍射；另一类是光源和观察屏离障碍物的距离都是无限远的，称为夫琅禾费衍射，也称为远场衍射。衍射波在空间各点的强度分布可由**惠更斯-菲涅耳原理**来确定。这一理论是菲涅耳在惠更斯原理的基础上加以补充而完成的，它指出：**波场中各点的振动等于各子波在该点引起的振动的相干叠加。**

与菲涅耳衍射相比，夫琅禾费衍射要简单得多，我们在本节只讨论夫琅禾费衍射。

5-3-1　单缝夫琅禾费衍射

如图 5-11 所示，波长为 λ 的平面单色光垂直照射在宽度为 b 的单缝上，衍射光经过焦距为 f 的透镜后，在置于透镜焦平面上的观察屏（透镜、单缝所在的平面、屏平行放置）上会聚，形成一组明暗相间的平行直条纹，这种条纹叫单缝衍射条纹。

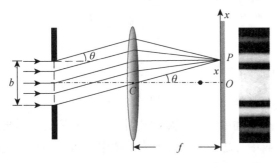

图 5-11　单缝衍射

观察屏上一点 P 和透镜光心 C 的连线与透镜的主光轴的夹角 θ 叫作该点的衍射角。以透镜的主光轴与屏的交点为 x 轴的坐标原点,则 P 点的 x 坐标为

$$x = f \tan \theta$$

根据几何光学,以衍射角 θ(平行于 CP 连线)入射到透镜上的光线都会聚于 P 点。根据惠更斯-菲涅耳原理,P 点的振动等于所有这些光线在该点引起的振动的相干叠加。以衍射角 $\theta=0$ 入射到透镜的各光线会聚于透镜的主焦点(屏上 O 点),它们的光程相等,因此在 O 点同相位叠加,该处光矢量振动的合振幅极大,对应的光强也具有极大值,其中心亮纹强度逐渐向两侧递减至零,形成具有一定宽度,且平行于单缝的一条明条纹,称为**中央明纹**。

中央明纹两侧对称地分布着一系列强度(近似)为零的暗条纹,暗条纹的位置可以由**半波带法**来确定。把单缝处宽度为 b 的波阵面分成整数个等宽度的纵长条带,如果相邻两条带上的对应点发出的光在屏上观察点的光程差等于半个波长,相位差为 π,则由于两条带在观察点引起的光振动的振幅近似相等,两光振动几乎完全相互抵消,这样的条带称为半波带。在图 5-12 中,单缝处宽度为 b 的波阵面被分成两个半波带,每个的宽度为 $b/2$。将每个半波带当作一个光源,它们发出的光束以衍射角 θ 入射到透镜后,在屏上 P 点会聚,两条带上的对应点发出的光在 P 点的光程差都相等,为

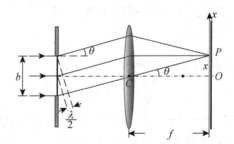

图 5-12　一级暗纹的半波带法解释

$$\delta = \frac{b}{2} \sin \theta = \pm \frac{\lambda}{2}$$

由此得到

$$b \sin \theta = \pm \lambda$$

这一公式确定的是一级暗纹(中心)所对应的衍射角。两个第一级暗条纹中心之间的距离即为上述中央明纹的线宽度,考虑到一级暗条纹对应的衍射角 θ 一般较小,因此这一线宽度可以写成

$$\Delta x = 2f \tan \theta \approx 2f \sin \theta = \frac{2f\lambda}{b} \qquad (5-24)$$

这一公式表明,中央明纹的宽度正比于波长 λ 和透镜焦距 f,反比于缝宽 b。

同理,单缝处的波阵面可被分成 $2k$(k 为正整数) 个半波带,则各半波带发出的光线在屏上观察点引起的振动两两抵消,因此观察点合振幅为零,是暗条纹的中心。根据半波带的定义,有

$$\delta = \frac{b}{2k} \sin \theta = \pm \frac{\lambda}{2}$$

由此可得

$$b \sin \theta = \pm k\lambda \qquad (5-25)$$

这里,k 为正整数。式(5-25)确定的是第 k 级暗条纹的中心所对应的衍射角。值得注意的是,在观察屏上出现的暗纹条数是有限的,级数 k 的取值范围为

$$k = \frac{b}{\lambda} \mid \sin \theta \mid \leqslant \frac{b}{\lambda}$$

单缝处的波阵面还可以被分成 $2k+1$(k 为正整数) 个半波带,相邻的半波带发出的光束在屏上观察点引起的振动两两相互抵消,剩下的一个半波带发出的光束就决定了屏上观察点的光振动的振幅,此时,观察点处近似为明条纹的中心。相邻两条带上的对应点发出的光在 P 点的光程差都相等,为

$$\delta = \frac{b}{2k+1} \sin \theta = \pm \frac{\lambda}{2}$$

由此可得

$$b \sin \theta = \pm (2k+1) \frac{\lambda}{2} \qquad (5-26)$$

这里 k 取除 0 之外的正整数。式(5-26)确定的是第 k 级明条纹的中心所对应的衍射角。

5-3-2　圆孔衍射

大多数光学仪器(如显微镜、望远镜、照相机等) 的物镜和眼睛的瞳孔都相当于一个透光的小圆孔,按照几何光学的理论,一个点光源发出的光经透镜后会聚在一点。但是,由于光具有波动性,实际上在屏上呈现的是如图 5-13 所示的衍射图样,其中央为一亮圆斑,叫作**艾里斑**。设透镜的直径为 D、焦距为 f,入射光的波长为 λ,艾里斑的直径为 d,则根据理论计算可得艾里斑对透镜

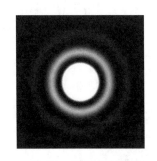

图 5-13　圆孔衍射图样

光心的张角为

$$2\theta = \frac{d}{f} = 2.44\frac{\lambda}{D} \qquad (5-27)$$

可见,在 λ 和 f 一定的情况下,圆孔的直径越小,艾里斑越大。

两个点光源发出的光分别通过透镜后,会在观察屏上形成两个圆孔衍射图样,它们共同在屏上形成的衍射图样是这两个圆孔衍射图样的非相干叠加。当两个点光源对透镜光心的张角很小时,两个艾里斑将发生重叠甚至无法分辨出两个物点的像,这说明,光的衍射限制了光学仪器的分辨能力。假设两个点光源在屏上生成的艾里斑中心处的光强相同,如果一个点光源衍射图样的中心与另一个点光源衍射图样的第一级暗环中心重合,此时,两衍射图样重叠部分的中心处的光强,约为单个艾里斑中心强度的80%,如图5-14(b)所示,在这种条件下,两个点光源刚好能被光学仪器或人眼所分辨,这一判断标准称为**瑞利判据**。在瑞利判据所描述的临界条件下,两个点光源 S_1 和 S_2 对透镜光心的张角 θ_0 就等于它们中任意一个所形成的艾里斑对透镜光心所张角度 2θ 的一半,即

$$\theta_0 = \theta = 1.22\frac{\lambda}{D} \qquad (5-28)$$

θ_0 是光学仪器的最小分辨角。当两个点光源对透镜光心的张角小于 θ_0 时,两个艾里斑中心距离小于艾里斑半径,不能区分,如图5-14(c)所示;当两个点光源对透镜光心的张角大于 θ_0 时,两个艾里斑中心距离较远,极易区分,如图5-14(a)所示。由此可见,光学仪器的分辨本领与仪器的孔径成正比,与所用光波的波长成反比。为提高望远镜的分辨率,在天文观察中必须采用大口径的物镜。

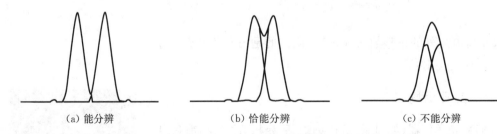

(a) 能分辨　　　　　　　(b) 恰能分辨　　　　　　　(c) 不能分辨

图 5-14　瑞利判据

例 5-2　已知地球到月球的距离为 $L = 3.84 \times 10^8$ m,若在地球上用直径为 $D = 1$ m 的天文望远镜观察时,刚好能把月球正面一环形山上的两点分辨开,则该两点的距离为多少?假设来自月球的光的波长为 $\lambda = 600$ nm。

解 根据题意,该望远镜的最小分辨角为

$$\theta = 1.22\frac{\lambda}{D} = 1.22 \times \frac{600 \times 10^{-9}}{1} = 7.32 \times 10^{-7}\,\text{rad}$$

则能分辨的月球上两点的距离为

$$\Delta x = L\theta = 3.84 \times 10^8 \times 7.32 \times 10^{-7} = 281\,\text{m}$$

5-3-3 光栅衍射

在玻璃片上刻出许多等宽度、等间距的平行刻痕,刻痕处相当于毛玻璃,不透光,而刻痕之间的光滑部分可以透光,相当于一个狭缝,这样就制成了**透射光栅**。除了透射光栅外,还有**反射光栅**,亦称"闪耀光栅"。目前广泛使用的平面反射光栅是在玻璃坯上镀一层铝膜,然后在铝膜上刻出一系列等间距的平行槽纹而制成的,两刻痕之间的铝膜可以反射光。无论是透射光栅还是反射光栅,它们都遵循相同的衍射规律。一般的光栅在每厘米内有几百条乃至上万条刻痕。当光照在光栅上,经透射或反射后都能形成一定的衍射图样。

图 5-15 中的透射光栅的总缝数为 N,缝宽均为 b,缝间不透光的部分宽度均为 b',则相邻两个缝中心的间距为 $b+b'$,称为**光栅常数 d**,即

$$d = b + b'$$

将波长为 λ 的平面单色光垂直入射到光栅上,其最终在观察屏上显示的结果来自各单缝衍射和缝与缝干涉的总效果。首先,每条缝呈现单缝夫琅禾费衍射图样,且各缝单缝衍射的各级明纹和暗纹中心的位置都一一重合。其次,各缝发出的衍射光在重合处相干叠加。

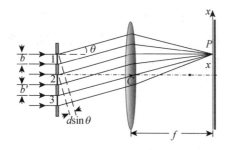

图 5-15 光栅衍射

如图 5-15 所示,各衍射光束以衍射角 θ 出射,经过透镜后在屏上 P 点处会聚,相邻两个光束到 P 点的光程差为

$$\delta = d\sin\theta$$

对应的相位差为

$$\Delta\varphi = \frac{2\pi}{\lambda}\delta = \frac{2\pi}{\lambda}d\,\sin\theta \qquad (5\text{-}29)$$

当各光束在屏上 P 点处同相位叠加时,它们在该点发生相长干涉而形成明纹。这种情况下,衍射角 θ 满足的条件为

$$\Delta\varphi = \frac{2\pi}{\lambda}d\,\sin\theta = \pm 2\pi k$$

由此可得

$$d\,\sin\theta = \pm k\lambda \qquad (5\text{-}30)$$

其中,$k=0,1,2,\cdots$。式(5-30)所确定的是第 k 级明纹中心所对应的衍射角,这一方程称为光栅方程。$k=0$ 的明纹叫作中央明纹,$k\neq 0$ 的明纹每级有两条,对称地分布在中央明纹两侧。如图 5-16 所示,由于多光束的干涉,在屏上出现了一系列又细又亮的明条纹,且各光强主极大受单缝衍射的调制:单缝衍射光强大处,主极大光强也大;单缝衍射光强小处,主极大光强也小。

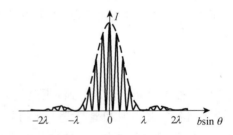

图 5-16　光栅衍射的光强分布

若光栅衍射的某级明纹中心恰好与单缝衍射的某级暗纹中心重合,各缝发出的衍射光束引起该处光矢量振动的振幅都为零,相干叠加后合振幅仍然为零,对应的光强也为零,因此这一级明纹将不出现,这种现象称为光栅衍射的**缺级现象**。假定屏上衍射角 θ 处既是光栅衍射的第 k 级明纹中心,又是单缝衍射的第 k' 级暗纹中心,则有

$$d\,\sin\theta = \pm k\lambda,\ b\,\sin\theta = \pm k'\lambda$$

两式相除,得到

$$\frac{d}{b} = \frac{k}{k'} \qquad (5\text{-}31)$$

这说明,当光栅常数 d 和缝宽 b 的比值等于一个整数比时,发生缺级现象。例如,当 $d=2b$ 时,$k=2,4,6,\cdots$ 级次的明纹将

视频:光栅原理与相控阵雷达

不会出现。

例 5-3　波长为 $\lambda = 600$ nm 的平行单色光垂直照射在一光栅上,测得第三级明纹中心落在光栅单缝衍射两个一级暗纹中间的区域,其所对应的衍射角为30°,另外第四级缺级。试求:(1) 光栅常数 d;(2) 通光缝的宽度 b;(3) 屏上实际呈现的全部级数。

解　(1) 由光栅方程可知,第三级光强主极大所对应的衍射角 θ 满足

$$d \sin \theta = 3\lambda$$

将 $\theta = 30°$ 和 $\lambda = 600$ nm 代入上式,求解可得

$$d = 6\lambda = 3.6 \ \mu m$$

(2) 第四级($k = 4$)缺级,则由式(5-31)可知

$$\frac{d}{b} = \frac{4}{k'}$$

这里,$k' = 1, 2, 3$。由于第三级明纹中心落在光栅各缝单缝衍射两个一级暗纹中间的区域,因此有

$$b \sin 30° < \lambda$$

由此可得,$b < 2\lambda = 1.2 \ \mu m$。显然,只有 $k' = 1$ 才能满足这一要求。此时有

$$b = \frac{1}{4}d = 0.9 \ \mu m$$

(3) 由光栅方程可知,在屏上出现的光强主极大的级数 k 满足

$$k = \frac{d \mid \sin \theta \mid}{\lambda} \leqslant \frac{d}{\lambda} = 6$$

考虑到 $k = 4$ 缺级且 $k = 6$ 对应的衍射角为 $\theta = \pi/2$,因此,屏上呈现的全部级数为

$$k = 0, 1, 2, 3, 5$$

一共有 9 条明纹出现。

5-4　光 的 偏 振

我们知道,由振动方向与传播方向是垂直还是平行,波可

分为横波和纵波。我们在前面讨论光的干涉和衍射现象时,并没有涉及光是横波还是纵波的问题,这是因为无论是横波还是纵波,都可以发生干涉和衍射。但实际上,这两种波有很大的差别。在机械波的传播路径上放置一个狭缝,如果缝与横波的振动方向平行,则波能够穿过狭缝继续传播;如果缝与横波的振动方向垂直,则波由于振动受阻而不能穿过狭缝。而纵波总能穿过狭缝继续传播。1809 年,马吕斯在实验中发现了光的横波性,他的发现是以类似机械波通过狭缝的所谓偏振现象而发现的。由于纵波不可能发生这样的偏振,所以表明光是横波。可见,光的偏振现象与光的干涉和衍射现象一样,都说明了光具有波动性。

5-4-1　光的偏振态

由于光是横波,光矢量 E 的振动方向与光的传播方向垂直,但在垂直于光的传播方向的平面内,光矢量可以有不同的振动状态,每种状态称为光的一种**偏振态**。

1. 线偏振光

如果光在传播过程中,光矢量落在垂直于其传播方向的平面内且只沿一个固定的方向振动,这种光叫作**线偏振光**。图 5-17是线偏振光的图示法,其中黑点表示光矢量与纸面垂直,短线表示光矢量与纸面平行。

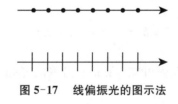

图 5-17　线偏振光的图示法

2. 自然光

自然界中光源发出的光一般都不是线偏振光。光源中有大量的原子或分子在发光,所发出的波列之间不存在固定的相位关系,而且它们的光矢量的振动方向也是随机分布的。也就是说,在与光的传播方向垂直的平面内,沿各个方向振动的光矢量成分都有,它们之间没有确定的相位关系,平均来看,光矢量的分布各向均匀。由于没有哪一个方向占优,各方向上光矢量的振幅都相等,如图5-18(a) 所示。这样的光也叫作**自然光**。在垂直于自然光传播方向的平面内,任意一个光矢量成分都可以向相互垂直的两个任意方向分解,因此,自然光总可以分解成两个相互垂直且无固定相位关系的线偏振光的叠加。由自然光光矢量分布的对称性可知,这两个线偏振光的光矢量的振幅相等。自然光的图示如图 5-18(b) 所示,图中黑点和短线的数目相同、均匀分开,表明两个方向上的振幅相等。

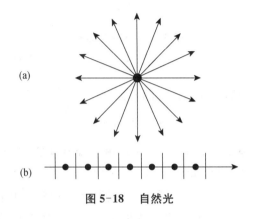

图 5-18 自然光

3. 部分偏振光

部分偏振光可以看作是自然光和线偏振光的混合。图 5-19 为部分偏振光的图示法表述。

自然光在两种介质的界面会发生反射和透射,反射光和透射光一般会成为部分偏振光。

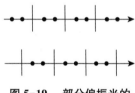

图 5-19 部分偏振光的图示法

5-4-2 线偏振光的制备与检验

某些物质(如电气石晶体)能吸收某一特定方向的光振动,而只让与这个方向垂直的光振动通过,这种性质称为**二向色性**。用具有二向色性的材料制成的透明薄片叫作**偏振片**,偏振片的通光方向叫作**偏振化方向**,通常用箭头"↕"在偏振片上标明。

我们知道,自然光可以分解成两个光矢量振动方向相互垂直、振幅相等、无固定相位关系的线偏振光的叠加。由于这两个线偏振光成分的光矢量具有相同的振幅,两者对自然光的光强的贡献也相同,各占一半。所以,当光强为 I_0 的自然光垂直入射到偏振片上时,由于只有平行于偏振化方向的光矢量才能通过,因此透过的光是线偏振光,光强为 $I_0/2$。在这种情况下,偏振片是用来产生线偏振光的,所以叫作**起偏器**。

如图 5-20 所示,光强为 I_0 的线偏振光垂直入射到偏振片 P 上,光矢量的振幅为 E_0,光矢量的振动方向与 P 的偏振化方向的夹角为 θ。入射光的光矢量在平行于 P 的偏振化方向的分量的振幅为

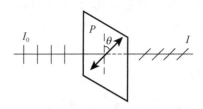

图 5-20　马吕斯定律

$$E = E_0 \cos \theta$$

因此,从 P 透射的线偏振光的光强为

$$I = I_0 \cos^2\theta \qquad (5\text{-}32)$$

这个规律是马吕斯于 1808 年由实验发现的,因此称为**马吕斯定律**。由式(5-32)可知,当 $\theta = 0$ 或 $\theta = \pi$ 时,$I = I_0$,光强最大;当 $\theta = \pm\pi/2$ 时,$I = 0$,光强为零,称为消光;当 θ 取中间值时,透射光的光强 I 在 0 和 I_0 之间变化。因此,将偏振片 P 绕光的传播方向旋转一周,透射光的光强出现两次最强,两次消光。这是其他偏振光所不具有的特性,例如,用部分偏振光来做上述实验时,透射光的光强出现两次最强,两次最弱,但不会发生消光。可见,用这种方法可以识别线偏振光,这时的偏振片叫作**检偏器**。

例 5-4　将两个偏振片叠放在一起,并使它们的偏振化方向之间的夹角为60°。现有一束光强为 I_0 的自然光垂直入射到偏振片上,求透射光的光强 I。

解　从第一个偏振片透射的线偏振光的光强 I' 是入射自然光的一半,即

$$I' = \frac{1}{2}I_0$$

由题意,该线偏振光的光矢量的振动方向与第二个偏振片的偏振化方向的夹角为60°,则根据马吕斯定律,从第二个偏振片透射出来的线偏振光的光强为

$$I = I' \cos^2 60° = \frac{1}{8}I_0$$

5-4-3　反射光和折射光的偏振

当自然光入射到两种各向同性的介质的分界面上并发生反射和折射时,反射光和折射光一般不再是自然光,而是部分偏振光,而且反射光中光矢量垂直于入射面的分量较强,折射光中光矢量平行于入射面的分量较强,如图 5-21 所示。但当入射角等于

某特定值 i_B 时,反射光是光振动垂直于入射面的线偏振光,而折射光仍为部分偏振光,如图 5-22 所示。这个特定的入射角 i_B 叫作**起偏角**或**布儒斯特角**。实验还发现,当入射角为起偏角时,反射光与折射光相互垂直,即

$$i_B + r_B = \frac{\pi}{2} \tag{5-33}$$

根据折射定律,有

$$\frac{\sin i_B}{\sin r_B} = \frac{n_2}{n_1}$$

联立上面两式,可得

$$\tan i_B = \frac{\sin i_B}{\cos i_B} = \frac{n_2}{n_1} \tag{5-34}$$

这一公式是 1815 年由布儒斯特从实验中发现的,叫作**布儒斯特定律**。

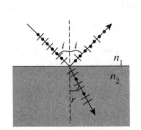

图 5-21　反射光和折射光的偏振态

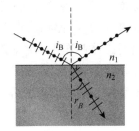

图 5-22　起偏角

这一现象提供了(除了偏振片以外)另一种制备线偏振光的手段。然而,当自然光以布儒斯特角从空气中入射到一般的光学玻璃时,反射光虽然是线偏振光,其光强只占入射光光强的一小部分。为了增强反射光的强度,可以将一组玻璃片平行叠放在一起,构成一个玻璃片堆。这样,在各个界面上都满足布儒斯特定律,反射光都是光矢量垂直于入射面的线偏振光。同时,由于入射光中绝大部分的垂直于入射面的光振动都被各界面反射掉了,从玻璃片堆透射出来的光几乎只剩下了平行于入射面的光矢量成分,因而透射光很接近线偏振光。

5-4-4　双折射现象

在各向同性的介质(如普通玻璃等)中,光沿各方向传播的速度都相同,只有一个折射率与之对应,因此,当一束光线在两

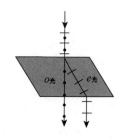

图 5-23 双折射现象

种这样的介质的分界面上发生折射时,只有一束折射光,折射光位于入射面内,并且满足折射定律。而在各向异性的介质(如方解石等)中,光沿各方向传播的速度不相等,对应的折射率也不同。实验上观测到,当一束光线射入这种介质时,在介质中可以出现两束折射光线,如图 5-23 所示,这种现象叫作**双折射现象**。用检偏器检验的结果表明,双折射现象中两束折射光线都是线偏振光,因此,可以利用这种现象来制备线偏振光。

在图 5-23 中,一束自然光垂直入射到双折射晶体的表面上,晶体中一束折射光线遵循折射定律,沿着入射方向传播,叫作**寻常光线(或 o 光)**;另一束折射光线不遵守折射定律,叫作**非常光线(或 e 光)**。实验表明,晶体中存在着一个特殊的方向,o 光和 e 光在该方向上的传播速度相同,这个方向叫作双折射晶体的**光轴**。在双折射晶体中,某光线所在的、与光轴方向平行的平面叫作该光线的**主平面**,o 光的光矢量与其主平面垂直,e 光的光矢量与其主平面平行。

o 光和 e 光的波阵面分别是**球面**和绕光轴方向旋转不变的**旋转椭球面**。o 光在各个方向的传播速度都为 v_o;e 光在光轴方向的传播速度也为 v_o,但在垂直于光轴方向的传播速度为 v_e。$v_o > v_e$ 的双折射晶体叫作正晶体,如石英等,而 $v_o < v_e$ 的双折射晶体叫作负晶体,如方解石等。晶体中同一个子波源同时发出的 o 光和 e 光的子波经一段时间后波阵面的形状如图 5-24 所示。

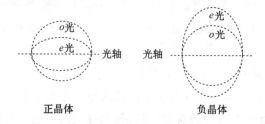

图 5-24 o 光与 e 光的波阵面

o 光和 e 光在双折射晶体中的传播方向可以通过惠更斯原理用作图法来确定。以图 5-25 所示的负晶体为例,自然光垂直入射到晶体表面,光轴在入射面内,且与晶体表面成一定角度。入射光的波阵面上各点同时到达晶体表面,波阵面上每一点同时向晶体内部发出球面子波和旋转椭球面子波,两子波的波阵面在光轴方向相切,各子波源所发子波的波阵面的包络为平面,o 光和 e 光的传播方向就是入射点与包络面相应的切点的连线方向。如图 5-25 所示,o 光和 e 光的传播方向不重合,发生了双折射。

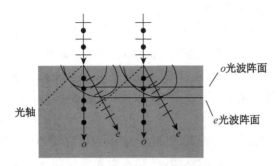

图 5-25　利用惠更斯原理解释双折射现象

习　　题

5-1　在杨氏双缝干涉实验中,双缝与屏的距离为 0.35 m。现用波长为 632.8 nm 的平行光垂直照射双缝,测得中央明纹两侧的两个第六级明条纹的间距为 9 mm,求双缝间距。

5-2　在杨氏双缝干涉实验中,用波长为 470 nm 的平行光垂直照射双缝,在屏上呈现干涉图样。现用两块厚度相等的透明玻璃片(折射率分别为 1.35 和 1.82)分别将双缝遮盖起来,观测到屏上原中央极大明纹位置变为第四级明纹,求玻璃片厚度。

5-3　一油膜覆盖在玻璃板上,油膜的折射率为 1.30,玻璃的折射率为 1.50。用波长连续可调的平面单色光垂直照射油膜,可观察到,在单色光的波长为 500 nm 和 700 nm 时,反射光发生干涉相消,求油膜的厚度。

5-4　在折射率为 1.60 的照相机镜头表面涂一层折射率为 1.4 的增透膜,若该膜仅对波长 560 nm 的入射光有效,求其最小厚度。

5-5　利用空气劈尖测细丝直径,已知入射光波长为 650 nm,劈尖长度 D 为 3.4 cm,测得 50 条明纹的总宽度为 0.39 cm,求细丝的直径。

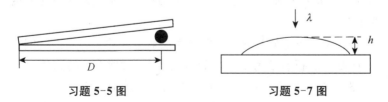

习题 5-5 图　　　　　　　　　习题 5-7 图

5-6　利用牛顿环装置测量某单色光波长,当用波长为 580 nm 的光垂直照射时,测得中央暗纹外第一、四级暗环的间距为 4.0 mm;当用待测单色光垂直照射时,第一、四级暗环的间距变为 3.9 mm,求该单色光的波长。

5-7 折射率为 1.33 的油滴落在折射率为 1.50 的平板玻璃上,形成一上表面近似为球面的油膜,测得油膜中心(最高点)的高度 h 为 1.5 μm,用波长为 589 nm 的单色光垂直照射油膜,问:(1)油膜周边是暗环还是明环?(2)整个油膜区域可看到几个完整的暗环?

5-8 把折射率为 1.5 的介质膜放入迈克耳孙干涉仪其中的一臂,引起 9 条条纹的移动,已知入射光波长为 650 nm,求介质膜的厚度。

5-9 在单缝夫琅禾费衍射实验中,一波长为 λ 的单色平行光垂直照射到单缝上,若其第五级明纹恰好与波长为 650 nm 的单色光入射时的第四级明纹位置重合,求 λ。

5-10 迎面而来的一辆汽车的两车头灯相距为 1.2 m,问汽车离人多远时,两车灯刚好能被人眼分辩?假定人眼的瞳孔直径为 4.8 mm,车头灯射出的是波长为 500 nm 的单色光。

5-11 以波长为 560 nm 的平行光照射一直径为 1.22 mm 的圆孔,圆孔后放有一焦距为 1.5 m 的透镜,求透镜焦平面上的艾里斑的半径。

5-12 用 1 cm 内有 3 000 条刻痕的平面透射光栅观察波长为 589 nm 的钠光谱,设透镜焦距为 1.0 m,问:(1)光线垂直入射时,最多能看到第几级光谱?(2)光线以入射角 60°入射时,最多能看到第几级光谱?(3)若用白光(波长的范围是从 400 nm 到 760 nm)垂直照射光栅,第一级光谱的线宽度是多少?

5-13 波长为 560 nm 的单色光垂直照射到一光栅上,已知第二级主极大出现在 $\sin\varphi = 0.2$ 处,第四级缺级,求:(1)光栅相邻两缝的间距;(2)光栅的单个狭缝的宽度;(3)衍射观测屏上实际呈现的全部级数。

5-14 自然光垂直入射到重叠在一起的两偏振片上。求下列两种情况下,两偏振片的偏振化方向之间的夹角:(1)透射光的强度为最大透射光强度的 1/3;(2)透射光强度为入射光强度的 1/3。

5-15 测得某时刻从池塘水面反射出来的太阳光是线偏振光,已知水的折射率为 1.35,求此时太阳相对地平线的仰角。

5-16 三种透明介质的折射率分别为 $n_1 = 1.00$、$n_2 = 1.43$ 和 n_3,它们如图所示放置,两界面相互平行。一束自然光以入射角 i 入射,若在两个交界面上的反射光都是线偏振光,则:(1)入射角 i 是多大?(2)折射率 n_3 是多大?

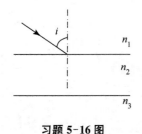

习题 5-16 图

第六章　狭义相对论基础

19世纪末,经典物理学已经取得了巨大的成功,人类对自然界的认识推进到了一个新的水平。1900年,英国著名物理学家威廉·汤姆逊(开尔文勋爵)在总结这一时期的物理学成果时说:"物理学的大厦已经建成,未来的物理学家只需要做些修修补补的工作就可以了。"这代表了当时许多学者的观点,认为物理学的主要任务已经完成。但是开尔文勋爵又敏锐地察觉到了一些不和谐的因素,他说:"晴朗的天空飘浮着两朵乌云,一朵与黑体辐射实验有关,另一朵与迈克耳孙实验有关。"这两个实验的结果用当时的物理学知识无法解释,物理学家感到十分困惑。然而令人没有想到的是这两朵小小的乌云后来竟酝酿成了一场大风暴,从根本上动摇了经典物理学的根基,引发了物理学史上的一次革命,从中诞生了20世纪物理学的两大理论支柱:量子力学和相对论。本章将介绍狭义相对论的基本理论。

6-1　经典力学的相对性原理　伽利略变换

6-1-1　牛顿的绝对时空观　伽利略变换

牛顿在其经典著作《自然哲学的数学原理》一书中,对时间和空间做出如下说明:绝对的、真正的和数学的时间自己流逝着,并由于它的本性而均匀地与任何外界对象无关地流逝着;绝对空间,就其本质来说,独立于外界任何事物,总是始终如一和静止不变的。这里的"绝对",是指时间和空间与物质及其运动无关——这就是**牛顿的绝对时空观**,也就是经典力学的绝对时空观。

绝对时空观与人们的日常经验相符,因而得到了当时人们的普遍接受。在经典力学中,伽利略变换正是绝对时空观的数学表述。考虑两个惯性参考系 $S(Oxyz)$ 和 $S'(O'x'y'z')$,如图6-1所示,它们对应的坐标轴互相平行,且 S' 系相对于 S 系以恒定速度 v 沿 Ox 轴的正向运动。开始($t=t'=0$)时,两参考系

的原点 O 和 O' 重合。

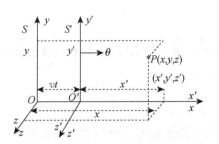

图 6-1　两个惯性参考系 $S(Oxyz)$
　　　　和 $S'(O'x'y'z')$

设一质点 P 在两个参考系中的时空坐标分别为 (x, y, z, t) 和 (x', y', z', t')，则这两个时空坐标之间有如下变换关系：

$$\begin{cases} x' = x - vt \\ y' = y \\ z' = z \\ t' = t \end{cases} \qquad (6\text{-}1)$$

式(6-1)就是经典力学的**伽利略变换式**。式中的 $t' = t$ 表明两个参考系有着相同的时间，也有着相同的时间间隔，即 $\Delta t' = \Delta t$，这正是绝对时间观念的反映。同样，若在 S' 系中沿 $O'x'$ 方向放置一把直尺，直尺两端在 S' 系中和 S 系中的坐标分别为 x'_1，x'_2 和 x_1, x_2，则由式(6-1)可得出 $x_1 = x'_1 + vt$，$x_2 = x'_2 + vt$，于是有 $\Delta x = x_2 - x_1 = x'_2 - x'_1 = \Delta x'$。这个结果表明，同一物体的长度在不同惯性系中具有相同的值，与惯性系的运动无关。这正反映了空间的绝对性。

6-1-2　经典力学的相对性原理

早在 1632 年，伽利略发现，在不同惯性系中做相同的力学实验，其结果也是相同的，即力学规律不随惯性系而改变。这就是伽利略相对性原理，也叫经典力学的相对性原理。利用伽利略变换，可以证明，牛顿定律是符合伽利略相对性原理的。

由伽利略坐标变换式(6-1)两边对时间 t 求导，考虑到 $\mathrm{d}t' = \mathrm{d}t$ 可以得到伽利略速度变换式为

$$\begin{cases} u'_x = u_x - v \\ u'_y = u_y \\ u'_z = u_z \end{cases} \qquad (6\text{-}2)$$

将式(6-2)两边进一步对时间 t 求导，可以得到伽利略加速

度变换式

$$\begin{cases} a'_x = a_x \\ a'_y = a_y \\ a'_z = a_z \end{cases} \qquad (6\text{-}3)$$

或者写成矢量式为

$$\boldsymbol{a}' = \boldsymbol{a} \qquad (6\text{-}4)$$

式(6-4)表明,在不同惯性系中测量,同一质点的加速度是相同的。而经典力学又认为物体的质量 m 以及物体间的相互作用力 $\boldsymbol{F}$ 均与参考系无关,即

$$m' = m \qquad (6\text{-}5)$$

$$\boldsymbol{F}' = \boldsymbol{F} \qquad (6\text{-}6)$$

这样,在两个参考系中就分别有

$$\boldsymbol{F}' = m'\boldsymbol{a}'$$

$$\boldsymbol{F} = m\boldsymbol{a} \qquad (6\text{-}7)$$

式(6-7)表明,对不同的惯性系,牛顿第二定律有相同的形式。由此可见,牛顿定律在伽利略变换中形式不变,即牛顿定律符合经典力学的相对性原理。

6-1-3 "以太"参考系和迈克耳孙-莫雷实验

牛顿认为,空间是绝对静止的容器,相对于空间静止的参考系称为绝对静止参考系,相对于绝对静止参考系的运动就是绝对运动。而根据伽利略相对性原理,一切惯性参考系都是等价的,并不需要绝对静止和绝对运动的概念。19 世纪中后叶,麦克斯韦建立了电磁场理论,预言了电磁波的存在,并指出光也是一类电磁波。但在麦克斯韦方程中光速是个常数,在伽利略变换下,麦克斯韦方程将不再是形式不变的,即经典力学的相对性原理对电磁学不成立!为解决光的传播问题,人们提出了"以太"的假说,认为光是借助"以太"这种媒质传播的,而"以太"是绝对静止的,也就是绝对静止参考系,相对于"以太"的运动就是绝对运动,麦克斯韦方程也只在"以太"参考系中成立。这样摆在人们面前的有两种方案可以选择,一种是保留"以太"和绝对静止参考系,放弃相对性原理;另一种是保留相对性原理,放弃"以太"参考系和绝对空间的观念。当时,多数物理学家选择了第一种方案,并设计了一些实验,希望能寻找到"以太"以及相对于

"以太"的运动,从而也验证绝对空间的存在。其中,最著名的就是迈克耳孙-莫雷实验。

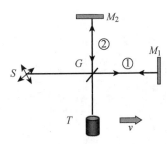

图 6-2　迈克耳孙干涉仪示意图

迈克耳孙设计了一台光学干涉仪,如图 6-2 所示。光源 S 发出的光经半透半反镜 G 后分成两束相干光 1 和 2,光 1 经平面镜 M_1 反射后回到 G,并经 G 反射到达望远镜 T;光 2 经平面镜 M_2 反射后也回到 G,并透过 G 到达望远镜 T。设计使得 $GM_1 = GM_2 = l$,且光线 1 和 2 相互垂直。根据薄膜干涉原理,如果 M_1 垂直 M_2,则形成等倾干涉条纹,如果 M_1 和 M_2 不严格垂直,则形成等厚干涉条纹。

如果"以太"确实存在,且保持绝对静止,设地球相对"以太"的速度为 v,则在地球上的观察者应能观察到"以太风"的效应,即"以太"相对于地球的运动效应。理论计算可知,由于"以太风"的影响,1、2 两束光到达 T 的光程差 Δ 约为 $l\dfrac{v^2}{c^2}$。实验中,再将干涉仪旋转 $90°$,光程差 Δ 则变为 $-l\dfrac{v^2}{c^2}$。这样,前后两次的光程差为 $2\Delta \approx 2l\dfrac{v^2}{c^2}$。在此过程中,望远镜视场内应看到干涉条纹移动 ΔN 条:

$$\Delta N = \frac{2\Delta}{\lambda} \approx \frac{2l\,v^2}{\lambda\,c^2} \tag{6-8}$$

1881 年,迈克耳孙第一次实验,没有测到条纹的移动。1887 年,迈克耳孙和莫雷又用新改进的一套系统重复这个实验,预期应观测到的条纹移动数目 ΔN 为 0.4 条,而实验精度可以测出 0.01 条的条纹移动。但是他们依然没有发现条纹的移动。后来人们又在不同的时间和地点,用更高的精密度去重复这一实验,得到的结果仍然是"零漂移"!

迈克耳孙-莫雷实验的"零漂移"结果,使得秉持"以太"假说的人们感到极其的意外和失望。因为这个"零漂移"表明,地球相对于"以太"的运动并不存在,或者说"以太"本身就不存在。迈克耳孙评论说:"静止以太的假说就这样被证明为错误。"

为了解释"零漂移"结果而又能保留"以太"假说,人们给出了多种理论解释。如洛伦兹提出了"长度收缩"的假设,认为沿着地球前进的方向,仪器的长度会缩短;有人又提出"地球拖曳说",认为"以太"被地球拖曳,随地球一起运动,故"以太"实际上是相对地球静止的。这些解释过于牵强,难以令人信服,也都被进一步的观察和实验所否定。种种事实说明,"以太"假说已经陷入了深刻的危机,变革陈旧的绝对时空观已势在必行。开尔文勋爵将"零漂移"结果视为一朵乌云,正反映了他作为一个经典物理学家,内心深处一丝隐隐的担忧。

6-2 狭义相对论的基本原理 洛伦兹变换

6-2-1 狭义相对论的基本原理

"以太"假说与实验的矛盾促使人们作更深刻的思考,法国物理学家彭加勒认为"绝对静止的以太是不必要的","应该建立一个全新的力学"。完成这一伟大变革的是年轻的德国物理学家爱因斯坦。早在 1895 年,16 岁的爱因斯坦就设想过一个有趣的"追光"问题:如果观察者能以光速前进,追踪一束光,那么观察者将会发现什么现象呢? 如果看到是在空间振荡而停滞的光,则麦克斯伟方程就要失效;如果光仍然以速度 c 前进,则又不符合伽利略变换。经过多年的思考,爱因斯坦认识到,要创立新的力学,必须突破绝对时空观的束缚,放弃"以太"假说。他相信自然界具有内在的统一性,相对性原理不仅适用于力学,也应该适用于包括电磁学在内的一切物理定律。同时,爱因斯坦又以超人的智慧和魄力抛弃了伽利略变换式而选择光速不变。1905年,爱因斯坦将以上思想总结为狭义相对论的两个基本原理,发表在《论动体的电动力学》一文中,即:

(1) **狭义相对性原理**:在所有惯性参考系中,物理定律都具有相同的形式,即物理定律对所有惯性系是等价的。

(2) **光速不变原理**:在一切惯性系中,光在真空中向各个方向传播的速率恒为常数 c,光速与光源或观察者的运动无关。

狭义相对性原理是伽利略相对性原理的扩展,这一原理指出,不仅力学规律,而且电磁学规律和其他所有物理规律都遵从相对性原理,即在所有惯性系中都保持相同的形式,这就彻底否定了绝对静止参考系和绝对运动。光速不变原理则直接否定了伽利略速度变换式,继而否定了伽利略坐标变换式,这是狭义相对论和经典力学的根本区别所在,将导致对绝对时空观的变革和对牛顿定律的修正。

狭义相对论从根本上动摇了经典力学的基础,但也并非是对经典力学的全面否定。正如爱因斯坦所言:"相对论的兴起是由于实际需要,是由于旧理论中严重而深刻的矛盾已经无法避免了,新理论的力量在于仅用几个非常令人信服的假定就一致而简单地解决了所有这些困难……旧力学只对低速成立,从而成为新力学的极限情形。"

6-2-2　洛伦兹时空变换式

狭义相对论需要建立新的时空变换式来取代伽利略变换式,这一新的变换式需满足如下条件:

(1) 相对性原理和光速不变原理;

(2) 当运动速度远小于真空中光速时,该变换退化为伽利略变换。

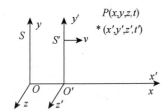

图 6-3　洛伦兹变换

设 S 系和 S' 系是两个惯性参考系,x 和 x' 轴重合,S' 系相对于 S 系以匀速度 v 沿 x 和 x' 的共同方向直线运动,当 $t = t' = 0$ 时,S 系和 S' 系重合,如图 6-3 所示。以下如无特别说明,S 系和 S' 系都按此规定统一描述。一质点 P 在 S 系和 S' 系中的时空坐标分别为 $(x,\ y,\ z,\ t)$ 和 $(x',\ y',\ z',\ t')$,在相对论中,也将这一时空坐标称作一个时空事件。爱因斯坦从狭义相对论的基本原理出发,导出了这两个时空坐标之间的变换关系,即

$$
\begin{cases}
x' = \gamma(x - vt) \\
y' = y \\
z' = z \\
t' = \gamma\left(t - \dfrac{v}{c^2}x\right) = \gamma\left(t - \beta \cdot \dfrac{x}{c}\right)
\end{cases}
\tag{6-9}
$$

式中,$\beta = \dfrac{v}{c}$,$\gamma = 1\Big/\sqrt{1 - \dfrac{v^2}{c_2}} = 1/\sqrt{1 - \beta^2}$。式(6-9)称作洛伦兹变换,是由洛伦兹最先提出的,因而 γ 也称作洛伦兹因子。

利用式(6-9),可以解出洛伦兹变换的逆变换式为

$$
\begin{cases}
x = \gamma(x' + vt') \\
y = y' \\
z = z' \\
t = \gamma(t' + \beta \cdot x'/c)
\end{cases}
\tag{6-10}
$$

只要把式(6-9)中有撇号的去掉撇号、没有撇号的加上撇号,同时把 v 或 β 反号,就得到逆变换式(6-10)。可以看出,S 系和 S' 系是对称的,这正是相对性原理赋予这个变换应具有的对称性要求。

当惯性系 S' 相对于惯性系 S 的速度 v 远小于 c 时,有 $\beta = v/c \ll 1$,$\gamma \approx 1$,则洛伦兹变换式就过渡到伽利略变换式(6-1),可见伽利略变换是洛伦兹变换在低速情形下的近似。

　　例 6-1　一运动员参加百米短跑比赛,起跑时,一飞船正好在他的正上方,并以 $0.6c$ 的速度飞行,方向与运动员前进方向一致。若运动员从起点到终点用时 10 s,如在飞船中观察,求:(1)运动员跑过的距离和所用的时间;(2)运动员的平均速度。

　　解　(1)以地面参考系为 S 系,飞船参考系为 S' 系。S' 相对 S 的运动速度为 $v=0.6c$,则有

$$\gamma = \frac{1}{\sqrt{1-\dfrac{v^2}{c^2}}} = \frac{1}{\sqrt{1-0.36}} = 1.25$$

$$\beta = \frac{v}{c} = \frac{0.6c}{c} = 0.6$$

　　在参考系 S 里,"运动员起步"作为一个事件发生在 $x_1=0$, $t_1=0$。由洛伦兹变换式(6-9)可得宇航员在飞船参考系 S' 观测到的"起步"位置和时刻为

$$x_1' = \gamma(x_1 - vt_1) = 0, \quad t_1' = \gamma\left(t_1 - \frac{v}{c^2}x_1\right) = 0$$

　　运动员"到达终点"为另一个事件,在 S 系中,该事件位置和时刻为 $x_2=100$ m,$t_2=10$ s,则在 S' 中为 (x',t')。按照洛伦兹变换,有

$$x_2' = \gamma(x_2 - vt_2) = 1.25 \times (100 - 0.6 \times 3.0 \times 10^8 \times 10)$$

$$\approx -2.25 \times 10^9 \text{ m}$$

$$t_2' = \gamma(t_2 - \beta x_2/c) = 1.25 \times (10 - 0.6 \times 100 \div (3.0 \times 10^8))$$

$$\approx 12.5 \text{ s}$$

　　在 S' 中测得运动员跑过的距离和所用的时间分别为

$$\Delta x' = x_2' - x_1' = -2.25 \times 10^9 \text{ m}$$
$$\Delta t' = t_2' - t_1' = 12.5 \text{ s}$$

　　因为在 S' 系中观察,S 系向 x 轴的负向运动,故而上面的 x_2' 和 Δx 的结果中出现了负号。

　　(2)在 S' 系中的运动员平均速度为

$$u = \frac{\Delta x'}{\Delta t'} = -1.8 \times 10^8 \text{ m/s}$$

　　例 6-2　如图 6-4 所示,一飞船相对于地球沿 x 方向以 $v=0.8c$ 飞行,一光脉冲从船尾发射到船头接收,飞船上观察者测得飞船长 90 m,那么地球观察者测得脉冲从船尾到船头这两个事件的空间间隔是多少?

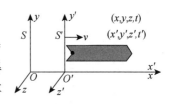

图 6-4　例 6-2

解　以地面为 S 系，飞船为 S' 系，$v = 0.8c$，可得

$$\gamma = \frac{1}{\sqrt{1 - \dfrac{v^2}{c_2}}} = \frac{1}{\sqrt{1 - 0.64}} = \frac{5}{3}$$

S' 系上测得的飞船长度 $\Delta x' = 90$ m，由于光在飞船上的速度为 c，故在飞船上测得的光脉冲从船头到船尾的时间间隔 $\Delta t' = 90/c$，则应用洛伦兹变换可得地面上测得的光脉冲从船头到船尾的空间间隔为

$$\Delta x = \gamma(\Delta x' + v\Delta t') = \frac{5}{3}\left(90 + 0.8c \cdot \frac{90}{c}\right) = 270 \text{ m}$$

6-2-3　洛伦兹速度变换式

下面导出洛伦兹坐标变换下的速度变换式。若 S' 系相对于 S 系以速度 v 沿 x 轴正向运动，设质点在 S' 系和 S 系中的速度分别为 (u_x', u_y', u_z') 和 (u_x, u_y, u_z)，且有

$$u_x' = \mathrm{d}x'/\mathrm{d}t', u_y' = \mathrm{d}y'/\mathrm{d}t', u_z' = \mathrm{d}z'/\mathrm{d}t',$$
$$u_x = \mathrm{d}x/\mathrm{d}t, u_y = \mathrm{d}y/\mathrm{d}t, u_z = \mathrm{d}z/\mathrm{d}t$$

由式(6-9)，可得微分形式 $\mathrm{d}x' = \gamma(\mathrm{d}x - v\mathrm{d}t)$，$\mathrm{d}t' = \gamma(\mathrm{d}t - \beta\mathrm{d}x/c)$，故有 $u_x' = \dfrac{\mathrm{d}x'}{\mathrm{d}t'} = \dfrac{\gamma(\mathrm{d}x - v\mathrm{d}t)}{\gamma(\mathrm{d}t - \beta\mathrm{d}x/c)} = \dfrac{\dfrac{\mathrm{d}x}{\mathrm{d}t} - v}{1 - \beta\dfrac{\mathrm{d}x}{\mathrm{d}t}/c} = \dfrac{u_x - v}{1 - \dfrac{u_x v}{c^2}}$。

与此类似，可以得到 u_y' 和 u_z'。这样，从洛伦兹变换就得到了洛伦兹速度变换公式

$$\begin{cases} u_x' = \dfrac{u_x - v}{1 - \dfrac{u_x v}{c^2}} \\[4mm] u_y' = \dfrac{u_y}{\gamma\left(1 - \dfrac{u_x v}{c^2}\right)} \\[4mm] u_z' = \dfrac{u_z}{\gamma\left(1 - \dfrac{u_x v}{c^2}\right)} \end{cases} \quad (6\text{-}11)$$

将式(6-11)中的 v 反号，并将带撇号的量与不带撇号的量交换，即可得到其逆变换

$$\begin{cases} u_x = \dfrac{u'_x + v}{1 + \dfrac{u'_x v}{c^2}} \\[3ex] u_y = \dfrac{u'_y}{\gamma\left(1 + \dfrac{u'_x v}{c^2}\right)} \\[3ex] u_z = \dfrac{u'_z}{\gamma\left(1 + \dfrac{u'_x v}{c^2}\right)} \end{cases} \qquad (6\text{-}12)$$

比较式(6-11)和式(6-2)可以看出,洛伦兹速度变换式中,不仅速度的 x 分量有变化,而且速度的 y 分量和 z 分量也有变化;而伽利略变换中只有 x 分量有变化。但在 v 远小于 c 时,式(6-11)就过渡到式(6-2),可见伽利略速度变换是洛伦兹速度变换在低速情形下的近似。

式(6-12)中的速度 x 分量的变换式

$$u_x = \frac{u'_x + v}{1 + \dfrac{u'_x v}{c^2}} \qquad (6\text{-}13)$$

称为相对论速度加法公式。若在 S' 系中沿 x' 方向发射一束光,则根据加法公式可得光相对于 S 系的速度为

$$u_x = \frac{c + v}{1 + \dfrac{cv}{c^2}} = c$$

即光速不随参考系而变。又若 S' 系相对于 S 系以光速 c 运动,则在 S' 系中以速度 u' 沿 x' 方向运动的粒子,对 S 系的速度为

$$u_x = \frac{u' + c}{1 + \dfrac{u'c}{c^2}} = c$$

可见通过速度的叠加,不可能使物体的速度超过光速,因此光速应是物体运动速度的极限。

例 6-3　如图 6-5 所示,已知 S' 系相对于 S 系的速度 $v = 0.9c$,在 S' 系中沿 $O'x'$ 方向发射一火箭,速度为 $0.9c$,则在 S 系中测得的火箭速度是多少?

解　火箭在 S' 系中沿 x' 方向飞行,故 $u'_x = 0.9c$,$u'_y = u'_z = 0$,应用加法公式(6-13),可得

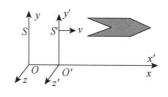

图 6-5　例 6-3

$$u_x = \frac{u'_x + v}{1 + \frac{v}{c^2}u'_x} = \frac{0.9c + 0.9c}{1 + \frac{0.9c}{c^2} \cdot 0.9c} = 0.994c$$

$$u_y = u_z = 0$$

可见加法公式保证了合成速度不会超过光速,在相对论的范围内,光速 c 是极限速率。

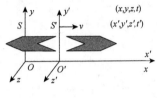

图 6-6 例 6-4

例 6-4 设两飞船相对地球以 $0.9c$ 背向而行,求两飞船之间相对速度。

解 设地球为 S 系,右行飞船为 S' 系,则有 $v = 0.9c$,左行飞船相对于地球的速度 $u_x = -0.9c, u_y = u_z = 0$,故左行飞船相对 S' 系(右行飞船)的速度为

$$u'_x = \frac{u_x - v}{1 - \frac{v}{c^2}u_x} = \frac{(-0.9c) - 0.9c}{1 - \frac{(-0.9c)0.9c}{c^2}} = -0.994c$$

$$u'_y = u'_z = 0$$

负号表示左行飞船沿 $O'x'$ 轴负向飞行。

讨论:本题亦可以左行飞船为 S' 系,这样则有 $v = -0.9c$,右行飞船相对于地球的速度 $u_x = 0.9c$,故右行飞船相对 S' 系(左行飞船)的速度为

$$u'_x = \frac{u_x - v}{1 - \frac{v}{c^2}u_x} = \frac{0.9c - (-0.9c)}{1 - \frac{(-0.9c)0.9c}{c^2}} = 0.994c$$

即分别从两个飞船上看对方的速度都是一样的。

例 6-5 在惯性系 S 中,一束光逆着 y 轴正方向传播,试求在惯性系 S' 系中观察到的光速大小。设 S' 系相对于 S 系的速率为 v,沿 x 轴正向运动。

解 在 S 系中,光速的各分量为 $u_x = 0, u_y = -c, u_z = 0$。

根据相对论速度变换公式(6-11),可得光在 S' 系中的速度各分量为

$$u'_x = \frac{u_x - v}{1 - \frac{u_x \cdot v}{c^2}} = -v$$

$$u'_y = \frac{u_y}{\gamma\left(1 - \frac{u_x v}{c^2}\right)} = -\frac{c}{\gamma}$$

$$u'_z = 0$$

故速度的大小为

$$u' = \sqrt{u_x'^2 + u_y'^2 + u_z'^2} = \sqrt{v^2 + \frac{c^2}{\gamma^2}} = \sqrt{v^2 + \left(1 - \frac{v^2}{c^2}\right) \cdot c^2} = c$$

光子沿负下方运动,与 x' 轴负向夹角为

$$\theta = \operatorname{argtan}\left|\frac{u_y'}{u_x'}\right| = \operatorname{argtan}\sqrt{\frac{c^2}{v^2} - 1}$$

可见在 S' 系中观察到光速仍是 c,这是光速不变原理的必然结果。

6-3　狭义相对论的时空观

狭义相对论对人类文明的重大贡献之一就是确立了相对论的时空观,否定了牛顿的绝对时空观。相对论的时空观可以用一句话概括为"时间是相对的,长度是相对的"。具体来说,比如,一个相对于时钟和直尺静止的观察者,和另一个相对时钟和直尺运动的观察者,对于时间和长度的测量结果不相同,这就是"相对"的含义。这似乎与人们的日常生活经验有很大差别,但已经被大量的实验和事实所证实,成为现代物理学的基础。下面我们从洛伦兹变换出发,导出狭义相对论时空观的三个重要结论,即同时的相对性、长度收缩和时间延缓。

6-3-1　同时的相对性

爱因斯坦认为,凡是与时间相关的一切判断,都与"同时"这个概念相联系。绝对时空观认为:在某一惯性系中同时发生的两个事件,在另一惯性系中也是同时的,这与人们的日常经验也是相符的。但狭义相对论则指出,在某一惯性系中同时发生的两个事件,在另一惯性系中可能是不同时的。考虑如下思想实验:设火车车厢(S' 系)相对于地面(S 系)以速度 v 沿 x 轴正向运动,在一节车厢里的正中位置放置一光信号发生器,在车厢的两端各放置一光信号接收器 1 和 2,如图 6-7 所示。假定某一时刻信号发生器发出一信号,该时刻为计时零点,且该时刻两参考系的坐标原点重合。设车厢观察者观察到车厢两端接收器接收到信号的空时坐标分别为 (x_1', t_1') 和 (x_2', t_2'),地面观察者观察到车厢两端接收器接收到信号的空时坐标分别为 (x_1, t_1) 和 (x_2, t_2)。显然,从车厢观察者来看,光源距离两端的长度相等,而朝前后两个方向的光速都是 c,所以光应当同时到达两端,即

动画:同时的相对性

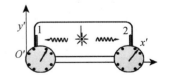

图 6-7　同时的相对性

$t_1' = t_2'$,或者说,两端接收器应同时接收到信号。

那么从地面来看又会得出什么结论呢? 在地面观察者看来,由于光速朝两端仍是 c(光速不变原理),但接收器 1 是迎着光信号而来,而接收器 2 是背离光信号而去,故 1 应先接收到光信号,2 则后接收到光信号。换句话说,两端接收器不是同时接收到光信号,同时不再是绝对的了! 用洛伦兹变换也容易得出这一点:

$$t_1 = \gamma(t_1' + \beta x_1'/c) \quad t_2 = \gamma(t_2' + \beta x_2'/c)$$

由于在 S' 中, $\Delta t' = t_2' - t_1' = 0$,故

$$\Delta t = t_2 - t_1 = \gamma(\Delta t' + \beta \Delta x'/c) = \gamma \beta \Delta x'/c \neq 0$$

上式中 $\Delta x' = x_2' - x_1'$ 为 S' 系中车厢的长度。因为 $\Delta x' > 0$ 所以 $\Delta t > 0$,也就是接收器 2 要比接收器 1 晚收到光信号。

显然,当 $\Delta t' = 0$,同时有 $\Delta x' = 0$ 时,才有 $\Delta t \equiv 0$,即只有当两个事件是同时、同地发生时,同时性才是绝对的。一般情况下,对于一个观察者是同时发生的两个事件,对另一个观察者就不一定是同时发生的了。这就是同时的相对性。同时的相对性否定了各个惯性系具有统一时间的可能性,从根本上否定了牛顿的绝对时空观。

6-3-2 长度收缩

动画:长度收缩

绝对时空观认为刚性物体的长度或两点之间的距离是不随参考系而改变的,从伽利略变换式(6-1)可以看出这一点。但在洛伦兹变换下结果如何呢? 我们以长度测量为例,来回答这个问题。

假设一杆直尺固定在 S' 系中,沿 Ox' 轴放置,观察者分别在 S 系和 S' 系中测量直尺的长度,如图 6-8 所示。

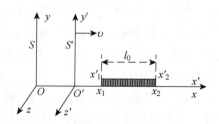

图 6-8 长度的收缩

在进行测量之前,我们需要了解长度测量的基本要求:当待测物体相对于观测者静止时,一个物体的长度即是测得的其两端点之间的距离;当待测物体相对于观测者运动时,必须同

时记录物体的两个端点的坐标,才能得到物体的长度。显然,前者并不要求同时测量物体两端的位置,因为物体是静止的;而后者则强调测量两端的位置必须同时进行,否则,测得的位置将包含了物体移动的距离,当然就不是物体的真实长度了。因此,图 6-8 中,一方面,S' 系观察者测得的长度为 $l' = x_2' - x_1'$。相对论中,常将观察者相对物体静止时测得的长度称为固有长度,用 l_0 表示,故此处有 $l' = l_0$。另一方面,由于直尺相对于观察者运动,所以 S 系中观察者应同时测量($t_1 = t_2$)直尺两端的坐标,才有 $l = x_2 - x_1$,这里的 l 即是运动物体的长度,由洛伦兹变换式(6-9),有

$$x_1' = \gamma(x_1 - vt_1) \qquad x_2' = \gamma(x_2 - vt_2)$$

将两式相减,考虑到 $t_1 = t_2$,得

$$x_2' - x_1' = \gamma(x_2 - x_1)$$

即

$$l_0 = \gamma l = l\big/\sqrt{1 - v^2/c^2} \text{ 或 } l = \frac{1}{\gamma}l_0 = l_0\sqrt{1 - v^2/c^2}$$

$$(6\text{-}14)$$

由于 $\gamma > 1$,所以有 $l < l_0$,就是说从 S 系测得的运动物体的长度是其固有长度的 $\dfrac{1}{\gamma}$ 倍,$\dfrac{1}{\gamma}$ 也被称作长度收缩因子。物体这种沿运动方向发生的长度收缩称为洛伦兹收缩,也是由洛伦兹最早提出的。同理可证,若直尺静止于 S 系中,则从 S' 系测得的直尺的长度也只有其固有长度的 $\dfrac{1}{\gamma}$ 倍。需要说明的是,如果直尺沿垂直于运动方向放置,即沿 y 或 z 方向放置,其长度对 S 系或 S' 系是相同的,即运动的直尺只沿运动方向发生收缩。当 S' 系相对于 S 系的速度 v 远小于 c 时,有 $\gamma \approx 1$,则有 $l \approx l_0$,即在低速的情况下,直尺的长度不随参考系而变化,这正是伽利略变换的结果,与人们的日常经验一致。这种人们对长度不变的经验,只是洛伦兹变换在低速极限下的近似而已。

那么洛伦兹收缩的本质是什么呢?洛伦兹虽然最早提出长度收缩效应,但他把这个效应解释为由于物质属性的改变而导致的物理性收缩。这个解释十分的牵强,与事实不符,也经不起实验的检验。狭义相对论认为直尺长度的收缩是相对运动的效应,是空间距离的量度具有相对性的客观反映,是时空的一种属性,而不是直尺材料的真实收缩。这个解释在理论上是自洽的,

而且也得到很多近代粒子物理实验的证实,因而得到了普遍的接受。

例 6-6 如图,S'系相对S系的速度为$\frac{\sqrt{3}}{2}c$,沿$O'x'$方向前进。长为 1 m 的棒静止地放在S'系的$O'x'y'$平面内,在S'系的观察者测得此棒与$O'x'$轴成 45°角,试问从S系的观察者来看,此棒的长度以及棒与Ox轴的夹角是多少?

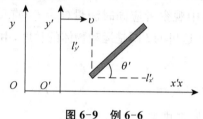

图 6-9 例 6-6

解 设θ'为S'系中直尺与$O'x'$轴的夹角,即$\theta'=45°$,且$l'=1$ m,则直尺沿x'和y'方向的分量为$l'_x=l'_y=l'\cos\theta'=\sqrt{2}/2$ m;从S系看,根据洛伦兹收缩,沿x方向的长度分量收缩为

$$l_x=l'_x\sqrt{1-v^2/c^2}=\sqrt{2}l'/4=\sqrt{2}/4 \text{ m}$$

由于y方向垂直于运动方向,沿y方向的长度分量不变,为

$$l_y=l'_y=\sqrt{2}/2 \text{ m}$$

S系中测得的直尺总长度为

$$l=\sqrt{l_x^2+l_y^2}=0.79 \text{ m}$$

直尺与x轴的夹角为

$$\theta=\arctan\frac{l_y}{l_x}\approx 63.43°$$

可见,运动物体除了长度缩短以外,其与运动方向的夹角也增加了。

6-3-3 时间延缓

在狭义相对论中,把一个观测者测得的两个事件之间所经历的时间,称为时间间隔。既然在不同惯性系中"同时"是相对的,那么两个事件的时间间隔或一个过程的持续时间也会与参考系有关。考虑S'系中同一地点x'_0处先后发生两个事件(x'_0,t'_1),(x'_0,t'_2),时间间隔为

$$\Delta t'=t'_2-t'_1$$

通常将在参考系中同一地点发生的两个事件间的时间间隔称为固有时,并用 Δt_0 表示。所以上面的 $\Delta t'$ 就是固有时,即 $\Delta t' = \Delta t_0$。

利用洛伦兹变换式的逆变换式(6-10),可以得到 S 系中的观察者所记录的上述两个事件发生的时刻分别为

$$t_1 = \gamma(t_1' + ux_0'/c^2) \qquad t_2 = \gamma(t_2' + ux_0'/c^2)$$

时间间隔则为

$$\Delta t = t_2 - t_1 = \gamma(t_2' - t_1') = \gamma\Delta t' = \gamma\Delta t_0 \qquad (6\text{-}15)$$

由于 $\gamma > 1$,所以有 $\Delta t > \Delta t_0$,因此 γ 又被称作时间膨胀因子。可见,若把两个相同的钟调成一致,分别放到 S 系和 S' 系上,那么,S 系上的观察者会发现 S' 系上的钟要比 S 系上的钟走得慢,这就是时间延缓效应,也叫动钟变慢效应。根据运动的相对性,S' 系上的观察者也会发现 S 系上的钟比 S' 系上的钟走得慢。与长度收缩效应一样,时间延缓效应也是相对运动的效应,是时间量度具有相对性的反映,是时空的一种属性,并不涉及时钟本身机械的或原子内部的任何变化过程。

动画:时间延缓

时间延缓效应在高能物理实验里得到大量验证。例如当 $\pi^\pm$ 介子以速度 $v = 0.913c$ 运动时,$\gamma = 2.45$。实验室测得其寿命 $\Delta t = 6.37 \times 10^{-8}$ s,由此可得其固有寿命 $\Delta\tau$ 为 $\Delta\tau = \Delta t/\gamma = 2.60 \times 10^{-8}$ s,与测量结果一致。

关于时间延缓,有人提出一个有趣的"双生子佯谬"问题,说是有一对孪生兄弟,哥哥留在地球上,弟弟离开地球以接近光速进行宇宙航行。地球上的哥哥认为地球静止,飞船在远离地球;而飞船上的弟弟则认为飞船静止,地球在远离飞船。这样,两个兄弟都会认为对方比自己年轻,当他们在地球上重逢时,到底谁更年轻呢?这个问题曾经引发了很多的争议,正确的结论应是飞船上的弟弟更年轻一些,原因是飞船经历了加速过程,而地球则没有。1971 年的原子钟实验表明,天上运动的钟的确比地面上的钟慢了约 10^{-7} s。

视频:狭义相对论中的佯谬问题

例 6-7 宇宙射线进入大气层时,与大气分子作用产生 μ 子。μ 子不稳定会发生衰变,其平均寿命为 $\tau_0 = 2.2$ μs。从地球上看,μ 子速度为 $v = 0.999\,978c$,大气层厚度 L_0 为 100 km,试问 μ 子能通过大气层到达地面吗?在 μ 子看来大气层厚度是多少?

解 设地面参考系为 S 系,μ 子参考系为 S' 系。可以从两个不同的视角来考察这一问题。

视角一：在地球参考系 S 中看 μ 子的运动。μ 子的速率为 $v=0.999\,978c$,相应的洛伦兹因子 γ 为

$$\gamma = \frac{1}{\sqrt{1-(v/c)^2}} = \frac{1}{\sqrt{1-0.999\,978^2}} = 150.76$$

从而可得在 S 系里 μ 子的寿命为

$$\tau = \gamma\tau_0 = 150.76 \times 2.2\ \mu\text{s} = 3.32 \times 10^{-4}\ \text{s}$$

在其寿命期内 μ 子可运行的距离

$$L = v\tau = 0.999\,978c \times 3.32 \times 10^{-4}\ \text{s} = 99.6\ \text{km} \approx L_0$$

可见,μ 子能通过大气层到达地面。

视角二：在 μ 子参考系 S' 系中考察地球的运动。在 μ 子所在 S' 系看,μ 子静止,地球携带大气层以相对速度 $v=0.999\,978c$ 朝向 μ 子运动。根据长度收缩效应可知,μ 子看到的大气层厚度为

$$L = \frac{1}{\gamma}L_0 = \frac{1}{150.76} \times 100\ \text{km} = 663\ \text{m}$$

通过这段距离的时间为

$$t = \frac{L}{v} = \frac{663\ \text{m}}{0.999\,978c} \approx 2.2\ \mu\text{s} = \tau_0$$

因而 μ 子在其寿命期内,可以通过大气层。

6-4　狭义相对论动力学

狭义相对性原理指出,一切物理定律在所有惯性系中都有相同的表示形式。具体来说,就是物理定律在洛伦兹变换下保持定律形式不变。由式(6-7)可知,牛顿定律仅是在伽利略变换下保持形式不变的。而伽利略变换只是洛伦兹变换在低速下的近似,所以牛顿力学也只是在低速情形下近似成立的理论,不是普遍成立的。可见,需要建立一种新的普遍成立的力学理论,以取代牛顿力学。这种新的力学理论就是相对论力学,它应满足两个基本要求：(1)当从一个惯性系按洛伦兹变换到另一惯性系中时,力学定律的形式保持不变;(2)适用于高速运动的情形,在低速极限下,能过渡到牛顿定律。在相对论力学中,一系列牛顿力学中的概念,如质量、动量和能量等需要重新定义。定义新的物理概念需要遵循如下原则：(1)满足对应原理,即当 $v \ll c$ 时,新物理量应过渡到牛顿力学中相对应的量;(2)保持基本守恒定律的成立;(3)逻辑上自洽。

6-4-1　相对论质量和动量

在牛顿力学中,质点的质量 m 与其速度 v 无关,定义动量 $\boldsymbol{p} = m\boldsymbol{v}$,在没有外力作用的情况下,系统的动量守恒,即

$$\sum m_i \boldsymbol{v}_i = 常矢量 \tag{6-16}$$

这样定义的动量表达式,在狭义相对论中却会遇到很大困难:(1)由牛顿第二定律 $\boldsymbol{F} = \dfrac{\mathrm{d}\boldsymbol{p}}{\mathrm{d}t} = m\boldsymbol{a}$ 可知,一个质点在恒力作用下将获得恒定加速度,只要时间足够长,该质点的速度就可以不断地增加以至于超过光速。而在狭义相对论中,光速是质点速度的极限,不可逾越。(2)在洛伦兹变换下,动量守恒的形式(6-16)式会发生变化,即不满足狭义相对性原理。解决这些困难的办法在于修正动量的表示式,使之适合洛伦兹速度变换式。修正后的相对论动量表达式为

$$\boldsymbol{p} = \frac{m_0 \boldsymbol{v}}{\sqrt{1 - \dfrac{v^2}{c^2}}} = \gamma m_0 \boldsymbol{v} \tag{6-17}$$

式中,m_0 是质点静止时的质量,v 为质点相对某惯性系的速度。当 $v \ll c$ 时,有 $\boldsymbol{p} \approx m_0 \boldsymbol{v}$,这就是牛顿力学的动量表达式。可以证明,应用式(6-17),质点系的动量守恒定律形式在洛伦兹变换下仍保持不变。

可以把式(6-17)用基本的动量定义式表示为

$$\boldsymbol{p} = m(v)\boldsymbol{v} \tag{6-18}$$

式中

$$m(v) = \frac{m_0}{\sqrt{1 - \dfrac{v^2}{c^2}}} = \gamma m_0 \tag{6-19}$$

称为相对论质量,简称质量,它随物体的运动速率增加而增加。同一物体相对于不同的参考系可以有不同的速率,在这些参考系中测得的这一物体的质量也就不同。在相对物体静止的参考系中测得的物体质量 m_0,称为物体的静质量。当 $v \ll c$ 时,式(6-19)给出 $m \approx m_0$,这就回到了牛顿力学的情形。狭义相对论的质量公式(6-19),已为大量的高能粒子加速器实验以及电子荷质比实验所证实。如质子加速器中,质子的 $m(v)/m_0$ 可以高达 200

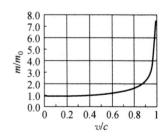

图 6-10　狭义相对论的质量
与速度关系

以上;电子加速器可使电子达到 $0.999\ 999\ 97c$ 的高速,此时的 $m(v)/m_0$ 接近 4 000。而对于宏观物体可达到的速度而言,质量的变化则是微不足道的,如飞船速度为 11 km/s 时,$\dfrac{m(v)}{m_0} \approx$ 1. 000 000 000 67 。图 6-10 显示了质量与速度之间的关系。

6-4-2 狭义相对论质点力学运动方程

在牛顿力学中,质点运动方程由牛顿第二定律给出:

$$\boldsymbol{F} = \frac{\mathrm{d}\boldsymbol{p}}{\mathrm{d}t} = m\boldsymbol{a} \tag{6-20}$$

式中动量 $\boldsymbol{p} = m\boldsymbol{v}$,由于质点质量与运动无关,所以有 $\boldsymbol{F} = m\boldsymbol{a}$ 。在狭义相对论中,质点运动方程依然保留式(6-20)的形式,但其中的动量 $\boldsymbol{p}$ 用相对论动量表达式(6-17)代替,即

$$\boldsymbol{F} = \frac{\mathrm{d}\boldsymbol{p}}{\mathrm{d}t} = \frac{\mathrm{d}}{\mathrm{d}t}\left(\frac{m_0\boldsymbol{v}}{\sqrt{1-(v/c)^2}}\right) = \frac{\mathrm{d}}{\mathrm{d}t}(m\boldsymbol{v}) \tag{6-21}$$

这就是狭义相对论力学的基本运动方程。在一般情况下,m 是 v 的函数,由式(6-21)有 $\boldsymbol{F} = \dfrac{\mathrm{d}}{\mathrm{d}t}(m\boldsymbol{v}) = \dfrac{\mathrm{d}}{\mathrm{d}t}(\gamma m_0\boldsymbol{v}) = m_0\boldsymbol{v}\dfrac{\mathrm{d}\gamma}{\mathrm{d}t} + \gamma m_0\dfrac{\mathrm{d}\boldsymbol{v}}{\mathrm{d}t}$,故不能简化为 $\boldsymbol{F} = m\boldsymbol{a}$ 。但如果速率 $v \ll c$ 时,$m \approx m_0$,上式就可近似为 $\boldsymbol{F} = m_0\boldsymbol{a}$,这正是牛顿力学的质点运动方程。可见,牛顿力学的质点运动方程是相对论力学的质点运动方程在低速下的近似。

那么式(6-21)能否保证质点的速度不会逾越光速呢? 考虑一质量为 m 的质点,在恒力 F_0 作用下做直线运动,由式(6-21),有

$$F_0 = \frac{\mathrm{d}}{\mathrm{d}t}\left(\frac{m_0 v}{\sqrt{1-(v/c)^2}}\right)$$

得 $F_0\mathrm{d}t = \mathrm{d}\left(\dfrac{m_0 v}{\sqrt{1-(v/c)^2}}\right)$,两边积分有

$$\int_0^t F_0\mathrm{d}t = \int_0^v \mathrm{d}\left(\frac{m_0 v}{\sqrt{1-(v/c)^2}}\right)$$

得

$$F_0 t = m_0 v \Big/ \sqrt{1-(v/c)^2}$$

解得

$$v^2 = c^2 \Big/ \left(1 + \frac{m_0^2 c^2}{F_0^2 t^2}\right) \approx c^2 \left(1 - \frac{m_0^2 c^2}{F_0^2 t^2} + \cdots\right)$$

略去高阶小量,可见当 $t \to \infty$ 时,$v \to c$,即在恒力作用下,由于质量随速度的增加而增加,质点的速度不会无限增加,所能达到的速度极限就是光速 c 。

6-4-3　相对论的能量和质能关系

牛顿力学中,质点动能的形式为 $E_k = \frac{1}{2} m_0 v^2$,动能定理表述为力对质点所做的功等于质点动能的增量,即 $dE_k = \boldsymbol{F} \cdot d\boldsymbol{r}$ 。狭义相对论中,假定动能定理仍然成立,但动能的形式需要重新导出。为此考虑如下问题:设静止质量为 m_0 的质点,在外力 $\boldsymbol{F}$ 的作用下,从静止加速到 $\boldsymbol{v}$,试求此过程中 $\boldsymbol{F}$ 对质点所做的功。由动能定理和式(6-21)可得

$$dE_k = \boldsymbol{F} \cdot d\boldsymbol{r} = \frac{d\boldsymbol{p}}{dt} \cdot d\boldsymbol{r} = d\boldsymbol{p} \cdot \frac{d\boldsymbol{r}}{dt} = d\boldsymbol{p} \cdot \boldsymbol{v} = \frac{1}{m} \boldsymbol{p} \cdot d\boldsymbol{p}$$

又 $dp^2 = d(\boldsymbol{p} \cdot \boldsymbol{p}) = 2\boldsymbol{p} \cdot d\boldsymbol{p}$,代入上式得

$$dE_k = \frac{1}{2m} dp^2$$

式中的 $p^2 = m^2 v^2$,又由 $m = m_0 \big/ \sqrt{1 - v^2/c^2}$ 可推导出 $(m^2 c^2) - (m_0^2 c^2) = (mv)^2$,故有 $(m^2 c^2) - (m_0^2 c^2) = p^2$,代入上式得

$$dE_k = \frac{1}{2m} d(m^2 c^2) = c^2 \, dm$$

将上式两边积分可得

$$E_k = \int_{m_0}^{m(v)} c^2 \, dm = m(v)c^2 - m_0 c^2 \qquad (6-22)$$

这就是狭义相对论的质点动能公式。可见相对论的动能公式与牛顿力学的动能公式 $E_k = \frac{1}{2} m_0 v^2$ 有很大的不同,不能简单地把后者的质量 m_0 换成相对论质量 $m(v)$ 而得到相对论的动能。但在 $v \ll c$ 的情况下,(6-22)可近似为

$$E_k = \frac{m_0 c^2}{\sqrt{1 - \left(\dfrac{v}{c}\right)^2}} - m_0 c^2$$

$$\approx m_0 c^2 \left(1 + \frac{1}{2} \frac{v^2}{c^2} - \cdots\right) - m_0 c^2 \approx \frac{1}{2} m_0 v^2$$

这又回到了牛顿力学的情形,可见 $\frac{1}{2}m_0 v^2$ 仅是相对论动能式 (6-22)在低速下的近似。

式(6-22)可以改写为 $mc^2 = E_k + m_0 c^2$,显然 mc^2 和 $m_0 c^2$ 都具有能量量纲。爱因斯坦将 mc^2 解释为质点的总能量,用 E 表示;将 $m_0 c^2$ 解释为质点静止时的能量,用 E_0 表示。于是式(6-22)可以写为

$$E = mc^2 = E_k + E_0 \qquad (6\text{-}23a)$$

$$E_0 = m_0 c^2 \qquad (6\text{-}23b)$$

这就是相对论中著名的爱因斯坦质能关系公式。该公式表明,质点的总能量等于质点的动能与静能量之和,或者说,质点的动能等于其总能量与静能量之差。当质点静止时,其动能 $E_k = 0$,则 $E = E_0$,即质点静止时的总能量就等于其静能量。

原子核中核子的质量都很小,为了便于计算,人们定义一个原子质量单位 u,一般取 $1\ u = 1.66 \times 10^{-27}\ kg$,对应能量为 931.5 Mev。表 6-1 给出了部分基本粒子和原子核的静质量 m_0 和静能量 $m_0 c^2$。

表 6-1　粒子和原子核的静质量 m_0 和静能量 $m_0 c^2$

粒子符号	静质量 m_0		静能 $m_0 c^2$	
	m_0/u	m_0/kg	$m_0 c^2/MeV$	$m_0 c^2/J$
e	5.485 799 094 5$\times 10^{-4}$	9.109 382 6$\times 10^{-31}$	0.510 998 918	8.187 104 7$\times 10^{-14}$
μ	0.113 428 926 4	1.883 531 40$\times 10^{-28}$	105.658 369 2	1.692 833 60$\times 10^{-11}$
τ	1.907 68	3.167 77$\times 10^{-27}$	1 776.99	2.847 05$\times 10^{-10}$
p	1.007 276 466 88	1.672 621 71$\times 10^{-27}$	938.272 029	1.503 277 43$\times 10^{-10}$
n	1.008 664 915 60	1.674 927 28$\times 10^{-27}$	939.565 360	1.505 349 57$\times 10^{-10}$
^{2}H	2.013 553 212 70	3.343 583 35$\times 10^{-27}$	1 875.612 82	3.005 062 85$\times 10^{-10}$
^{3}He	3.014 932 243 4	5.006 412 14$\times 10^{-27}$	2 808.391 42	4.499 538 84$\times 10^{-10}$
^{4}He	4.001 506 179 149	6.644 656 5$\times 10^{-27}$	3 727.379 17	5.971 919 4$\times 10^{-10}$

质能关系是相对论的一个重要结论,有着丰富而深刻的意义。爱因斯坦指出,质量和能量之间有着密切的联系,对于孤立系统,相互作用的几个粒子的能量守恒式为

$$\sum_i E_i = \sum_i m_i c^2 = 恒量 \qquad (6\text{-}24)$$

立即可以得出质量守恒关系式

$$\sum_i m_i = 恒量 \qquad (6\text{-}25)$$

可见,总能量守恒就代表了总质量守恒,反之亦然。但需注意

的是,这里的总质量指的是相对论质量,而非静质量。一般来说系统的静质量并不守恒。历史上所说的质量守恒,实际上只涉及粒子的静质量,所以只是相对论质量守恒在粒子能量变化很小时的近似。

例 6-8 设有两个粒子,静质量均为 m_0,各自以大小相同的速率 v 相向而行,假定两个粒子做完全非弹性碰撞,碰后合并为一个复合粒子,试计算这个复合粒子的静质量 m'_0 和运动速度 v'。

解 设碰前两个粒子的运动质量分别为 m,碰后复合粒子的静质量为 m'_0,运动总质量为 m',速度为 v',则由动量守恒得

$$mv - mv = m'v'$$

显然可得 $v'=0$,从而 $m' = m'_0$。再由能量守恒(或质量守恒)可得

$$mc^2 + mc^2 = m'c^2 = m'_0 c^2$$

解得

$$m'_0 = 2m = 2m_0 \Big/ \sqrt{1 - v^2/c^2}$$

上式表明复合粒子的静质量 $m'_0 > 2m_0$,可见,粒子的静质量并不守恒,复合粒子质量增加的部分来自碰前粒子的动能,但粒子的总质量还是守恒的。

例 6-9 电子静止质量 $m_0 = 9.11 \times 10^{-31}$ kg,(1)用 J 和 eV 为单位表示电子静止能量;(2)静止电子经过 10^6 V 电压加速后,其质量、速度各为多少?

解 (1)电子静止能量

$$E_0 = m_0 c^2 = 9.11 \times 10^{-31} \times 9 \times 10^{16} = 8.20 \times 10^{-14} \text{ J}$$

或 $E_0 = \dfrac{8.20 \times 10^{-14}}{1.60 \times 10^{-19}} = 0.51 \times 10^6 \text{ eV} = 0.51 \text{ MeV}$

(2)运动电子的动能

$$E_k = eU = 1.6 \times 10^{-13} \text{ J} = 1.0 \text{ MeV}$$

得 $m = \dfrac{E}{c^2} = \dfrac{E_0 + E_k}{c^2} = 2.69 \times 10^{-30} \text{ kg}$

又 $m = m_0 \Big/ \sqrt{1 - \dfrac{v^2}{c^2}}$ 解得

$$v = 0.94c$$

6-4-4 质量亏损与核能应用

1. 结合能

质能关系也表明,如果一个粒子系统的静止质量减少了

Δm_0,就能释放出 $\Delta m_0 c^2$ 的巨大能量,这一大胆的预言已被大量粒子物理实验以及原子弹、核电站等应用所证实。

众所周知,原子核由质子和中子组成,实验表明,原子核的静质量 m_0 总是小于组成它的所有质子和中子静质量的和,差额称为原子核的质量亏损,用 B 表示,即

$$B = \sum_i m_{0i} - m_0 \qquad (6\text{-}26)$$

m_{0i} 是单个质子或中子的质量。与此亏损质量相对应的能量称为结合能 E_B,即

$$E_B = Bc^2 = (\sum_i m_{0i} - m_0)c^2 \qquad (6\text{-}27)$$

反之,要使原子核再分解为单个的质子和中子,就必须施加与结合能相同的能量。原子核的结合能很大,因而原子核十分稳定。为了阐明核子结合的紧密程度,引入比结合能的概念,定义为

$$比结合能 = \frac{E_B}{A} = \frac{Bc^2}{A} \qquad (6\text{-}28)$$

表示每个核子的平均结合能,其中 A 为原子核的质量数。比结合能越大,原子核就越稳定。表 6-2 列出了一些原子核的结合能及其比结合能。

表 6-2 原子核的结合能和比结合能

核	结合能 E_B/MeV	核子的比结合能 $(E_B/A)/MeV$	核	结合能 E_B/MeV	核子的比结合能 $(E_B/A)/MeV$
^2_1D	2.23	1.11	$^{14}_7N$	104.63	7.47
^3_1H	8.47	2.83	$^{15}_7N$	115.47	7.70
^3_2He	7.72	2.57	$^{16}_8O$	127.5	7.97
^4_2He	28.3	7.07	$^{19}_9F$	147.75	7.78
^6_3Li	31.98	5.33	$^{20}_{10}Ne$	160.60	8.03
^7_3Li	39.23	5.60	$^{23}_{11}Na$	186.49	8.11
^9_4Be	58.0	6.45	$^{24}_{12}Mg$	198.21	8.26
$^{10}_5B$	64.73	6.47	$^{56}_{26}Fe$	492.20	8.79
$^{11}_5B$	76.19	6.93	$^{63}_{29}Cu$	552	8.75
$^{12}_6C$	92.2	7.68	$^{120}_{50}Sn$	1 020	8.50
$^{13}_6C$	93.09	7.47	$^{238}_{92}U$	1 803	7.58

　　图 6-11 给出了比结合能与原子核质量数 A 的关系曲线图。图中表明,只有轻核(如氢核)和重核(如铀核)的比结合能较小,而大多数中等质量的核,其比结合能较大,居于 8 MeV 和 9 MeV 之间,这说明中等质量的核较稳定。

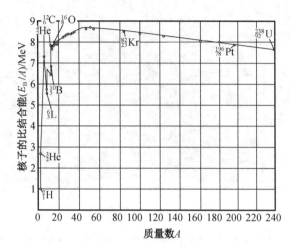

图 6-11　比结合能与质量数的关系曲线图

　　利用核能,就是要获取原子核中的结合能,图 6-11 提示人们可以从两种方式获取核能,即重核裂变和轻核聚变。

2. 重核裂变

　　重核裂变的一个著名例子,就是铀的裂变反应。这个反应是用中子轰击 $^{235}_{92}U$,生成了中等质量的原子核氙和锶,其反应式为

$$^{235}_{92}U + ^{1}_{0}n \rightarrow ^{139}_{54}Xe + ^{95}_{38}Sr + 2^{1}_{0}n$$

　　反应前后的质量亏损约为 0.22 u,这样,一个 $^{235}_{92}U$ 原子核在裂变时释放的能量为

$$Q = \Delta E = \Delta m \cdot c^2 = 0.22 \times 1.66 \times 10^{-27} \times (3 \times 10^8)^2$$
$$= 3.286\,8 \times 10^{-11} \text{ J} \approx 200 \text{ MeV}$$

　　反应中还释放了两个中子,这两个中子若被其他铀核俘获,则又会引起新的裂变,从而产生更多的中子,继而又引起更多新的裂变,这样一连串的裂变反应称为链式反应。例如,采用浓缩铀,并使铀堆体积超过临界体积,且减慢中子速度以增大核裂变的概率,那么这种不加控制的链式反应会使铀在瞬间裂变完成,同时释放巨大的能量,这就是原子弹爆炸的基本原理。图 6-12 是原子弹爆炸画面。

图 6-12　原子弹爆炸画面

图片:原子弹爆炸画面

　　若在铀堆中插入能强烈吸收中子的镉棒或硼棒,就可以控制链式反应的进行速度,使巨大的裂变能以可控的方式缓慢释放出来,这就是核反应堆的基本工作原理。产生的能量转变为热能输出,通过热交换器来加热水,生成高温高压水蒸气,推动汽轮机发电,这就是核电站运行的基本原理。核能属于清洁能源,对环境影响很小。一个铀核裂变释放的能量约 200 MeV,1 kg 铀裂变释放的能量约为 8.2×10^{13} J,相当于 2 500 t 煤燃烧所释放的能量,足以使 25 万 t 的水从室温升至沸点。一座 100 万 kW 的核电站,每年只需 25 t 至 30 t 低浓度铀核燃料,运送这些核燃料只需 10 辆卡车;而相同功率的煤电站,每年则需要 300 多万吨原煤,运输这些煤炭,要 1 000 列火车。目前,全世界约有 16% 的电能来自核电站,法国等国有 40% 的电能取自核能。我国现在也在大力发展核电事业,在确保安全的情况下,逐渐稳步提高核电的比例。开发核能应用,对于解决能源危机,实现可持续发展具有重要的意义。图 6-13 是广东大亚湾核电站的全景图。

　　3. 轻核聚变

　　两个轻原子核结合生成一个中等质量原子核,同时释放大量的能量,这样的反应称为聚变反应。常见的聚变反应是氘核生成氦核的系列聚变反应:

$$^2_1\text{H} + {}^2_1\text{H} \rightarrow {}^3_2\text{He} + {}^1_0\text{n} + 3.27 \text{ MeV}$$

$$^2_1\text{H} + {}^2_1\text{H} \rightarrow {}^3_1\text{H} + {}^1_1\text{p} + 4.04 \text{ MeV}$$

图片:广东大亚湾核电站

图 6-13　广东大亚湾核电站

$$^3_1\mathrm{H} + ^2_1\mathrm{H} \rightarrow {}^4_2\mathrm{He} + {}^1_0\mathrm{n} + 17.58 \text{ MeV}$$

$$^3_2\mathrm{He} + ^2_1\mathrm{H} \rightarrow {}^4_2\mathrm{He} + {}^1_1\mathrm{p} + 18.34 \text{ MeV}$$

在足够高的温度下,上述四个反应都会发生,这样就有六个氘核参与反应,生成两个氦核,两个质子,两个中子,一个氘核和一个氦-3($^3_2\mathrm{He}$),总共释放 43.23 MeV 的能量。这个能量看似比一个铀核裂变释放的能量(约 200 MeV)要小,但由于氘核的质量比铀核的质量小很多,使得在质量相同的情况下,氘核的数目比铀核要多得多。计算表明,1 kg 氘核聚变反应所释放的能量约是 1 kg 铀核裂变反应所释放能量的 4 倍。

在地球上,氘主要存在于海水里,且储量十分丰富,约为海水质量的0.015%,约10^{14} t,可谓取之不尽,用之不竭。而核聚变的另一原料氦-3,被世界公认为是高效、清洁、安全、廉价的核聚变发电燃料,据估计,100 t 氦-3 提供的能源总量足够全世界使用一年。氦-3 在地球上的含量却极为稀少,而根据人类已得出的初步探测结果表明,月球地壳的浅层内竟含有上百万吨氦-3。如此丰富的核燃料,足够地球人使用上万年。我国探月工程的一项重要计划,就是对月球氦-3 含量和分布进行一次由空间到实地的详细勘察,为人类未来利用月球核能奠定坚实的基础。

要实现聚变反应,还需要克服两个氘核之间的巨大的库仑力。这就需要将氘核加速到 0.25 MeV 的高能状态,或加热到接近10^8 K 的高温状态。氢弹发生聚变反应(爆炸)所需的高温,就是由引爆一颗原子弹而获得的。图 6-14 是氢弹爆炸的画面。

图 6-14　氢弹爆炸画面

虽然轻核聚变反应有着广阔的应用前景,然而非爆炸的受控核聚变研究仍处于实验阶段,距离实用还有很长的距离。目前,我国在受控核聚变领域的研究中已取得积极进展,在国际上居于领先地位。图 6-15 是我国自主设计制造的世界上首台全超导托卡马克装置——"东方超环"EAST。

图 6-15　全超导托卡马克"东方超环"EAST

例 6-10　一个氦-3($^3_2$He)核和一个氘核($^2_1$H)发生聚变反应生成一个氦核 $^4_2$He 和一个质子 $^1_1$p,计算这一反应所释放的能量。

解　反应的方程式为

$$^3_2\text{He} + ^2_1\text{H} \rightarrow ^4_2\text{He} + ^1_1\text{p}$$

反应前总质量为

$$3.014\ 9\ u+2.013\ 6\ u=5.028\ 5\ u$$

反应后的总质量为

$$4.001\ 5\ u+1.007\ 3\ u=5.008\ 8\ u$$

反应前后的质量亏损为

$$\Delta m=5.028\ 5\ u-5.008\ 8\ u=0.019\ 7\ u=3.27\times10^{-29}\ \text{kg}$$

反应所释放的能量为

$$\Delta E=(\Delta m)c^2=3.27\times10^{-29}\times(3\times10^8)^2$$
$$=2.943\times10^{-12}\text{J}=18.39\ \text{MeV}$$

6-4-5　相对论能量-动量的关系

由前面式(6-17)和式(6-23)分别给出相对论动量和能量为

$$p=mv=\frac{m_0v}{\sqrt{1-\dfrac{v^2}{c_2}}}\qquad E=mc^2=\frac{m_0c^2}{\sqrt{1-\dfrac{v^2}{c^2}}}$$

直接可以得到

$$v=\frac{pc^2}{E}\qquad\qquad(6-29)$$

分别将两式左右两边平方得

$$p^2=\frac{m_0^2v^2}{1-\dfrac{v^2}{c^2}}\qquad E^2=\frac{m_0^2c^4}{1-\dfrac{v^2}{c^2}}$$

化简可以得到

$$E^2=p^2c^2+m_0^2c^4=p^2c^2+E_0^2\qquad(6-30)$$

这就是相对论的能量-动量关系式,也是相对论的一个重要结论。为便于记忆,可以用图 6-16 的直角三角形来表示 E、E_0 和 pc 之间的关系。

能量-动量关系式可以导出一个十分有意义的结果:如果粒子的静质量为零,即 $m_0=0$,则静能量 $E_0=0$,从而有

$$E=pc\qquad\qquad(6-31)$$

也就是说存在"无质量"($m_0=0$)的粒子,而且这种粒子具有动量和能量。光子就是一种"无质量"的粒子,普朗克给出其能量为 $E=h\nu$($h=6.63\times10^{-34}$ J·s,称为普朗克常量,ν 是光的频

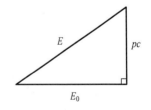

图 6-16　E、E_0 和 pc 之间的关系图

率),由此可以得出光子的动量和质量分别为

$$p = \frac{E}{c} = \frac{h\nu}{c} = \frac{h}{\lambda} \qquad (6\text{-}32)$$

$$m = \frac{E}{c^2} = \frac{h\nu}{c^2} \qquad (6\text{-}33)$$

由此可见,虽然光子的静质量为零,但其以光速运动,故其总质量并不为零。中微子的静质量很小,只有电子的 1/2 000,所以也常常近似为静质量为零的粒子。另外,如果一粒子静质量较小,但又不能近似为零,当该粒子以接近于光速运动时,其动量 p 会远大于 $m_0 c$,这时式(6-31)也近似成立,即 $E \approx pc$。

例 6-11 静止的 π 介子衰变为 μ 子和中微子 ν,三者的静质量分别为 m_π、m_μ 和 $m_\nu \approx 0$,分别求 μ 子和中微子 ν 的动能。

解 由动量守恒可得

$$0 = \boldsymbol{p}_\mu + \boldsymbol{p}_\nu \quad \text{或} \quad \boldsymbol{p}_\mu = -\boldsymbol{p}_\nu$$

其中 $\boldsymbol{p}_\mu$ 和 $\boldsymbol{p}_\nu$ 分别为 μ 子和中微子 ν 的动量。

由能量守恒可得

$$E_\pi = E_\mu + E_\nu$$

其中 E_π、E_μ 和 E_ν 分别为 π 介子、μ 子和中微子 ν 的总能量。又因

$$E_\pi = m_\pi c^2 \qquad E_\mu^2 = m_\mu^2 c^4 + p_\mu^2 c^2 \qquad E_\nu^2 = m_\nu^2 c^4 + p_\nu^2 c^2$$

将上面几式联立,可以解得

$$E_\mu = \frac{(m_\pi^2 + m_\mu^2)}{2m_\pi} c^2 \qquad E_\nu = \frac{(m_\pi^2 - m_\mu^2)}{2m_\pi} c^2$$

从而求得 μ 子和中微子 ν 的动能 $E_{k\mu}$ 和 $E_{k\nu}$ 分别为

$$E_{k\mu} = E_\mu - m_\mu c^2 = \frac{(m_\pi - m_\mu)^2}{2m_\pi} c^2$$

$$E_{k\nu} = E_\nu - m_\nu c^2 = E_\nu = \frac{(m_\pi^2 - m_\mu^2)}{2m_\pi} c^2$$

习 题

6-1 设 S' 系以 $0.6c$ 的速度相对于 S 系沿 xx' 轴匀速运动,且在 $t = t' = 0$ 时,两参考系重合,$x = x' = 0$。(1)若一事件,在 S 系中发生于 $t = 2.0 \times 10^{-7}$ s,$x = 50$ m 处,则在 S' 系中该事件发

生于何时刻? (2)若另一事件发生于 S 系中 $t = 3.0 \times 10^{-7}$ s,
$x = 10$ m 处,则在 S' 系中测得这两个事件的时间间隔是多少?

6-2 设有两个惯性参考系 S 和 S',S' 系相对于 S 系以 $0.6c$
的速度沿 xx' 轴匀速运动,在 $t = t' = 0$ 时,两参考系重合。现 S'
系中在 $x' = 60$ m,$y' = z' = 0$ 处于 $t' = 8.0 \times 10^{-8}$ s 时发生一
事件,问从 S 系中看,这个事件的时空坐标是多少?

6-3 在惯性系 S 系中,一事件发生于 x_1 处,经过 $2.0 \times$
10^{-6} s 后,另一事件发生于 x_2 处,已知 $x_2 - x_1 = 300$ m。问:
(1)能否找到一参考系 S',在 S' 系中,两个事件发生在同一地点?
(2)在 S' 系中,两个事件的时间间隔是多少?

6-4 一列火车以 100 km/h 的速度沿直线轨道行驶,火车
上的观察者测得火车长 300 m,地面上观察者发现有两个闪电同
时击中火车的前后两端,问火车上的观察者观察到闪电击中火
车前后两端的时间间隔是多少?

6-5 太空飞船沿前进方向发射一航天器,飞船上的宇航员
测得航天器的速度是 1.2×10^8 m/s。这时,航天器又沿前进方
向向太空发射一枚探测火箭,航天器中的宇航员测得火箭的速
度为 1.0×10^8 m/s,问:(1)火箭相对于飞船的速度是多少?
(2)若航天器中的宇航员沿前进方向发射一束激光,则飞船上的
宇航员测得激光的速度是多少?

6-6 实验室中以速度 v 沿 x 轴运动的粒子,在 y 方向上发
射一光子,则在实验室中的观察者测得此光子的速度是多少?

6-7 一飞船以 $0.6c$(c 是真空中的光速)的速度匀速飞离一
小行星,小行星可看作是静止的。飞船飞行 10 s 后(用飞船上的
钟测量),飞船向小行星发射一个探测器,其速度相对于小行星
是 $0.3c$,问:如用小行星上的钟测量,探测器需要多长时间到达
小行星?

6-8 地面上观察者发现甲、乙两飞船相向飞行,飞船甲以
速率 $0.9c$ 匀速向东飞行,飞船乙以速率 $0.8c$ 匀速向西飞行,试
问飞船甲上的宇航员测得飞船乙的速率是多少? 在地面观察者
看来,两飞船的相对速度又是多大?

6-9 一放射性原子核以速率 $0.1c$ 相对于实验室做匀速直
线运动,并于某一时刻发射一电子,该电子相对于原子核的速率
为 $0.8c$,如果相对于固定在核上的参考系,求该电子沿以下三个
方向发射时,相对于实验室的速度:(1)沿核的运动方向发射;
(2)沿核运动方向相反的方向发射;(3)沿垂直于核运动的方向
发射。

6-10 光在折射率为 n 的透明均匀介质中的速率为 c/n,已知一种透明液体的折射率为 n,试问,当该液体以速率 v 沿水平直水管流动时,沿着液体流动方向通过液体的光速 u 是多大。

6-11 地面上的观察者发现,一飞船以 $0.6c$ 的速度相对地球向右飞行,同时又有一彗星以 $0.8c$ 的速度相对地球向左飞行。通过计算,地面观察者认为两者将于 5 秒后相碰。问:(1)飞船中的宇航员测得彗星将以多大的速度向飞船运动?(2)在宇航员看来,他还有多少时间可以规避彗星的撞击?

6-12 在惯性系 S 中,观察者发现两个事件发生在同一地点,其时间间隔是 4.0 s;另一惯性系 S' 以恒定速率相对 S 系沿 xx' 轴运动,S' 中的观察者发现这两个事件的时间间隔是 6.0 s,问从 S' 系测量到这两个事件的空间间隔是多少?

6-13 在惯性系 S 中,观察者发现两个事件同时发生在 xx' 轴上相距为 1.0×10^3 m 的两处,另一惯性系 S' 以恒定速率相对 S 系沿 xx' 轴运动,S' 中的观察者发现这两个事件相距 2.0×10^3 m,问由 S' 系测得这两个事件的时间间隔是多少?

6-14 在惯性系 S 中有一长为 L_0 的棒沿 x 轴放置,并以速率 u 沿 xx' 轴运动。另有一惯性系 S' 以速率 v 相对于 S 系沿 xx' 轴运动,问在 S' 系中测得此棒的长度 L 为多少?

6-15 两艘飞船相向运动,每艘飞船相对地面的速度都是 v,其中一艘飞船上有一把直尺,直尺顺着飞船的运动方向放置,长度为 L_0,问另一艘飞船上的观察者测得这把直尺的长度 L 是多少?

6-16 若一电子的总能量为 5.0 MeV,求电子的静能、动能、动量和速度。

6-17 如果将电子由静止加速到速率为 $0.1c$,需对电子做多少功? 如将电子由速率 $0.8c$ 加速到 $0.9c$,又需对电子做多少功?

6-18 试求静止质量 m_0 的质点在恒力作用下的运动速度 v 和位移 x。

6-19 同位素氦-3 ($^3_2$He) 核由两个质子和一个中子组成,其静质量为 $3.014\ 93u$,则

(1) 氦-3 的静能为多少?

(2) 需要多少能量,才能使氦-3 分解为氘核 ($^2_1$H) 加一个质子?

(3) 氢核和氘核聚变为氦核,并放出 γ 光子,试计算 γ 光子的能量。

6-20　当一个粒子所具的动能恰好等于它的静能时,试问这个粒子的速度有多大? 在加速器中质子被加速到动能为其静能的 400 倍时,试问这时质子的速度有多大? 比值 $E/(pc)$ 是多少?

第七章　量子物理基础

　　具有干涉效应是波的重要特性之一。例如在第五章中讨论过的杨氏双缝干涉实验,当平行光穿过两条靠得很近的窄缝后会在光屏上产生明暗相间的干涉条纹。干涉条纹是从窄缝射出的两条光线干涉的直接结果。

　　20 世纪物理学的一个重大发现是粒子也可以像波动一样展示干涉效应。图 7-1 展示的是用电子束来进行的杨氏双缝干涉实验。在这个实验中屏幕就像电视机屏幕一样,当有电子击中屏幕的某个部位,该部位就会闪光。如果电子的行为就像一个粒子一样,只能穿过两条窄缝中的一条,那么在屏幕上的图案就是两条窄缝的像,如图 7-1(a)所示。然而实验结果却如图 7-1(b)所示,屏幕上显示的是明暗相间的条纹。与光的双缝干涉结果类似,这样明暗相间的条纹说明电子展现了与波动有关的干涉效应。但是为何电子在图 7-1(b)中的实验中会表现得像波一样? 这又是什么波呢? 这些深奥的问题将会在本章进行讨论。现在我们已经知道了如果把一个电子想象成单个离散的物质点是无法解释电子在某些情况下表现得像一个波的行为。换言之,电子具有二象特性,兼具粒子特性和波动特性。

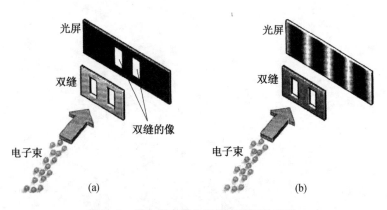

图 7-1　用电子束做的杨氏双缝干涉实验

（a）如果电子以粒子的方式穿过双缝之一,那么光屏上将产生双缝的像
（b）实际上光屏上看到的是明暗相间的条纹,和光的双缝干涉图样类似

动画:电子的双缝干涉

　　另外一个有趣的问题是:如果一个粒子可以展示波动特性,

那波是否可以表现得和粒子一样呢？之后的几节将告诉读者这个问题的回答是肯定的。事实上，揭示波具有粒子特性的实验在 20 世纪初就完成了，早于揭示电子具有波动性的实验。科学界现在已经接受自然界具有波粒二象性的事实：波可以展示粒子特性，而粒子可以展示波动特性。

首先将从黑体辐射出的电磁波入手，展开波粒二象性的讨论，这是因为黑体辐射为科学界发现波粒二象性提供了第一条实验线索。

7-1　波粒二象性　薛定谔方程

7-1-1　黑体辐射

所有物体不论冷热都持续地发射着电磁波，这种现象称为热辐射。热辐射包含各种频率成分，而且不同频率成分的强度也不同。例如加热的铁块可以发光，是因为它发射的电磁波很大一部分处于可见光区。太阳的表面温度达到了 6 000 K，看起来是黄色的。而温度比太阳低的恒星参宿四的表面温度为 2 900 K，看起来是橘红色的。而对于温度很低的物体，它们所发出来的电磁波在可见光区内非常微弱，因此看起来并不发光。人体仅有 310 K 左右的温度，其辐射出的可见光部分的电磁波太微弱不能被肉眼直接看到，但是可以被红外线传感装置探测到，如图 7-2 所示。

视频：加热铁块

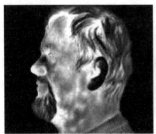

图片：人体的热谱图

图 7-2　人体的热谱图（红外电磁波被电子器件探测到并用不同颜色表征不同温度：热——白色，冷——蓝色）

物体也具有反射或吸收外来辐射的能力。如果一个物体能全部吸收投射在它上面的辐射而无反射，这种物体被称为黑体。黑体是理想模型，实际物体不可能完全吸收外来辐射，通常人们认为的最黑的煤炭，也只能吸收入射于其上的电磁辐射的 95%。但我们可以用一个空腔，在其腔壁上开一个小孔，由于射入小孔的电磁辐射经腔壁的多次反射和吸收后几乎不能再从小孔射出,因此小孔口表面就可以近似地看作黑体。我们定义:在单位时间内、单位面积上,在频率 ν 附近单位频率范围内辐射的能量 M_ν 称为单色辐射出射度,简称单色辐出度。对于黑体而言,单色辐出度与空腔的形状及组成的物质无关,只与黑体的绝对温度和频率或波长有关,即 $M_\nu = M_\nu(T)$,如图 7-3 所示。对单色辐出度求各个频率(或波长)段上的积分,就可求出单位时间内、单位面积上,辐射的总能量 $M(T)$,即辐出度

$$M(T) = \int_0^\infty M_\nu(T)\,\mathrm{d}\nu \tag{7-1}$$

它只是温度的函数,见公式(7-2)。

根据图 7-3 显示的实验规律可以得到两个经验公式,这两个公式可以从后来的普朗克理论中推得。

图片:一个绝对黑体发出的热辐射的单色辐出度随波长变化

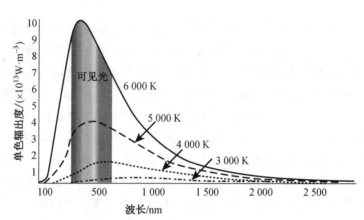

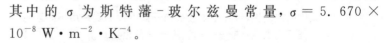

图 7-3 一个绝对黑体发出的热辐射的单色辐出度随波长变化

(1) 斯特藩-玻尔兹曼定律。1879 年奥地利物理学家斯特藩从实验中发现,黑体的单色辐出度曲线下面的面积,即黑体的辐出度 $M(T)$ 与黑体的热力学温度 T 的四次方成正比,即

$$M(T) = \sigma T^4 \tag{7-2}$$

其中的 σ 为斯特藩-玻尔兹曼常量,$\sigma = 5.670 \times 10^{-8}\ \mathrm{W \cdot m^{-2} \cdot K^{-4}}$。

玻尔兹曼于 1884 年从热力学理论也独立得到这个关系,故此式常被称为斯特藩-玻尔兹曼定律。

(2) 维恩位移定律。1893 年,维恩从热力学理论得到 $M_\nu(T)$-λ 曲线的峰值位置的波长 λ_m 与温度成反比关系,即

$$\lambda_\mathrm{m} T = b \tag{7-3}$$

这个关系被称为维恩位移定律,它是测量遥远星际表面温度的

视频:地球为什么足够温暖?

常用和有效的方法,其中的常量 $b = 2.898 \times 10^{-3}$ m·K 。

例 7-1 假定恒星表面可看作黑体,测得太阳和北极星辐射波谱的峰值波长 λ_m 分别为 510 nm 和 350 nm,试估算:(1)太阳和北极星的表面温度;(2)太阳和北极星表面的辐出度。

解 (1)根据维恩定律 $\lambda_m T = b$ 有 $T = b/\lambda_m$ 。
对于太阳
$$T_1 = b/\lambda_{m1} = 2.898 \times 10^{-3}/510 \times 10^{-9}$$
$$\approx 5\ 700 \text{ K}$$
对于北极星
$$T_2 = b/\lambda_{m2} = 2.898 \times 10^{-3}/350 \times 10^{-9}$$
$$\approx 8\ 300 \text{ K}$$

(2)根据斯特藩-玻尔兹曼定律
$$M(T) = \sigma T^4$$
对于太阳
$$M_1 = \sigma T_1^4 = 5.67 \times 10^{-8} \times (5\ 700)^4$$
$$\approx 6 \times 10^7 \text{ W·m}^{-2}$$
对于北极星
$$M_2 = \sigma T_2^4 = 5.67 \times 10^{-8} \times (8\ 300)^4$$
$$\approx 2.7 \times 10^8 \text{ W·m}^{-2}$$

虽然上述两个经验公式可以对图 7-3 的实验图像的部分性质做定量描述,但是利用经典理论对实验曲线进行精确描述时却遇到了困难。为了从理论上推导 $M_\nu(T)$-λ 曲线,德国物理学家普朗克于 1900 年将黑体处理为大量谐振子构成的集合,并且每个谐振子都可以发射和吸收电磁波。为了使得理论和实验相符合,普朗克假设每个谐振子只能拥有分立的能量

$$\varepsilon = nh\nu \qquad (7-4)$$

式中 n 为正整数,h 为普朗克常数,实验测定其数值为 $6.626\ 075\ 5(40) \times 10^{-34}$ J·s 。而一个谐振子的能量不能取介于这些分立值之间的数值,也就是说能量是**量子化**的。这种能量的量子化在当时传统物理中是不存在的,但是很快能量的量子化就得到了广泛的认同,并为后来爱因斯坦提出的新思想提供了基础,该新思想就是电磁波是由一群分立的能量为 $h\nu$ 整数倍的能量子构成的。

7-1-2 光电效应

光照射在金属表面打出电子的现象被称为**光电效应**。赫兹

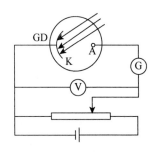

图 7-4 光电效应实验原理装置图

1888 年在实验中发现了光电效应。由于直到 1897 年电子才被汤姆生发现,所以赫兹当时并不知道光照射在金属上打出来的就是电子,更不了解其机制。光电效应实验原理装置图如图 7-4 所示。

实验表明,光电效应具有以下几个特点:

(1) 对于一种特定的金属材料,有一个确定的临界频率 ν_0,又称红限频率。当入射光频率 $\nu < \nu_0$ 时,无论光的强度多大,照射时间多长都没有光电子从电极上逸出。只有当入射光频率 $\nu \geq \nu_0$ 时,电子才能从金属表面逸出。

(2) 当入射光频率 $\nu \geq \nu_0$ 时,不论光强度多微弱,只要光一照在金属物体上,立即就有光电子逸出,即光电效应是"瞬时"发生的。

(3) 每个光电子的最大动能 $E_{k,max}$ 以及相应的遏止电压 U_0 与光强度无关,只与入射光的频率 ν 呈线性关系,如图 7-5 所示。光强度只影响单位时间从电极单位面积上逸出的电子的数目,所以饱和电流与光强成正比。

根据经典理论,无论何种频率的入射光,其周期振荡的电场都会使得金属表面的电子产生受迫振动。只要光的强度足够大,就能使电子具有足够的能量而从金属表面逃逸。即使强度不够大,只要有足够的能量积累时间,也可以挣脱金属表面的束缚逃逸。

上述这些实验特点无法利用经典理论加以解释。

1905 年爱因斯坦在普朗克的黑体辐射理论的基础上对光电效应进行了阐释,爱因斯坦也因此被授予了 1921 年的诺贝尔物理学奖。他认为,电磁辐射不仅在被发射或吸收时以能量子的形式出现,而且以这种形式,用光的速度 c 在空间运动,即光波是由光量子组成,每一个光量子的能量与光波的频率和波长满足关系式

$$\varepsilon = h\nu = \frac{hc}{\lambda} \tag{7-5}$$

对单个光子来说,其能量决定于频率。频率 ν 越高的光束,每一个光子所携带的能量越大;对给定频率的光束来说,每个光子所携带的能量是相同的,光的强度越大,就表示单位时间内通过的光子数目越多。

用上述光量子概念可以很容易地解释光电效应。电子逃逸出金属表面需要一定的能量,称为逸出功,记为 W。当频率为 ν 的入射光照射到金属表面时,能量为 $h\nu$ 的光子被金属中的电子所吸收使得电子能量升高。如果入射光子的能量小于逸出功,电

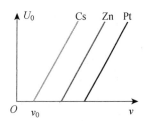

图 7-5 光电效应中不同金属的截止电压与光子频率成线性关系

子所吸收到的光子能量不足以克服逸出功,无论光强多大,电子都是不能逃逸出来的。在此情况下,电子或者不吸收光子,或者以碰撞的形式将吸收的能量传递给晶格。如果入射光子的能量大于逸出功,电子将该能量的一部分用来克服金属表面对它的吸引,另一部分成为电子离开金属表面后的动能,即

$$h\nu = \frac{1}{2}mv_{max}^2 + W \qquad (7-6)$$

式中 m 为电子质量, v_{max} 为电子逃逸出金属表面后的最大速度。

当光子所携带的能量恰好等于逸出功时,电子刚好能逸出金属表面,电子的初动能为零,此时光子的频率即为实验测到的红限频率 ν_0,有 $h\nu_0 = W$。考虑到最大初动能与遏止电压的关系 $E_{k,max} = eU_0$,式(7-6)可写为

$$E_{k,max} = eU_0 = h(\nu - \nu_0) \qquad (7-7)$$

因此电子的最大初动能,也就是遏止电压与电子电量的乘积,与入射光子的频率 ν 呈线性关系,与图 7-5 中的实验曲线一致,其比例常数为普朗克常量 h。由于光电子的释放和光的照射几乎是同时发生的,所以光电效应的发生是瞬时的。

例 7-2 氦氖激光器发出波长为 633 nm 的激光,当激光器的输出功率为 1 mW 时,每秒发出的光子数是多少?

解 单个光子的能量为

$$\varepsilon = h\nu = hc/\lambda = 6.63 \times 10^{-34} \times 3 \times 10^8/(633 \times 10^{-9})$$
$$= 3.14 \times 10^{-19} \text{ J}$$

单位时间内激光器输出的能量全部转化为光子的能量

$$N\varepsilon = Pt$$

所以 1 s 内发出的光子数为

$$N = Pt/\varepsilon = 10^{-3} \times 1/(3.14 \times 10^{-19}) = 3.2 \times 10^{15} \text{ 个}$$

例 7-3 实验发现波长大于 $\lambda_0 = 2.74 \times 10^{-5}$ cm 的光无法从金属钨中打出光电子。求:(1)钨的电子逸出功;(2)在 $\lambda = 2.00 \times 10^{-5}$ cm 的紫外光照射下,光电子的遏止电压。

解 (1) $W = h\nu_0 = hc/\lambda_0 = 6.63 \times 10^{-34} \times 3 \times 10^8/(2.74 \times 10^{-7}) = 7.26 \times 10^{-19}$ J

(2)根据光电效应方程

$$eU_0 = h(\nu - \nu_0)$$

所以

$$U_0 = \frac{hc}{e}\left(\frac{1}{\lambda} - \frac{1}{\lambda_0}\right)$$

$$= \frac{6.63 \times 10^{-34} \times 3 \times 10^8}{1.6 \times 10^{19}}\left(\frac{1}{2.00 \times 10^{-7}} - \frac{1}{2.74 \times 10^{-7}}\right)$$

$$= 1.68 \text{ V}$$

7-1-3 光子的动量与康普顿效应

虽然爱因斯坦在 1905 年就给出了光电效应的光子模型,但是光子的概念直到 1923 年才获得广泛认同。这是由于该年美国物理学家康普顿利用光子模型成功地解释了他发现的 X 光在石墨上散射的实验结果。X 光是一种高频电磁波,若将其也看成光子,则可以解释如下效应。

图 7-6 展示的是一个 X 光光子入射到石墨中并与电子发生碰撞。就像台球桌上两个台球发生碰撞一样,X 光光子在碰撞后向某个方向散射,而电子在碰撞之后朝另一个方向反冲。康普顿发现散射光的频率 ν 略小于入射光的频率 ν_0,说明光子在碰撞过程中损失了能量。实验还发现这两个频率之差只与入射光与散射光之间的夹角 θ 有关,与散射物质无关。这种 X 光光子被电子散射并且散射后 X 光频率变小的效应被称为康普顿效应。

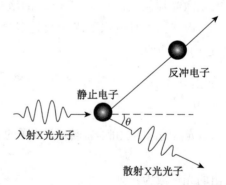

图 7-6 **X 光光子入射到石墨中并与电子发生碰撞的过程**

在第一章中,两个物体的弹性碰撞可以用能量守恒和动量守恒进行分析。与此类似,一个光子与一个电子的碰撞也可以使用同样的方法,并假定电子一开始处于静止状态。根据能量守恒,有

$$h\nu_0 = h\nu + 电子的反冲动能 \tag{7-8}$$

由于电子一开始处于静止状态,根据动量守恒,有

入射光子的动量＝散射光子的动量＋反冲电子的动量

$$\tag{7-9}$$

根据相对论,任意粒子的动量 p 和总能量 ε 可以写为

$$p = \frac{mv}{\sqrt{1-\frac{v^2}{c^2}}} \ , \ \varepsilon = \frac{mc^2}{\sqrt{1-\frac{v^2}{c^2}}}$$

结合以上两式可以得到 $p=\varepsilon v/c^2$。由于光子以光速行进,于是 $v=c$,那么一个光子的动量为 $p=\varepsilon/c$。由于光子的能量是和频率有关的 $\varepsilon = h\nu$,以及波动关系 $c=\lambda\nu$,光子的动量可以表示成

$$p = \frac{\varepsilon}{c} = \frac{h}{\lambda} \tag{7-10}$$

结合式(7-8)、式(7-9)以及式(7-10),康普顿导出散射光波长 λ 与入射光波长 λ_0 之差关于散射角 θ 之间的关系为

$$\lambda - \lambda_0 = \frac{h}{mc}(1-\cos\theta) \tag{7-11}$$

其中 m 为电子质量,而等式右边的常数 $h/(mc)=2.43\times10^{-12}$ m 被称为康普顿电子波长。由于 $\cos\theta$ 的取值范围为 -1 到 1,波长差 $\lambda-\lambda_0$ 可以取 0 到 $2h/(mc)$,这也被康普顿用实验观察到了。

　　光电效应和康普顿效应为光具有粒子性提供了坚实的证据。而之前讨论的干涉现象又说明了光具有波动性。光是否具有两种不同的属性,在某些实验中表现得像一束粒子而在某些实验中表现得像一列波动? 答案是肯定的,现在科学家相信波粒二象性是光的一种内禀属性。

　　例 7-4 已知 γ 射线的波长为 $\lambda=1.24\times10^{-12}$ m,求其光子的能量、动量和质量。

　　解 根据爱因斯坦光子假设,光子的能量

$\varepsilon = h\nu = hc/\lambda = 6.63\times10^{-34}\times3\times10^{8}/(1.24\times10^{-12})$

$\quad = 1.6\times10^{-13}$ J

光子的动量

$$p = h/\lambda = 6.63\times10^{-34}/(1.24\times10^{-12})$$
$$= 5.35\times10^{-22} \text{ kg} \cdot \text{m} \cdot \text{s}^{-1}$$

因为

$$\varepsilon = mc^2$$

光子的质量为

$$m = \varepsilon/c^2 = 1.6\times10^{-13}/(3\times10^{8})^2 = 1.78\times10^{-30} \text{kg}$$

　　例 7-5 波长为 $\lambda_0=0.02$ nm 的 X 射线与自由电子发生碰

撞,若从与入射方向成 90°角的方向观察散射线。求:(1)散射线的波长;(2)反冲电子的动能。

解 (1)根据康普顿公式

$$\lambda = \lambda_0 + h(1 - \cos\theta)/(mc)$$
$$= 0.02 \times 10^{-9} + 6.63 \times 10^{-34}(1 - \cos 90°)/(9.1 \times 10^{-31} \times 3 \times 10^8)$$
$$= 2.24 \times 10^{-11} \text{ m}$$

(2)根据能量守恒,光子损失的能量就是电子获得的动能

$$E_k = hc/\lambda_0 - hc/\lambda = 1.08 \times 10^{-15} \text{ J}$$

在康普顿实验中电子获得了光子的一部分动量而发生反冲,因此光子的动量可以被用来让其他物体发生运动。2016 年4 月霍金宣布联合互联网投资人启动一项名为突破摄星的计划。突破摄星项目的一部分是利用高能激光加速邮票大小的纳米小型太空飞船,飞往我们最近的恒星系,如图 7-7 所示。

动画:突破摄星计划

图 7-7 突破摄星计划示意图

7-1-4 德布罗意波与物质的波动特质

1923 年,作为一个博士毕业生,德布罗意将粒子与光波行为作对比后提出了一个惊人的假设,既然光波能显示粒子的行为,那么物质的粒子也能表现出波动的行为。德布罗意提出所有运动的物质都有一个与之对应的波长。

德布罗意认为,式(7-10)给出的波长 λ 不仅适用于光子,也适用于粒子

$$\lambda = h/p \tag{7-12}$$

其中 h 是普朗克常数,p 是粒子动量,而 λ 为粒子的德布罗意波长。

1927 年美国物理学家戴维森和杰默分别独立证明了德布罗意的假设,英国物理学家汤姆森与戴维森以及杰默将一束电子直接打到镍晶体上,观察到了电子显示出衍射行为。类似 X

射线被晶体衍射,衍射图揭示了电子的波长,与德布罗意假设所预测的相符。后来,利用电子也实现了杨氏双缝干涉实验,即本章开始时所提及的。除了电子,其他粒子也能显示波的性质,如今中子衍射经常被用于晶体结构的研究。

例 7-6 计算下列两种运动物质的德布罗意波长。(1)质量为 100 g,速度为 10 m·s^{-1} 运动的小球;(2)以 2.0×10^3 m·s^{-1} 速度运动的质子。

解 (1) 根据德布罗意公式

$$\lambda = h/p$$
$$= h/(mv)$$
$$= 6.63 \times 10^{-34}/(0.1 \times 10)$$
$$= 6.63 \times 10^{-34} \text{ m}$$

(2) 质子的质量为 1.67×10^{-27} kg,相应的德布罗意波长为

$$\lambda = h/p$$
$$= h/(mv)$$
$$= 6.63 \times 10^{-34}/(1.67 \times 10^{-27} \times 2.0 \times 10^3)$$
$$= 2.0 \times 10^{-10} \text{ m}$$

此计算结果说明,宏观粒子(小球)的波动性(波长长短)实在是微乎其微,以至于可以不必考虑。

德布罗意关于粒子波及其波长的表达式没有说明波的性质,为了得到波的一些性质,我们可以观察图 7-8。图 7-8(a)显示的是利用电子实现的杨氏双缝干涉实验。屏幕上显示的亮条纹是由于穿过两个缝的物质波干涉相长,而暗条纹是由于物质波干涉相消。

一个电子穿过双缝并击中屏幕而出现一个亮点,图 7-8(b)、(c)、(d)表明了亮点随时间的积累过程。随着越来越多的电子打在屏幕上,亮点最终形成条纹图样,如图 7-8(d)所示。亮条纹出现在电子击中屏幕可能性高的地方,那么理解粒子波的关键是:粒子波是几率波。这个波在空间一点上的大小表明粒子在那个点上出现的可能性。电子在屏幕上某处打出的点的多少意味着粒子波在该处的概率大小。图 7-8(b)中没有条纹图案并不意味着没有几率波,只是由于击中屏幕的电子太少以至于图案难以辨认。图 7-8 上由几率产生的条纹类似于在原始杨氏光波实验中光线强度变化造成的明暗条纹。在第五章中,我们了解到光强与电场强度的平方成正比。与此类比,对于粒子波,粒子出现的概率与波的振幅 $|\psi|$ 的平方成正比,ψ 被称为粒子波

动画:电子的双缝干涉

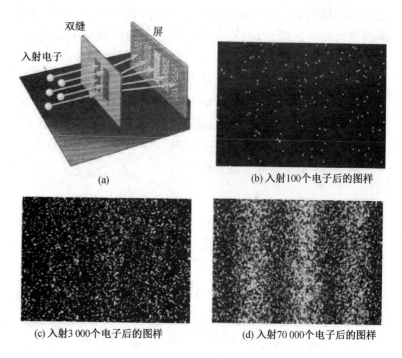

图 7-8 双缝干涉实验不同入射电子数的示意图

函数。

粒子的波函数 $\psi(r)$ 是位置 r 的函数,那么在某点 r 附近的体积微元 $dV = dxdydz$ 中找到粒子的概率应该为 $|\psi(r)|^2 dxdydz$。在非相对论情况下,即不考虑粒子的产生与湮灭现象,波函数的统计性要求该粒子在空间各点的概率之和为 1,于是要求波函数满足条件

$$\int |\psi(r)|^2 dV = 1$$

这称为波函数的归一化条件,其中 $|\psi(r)|^2$ 称粒子处于某点的概率密度。

7-1-5 海森堡不确定原理

图 7-8 中的亮条纹表明电子撞击屏幕出现可能性高的地方。既然出现了多条亮纹,那么每一个粒子在屏幕不同位置都有撞击的可能性,换言之就是不可能提前确定一个电子在屏幕上撞击的位置。我们只能确定电子出现在不同位置的概率,而不能再像牛顿定律所预言的那样,一个粒子通过双缝直接沿着直线打到屏幕上。当粒子像电子一样足够小,穿过一对相距很近且足够窄的缝时,牛顿定律就不再适用了。

因为在这样的环境中,粒子的波本质是非常重要的,任意单个粒子的行为是不确定的,而仅能预测大量粒子的平均行为。

为了更清楚地了解不确定性的本质,设想粒子穿过单缝,如图7-9所示。大量电子撞击屏幕之后,出现一个衍射图案。电子的衍射图案由明暗条纹组成,与光的衍射图案类似。图7-9绘出了单缝和中央亮条纹以及其两侧的暗条纹的所在位置。中央条纹是亮条纹,即暗条纹之间的区域。如果除了中央明纹电子击中的屏幕区域,其他区域的概率是可以忽略的,电子被单缝衍射的程度可由图中的角 θ 给出。尽管电子是以 x 方向入射,开始时并没有 y 方向上的动量,但它们在 y 方向上必须获得动量,才能有沿 y 方向的扩展。我们用 Δp_y 来表示电子穿过缝之后 y 方向上的最大动量与零之间的差值。Δp_y 代表着 y 方向上动量的不确定性,也就是说电子在 y 方向上的动量值可能为 0 到 Δp_y。

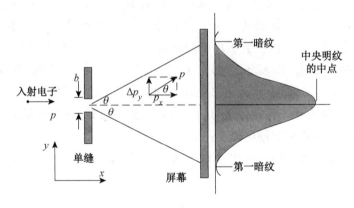

图7-9 大量电子入射单缝后打在屏幕上即可观察到
明暗相间的衍射条纹

假设光的衍射公式也适用于德布罗意波长为 λ 的粒子波,我们就将 Δp_y 的值与缝宽 b 联系在一起。衍射公式告诉我们第一暗纹所对应的角度 θ 满足 $\sin\theta = \lambda/b$。另外,图7-9表明 $\sin\theta = \Delta p_y/p$,其中 p 为电子入射或衍射时的动量。因此 $\Delta p_y/p \approx \lambda/b$。再根据德布罗意公式 $p = h/\lambda$,那么 $\dfrac{\Delta p_y}{p} = \dfrac{\Delta p_y}{h/\lambda} \approx \dfrac{\lambda}{b}$,于是

$$\Delta p_y \approx \frac{h}{b} \qquad\qquad (7\text{-}13)$$

式(7-13)表明缝越小会导致电子在 y 方向上的动量的不确

定性越大。

　　海森堡第一次提出电子在 y 方向上动量的不确定性 Δp_y 与其所穿过的缝在 y 方向上的宽度有关。因此电子在 y 方向上位置的不确定性是 $\Delta y = b$,带入公式(7-13)得到$(\Delta p_y)(\Delta y) \approx h$。海森堡通过分析给出了著名的海森堡不确定原理,其表达式为式(7-14)。海森堡不确定原理是一般性原理,具有普遍性,它不仅适用于单缝衍射。

　　海森堡不确定原理

　　动量和位置的不确定性

$$(\Delta p_y)(\Delta y) \geqslant \hbar/2 \qquad (7\text{-}14)$$

其中 $\hbar = h/2\pi$, Δy 为粒子沿 y 方向上的位置的不确定性,Δp_y 为粒子动量在 y 方向上的不确定性

　　海森堡不确定性原理限制了粒子的动量和位置可以同时被确定的精度。这些限制并非由于测量技术的缺陷造成的。它们是本质的,没有办法规避。式(7-14)表明 Δp_y 和 Δy 在同一时间不能任意小。如果其中一个很小,另一个就必须非常大。如果一个粒子所在的位置被精确地确定下来,即 $\Delta y = 0$,那么,Δp_y 将是无限大,即粒子的动量是完全不确定的。相应的,如果 $\Delta p_y = 0$,那么 Δy 将是无限大,粒子的位置是完全不确定的。简言之,海森堡不确定原理可表述为:**在某一时刻,一个粒子的位置和动量不可能同时确定。**

　　能量和时间之间也存在不确定原理,能量和时间的不确定性由

$$(\Delta E)(\Delta t) \geqslant \hbar/2 \qquad (7\text{-}15)$$

表示,其中 ΔE 为粒子在某个状态能量的不确定性,Δt 为粒子处于该状态上的时间间隔。式(7-15)表明,粒子能量的不确定性 ΔE 与粒子保持在此能量范围的时间间隔 Δt 的乘积,大于或等于普朗克常数除以 4π。因此粒子处于某状态的时间越短,那么该状态能量的不确定性就越大。

　　例 7-7　一颗质量为 10 g 的子弹,具有 200 m·s^{-1} 的速率。若其动量的不确定范围为动量的 0.01%,则该子弹位置的不确定量范围为多大?

　　解　子弹的动量为

$$p = mv = 2 \text{ kg} \cdot \text{m} \cdot \text{s}^{-1}$$

动量的不确定量为

$$\Delta p = 2 \times 10^{-4} \text{ kg} \cdot \text{m} \cdot \text{s}^{-1}$$

根据海森堡不确定原理,位置的不确定范围

$$\Delta x \geqslant h/(2\Delta p) = h/(4\pi\Delta p) = 2.6 \times 10^{-31} \text{ m}$$

例 7-8　一电子具有 $200 \text{ m} \cdot \text{s}^{-1}$ 的速率,若其动量的不确定范围为动量的 0.01%,则该电子的位置不确定量范围为多大?

解　电子的动量为

$$p = mv = 9.1 \times 10^{-31} \times 200$$
$$= 1.8 \times 10^{-28} \text{ kg} \cdot \text{m} \cdot \text{s}^{-1}$$

动量的不确定量为

$$\Delta p = 1.8 \times 10^{-32} \text{ kg} \cdot \text{m} \cdot \text{s}^{-1}$$

位置的不确定范围

$$\Delta x \geqslant h/(4\pi\Delta p) = 2.9 \times 10^{-3} \text{ m}$$

不确定原理与普朗克常数有关,普朗克常数是一个非常小的数,因此不确定原理对电子等微小粒子的运动具有重要的影响。正如上述两例,宏观物体的质量远远大于微观粒子的质量,不确定原理对宏观物体的运动影响不大,宏观物体的位置和动量的不确定性非常小,以至于不影响我们同时确定物体的位置和速度。

7-1-6　薛定谔方程

在经典力学中,由牛顿运动定律以及质点初始状态(位置和速度),就可以推知任意时刻质点的状态(位置与速度)。1925 年奥地利物理学家薛定谔和德国物理学家海森堡分别独立发展了波函数的理论和矩阵力学理论框架,进而建立了物理中的新的领域,叫作"量子力学"。在量子力学波函数理论中,粒子的状态由波函数描述,在已知粒子初始波函数的情况下,根据薛定谔方程便可预知任意时刻微观粒子的状态。

下面先给出满足一维运动的自由粒子的波动方程,再推广到一般情况。动量为 p_x、能量为 E 的一维运动自由粒子的波函数是平面波

$$\psi(x,t) = Ae^{\frac{i}{\hbar}(p_x x - Et)}$$

对该波函数的坐标求二次偏微商得

$$\frac{\partial^2 \psi}{\partial x^2} = -\frac{p_x^2}{\hbar^2}\psi$$

于是

$$\frac{\partial^2 \psi}{\partial x^2} = -\frac{p_x^2}{h^2}\psi = -\frac{2m}{h^2}E\psi$$

其中利用了自由粒子非相对论能量和动量关系式 $E = p^2/2m$，再将自由粒子的波函数对时间求一次偏微商，可得

$$\frac{\partial \psi}{\partial t} = -\frac{i}{h}E\psi$$

与前面的式子比较，得

$$i\hbar\frac{\partial \psi}{\partial t} = -\frac{\hbar^2}{2m}\frac{\partial^2 \psi}{\partial x^2} \qquad (7-16)$$

这就是一维空间自由粒子的含时薛定谔方程。

进一步考虑处于势场 $V(x)$ 中的粒子，其经典能动量关系为 $E = \dfrac{p_x^2}{2m} + V$，可推知

$$i\hbar\frac{\partial \psi}{\partial t} = \left(-\frac{\hbar^2}{2m}\frac{\partial^2}{\partial x^2} + V\right)\psi \qquad (7-17)$$

这便是**一维含时薛定谔方程**，它是微观粒子运动遵循的基本方程。

下面来讨论薛定谔方程定态解。如果势场 V 不随时间变化，即 $V = V(x)$，可以将波函数关于位置和时间的部分分离

$$\psi(x,t) = \phi(x)f(t)$$

代入式(7-17)，并在两边同除以 ψ，得到

$$\frac{i\hbar}{f}\frac{\mathrm{d}f}{\mathrm{d}t} = \frac{1}{\phi}\left[-\frac{\hbar^2}{2m}\frac{\mathrm{d}^2\phi}{\mathrm{d}x^2} + V(x)\phi\right]$$

此式左边只是 t 的函数，右边只是 x 的函数，t 与 x 为相互独立的变量，所以只有当两边都等于同一常量时，等式才能成立，设此常量为 E，就是系统的能量，则有

$$-\frac{\hbar^2}{2m}\frac{\mathrm{d}^2}{\mathrm{d}x^2}\phi + V(x)\phi = E\phi \qquad (7-18)$$

$$i\hbar\frac{\mathrm{d}f}{\mathrm{d}t} = Ef \qquad (7-19)$$

由式(7-19)容易解得

$$f(t) = C\mathrm{e}^{-\frac{iE}{\hbar}t}$$

其中 C 为任意常数。式(7-18)称为**一维定态薛定谔方程**。

推广到三维情况中时,式(7-18)中的 $\dfrac{d^2}{dx^2} \rightarrow \dfrac{\partial^2}{\partial x^2} + \dfrac{\partial^2}{\partial y^2} + \dfrac{\partial^2}{\partial^2 z}$, $V(x) \rightarrow V(r)$。$\nabla^2 = \dfrac{\partial^2}{\partial^2 x} + \dfrac{\partial^2}{\partial^2 y} + \dfrac{\partial^2}{\partial^2 z}$ 称为拉普拉斯算符,那么三维定态薛定谔方程为

$$-\frac{\hbar^2}{2\mu}\nabla^2\phi + V(r)\phi = E\phi \qquad (7\text{-}20)$$

量子力学中"量子"一词涉及必须考虑粒子波的微观层次,在那里粒子能量是量子化的,也就是仅有特定的能量是被允许的。要理解原子的结构和与之相关的现象,量子力学是至关重要的。在本章后几节里,我们将在量子力学的基础上探讨原子的结构。

7-2 原子与光谱

7-2-1 卢瑟福散射与原子的有核模型

在 20 世纪早期英国物理学家汤姆生认为,正电荷分布在原子各处,类似于均匀的蛋糕,负电荷像葡萄干一样点缀在蛋糕各处。一般情况下,一个原子呈电中性,是因为原子中正电荷总数与负电荷总数相等。"葡萄干-蛋糕"模型并不被英国物理学家卢瑟福认同。1911 年卢瑟福完成了一个散射实验,该实验结果无法用"葡萄干-蛋糕"解释。α粒子是带正电荷的氦核粒子。卢瑟福与他的合作者向金箔上发射一束α粒子,如图 7-10 所示。如果"葡萄干-蛋糕"模型正确,那么α粒子应该能直接穿过金箔,因为电子的质量较小,正电荷又摊开在稀松的"蛋糕"上,这个模型中没有东西可以让质量相对较大的α粒子产生偏转。通过α粒子撞击在屏幕上的闪光,卢瑟福和他的合作者发现并不是所有的α粒子都可以直接穿过金箔,而是有少量的α粒子发生了大角度偏转。卢瑟福说:"这几乎是不可思议的,就好像你往一片纸巾上发射了一个 15 英寸的弹壳,它又反弹了回来。"卢瑟福得出结论:正电荷不是在整个原子中均匀分布,而是集中在一个称为原子核的小区域。一个原子有一个非常小的、带正电的原子核(半径$\approx 10^{-15}$ m),原子核外有一定数量的核外电子围绕着原子核运动。一般情况下一个原子呈电中性,因为核包含相同数量的质子(每个质子带电量为$+e$)和电子(每个电子带电量为$-e$)。这个被普遍接受的模型称为

原子的有核模型。

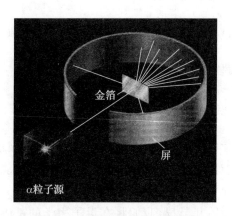

动画:卢瑟福散射实验

图 7-10　卢瑟福散射实验示意图

在原子中,电子是怎样与带有正电荷的核"相处"的呢? 如果电子是静止的,由于电子与核电荷向内拉的作用力使得很难在原子序数大的时候找到电子的"平衡位置"。而电荷以某种方式围绕核运动,像行星在轨道上绕太阳运动时一样,电子似乎是可以与原子核"相安无事"的。于是就有了原子的"有核模型",有时也被称为原子的"行星模型"。只是原子比我们的太阳系更加空旷。

尽管原子的行星模型简单,但是却备受诟病。例如,运动的电子在弯曲的路径上有一个向心加速度,按照电磁学规律,它会不断地发射电磁波而消耗能量,电子将越来越靠近原子核,并最终坠落到原子核上。而物质很稳定,这种塌缩不可能发生。因此尽管行星模型给出了比"葡萄干-蛋糕"模型更实际的图像,但也仅能回答一部分的实验结果。

7-2-2　线性光谱

在 7-1-1 节我们已经知道所有物体都发射电磁波,在 7-2-3 节我们将会了解辐射是怎样出现的。对于固体,如灯泡里的热灯丝,这些电磁波具有连续谱,其中一些波长处于光谱的可见光区。固体中所有原子辐射出的电磁波构成了连续谱。对单个原子,只发射某些特定的波长,而不是连续谱。这些特定波长的辐射为研究原子的结构提供了重要的线索。

为研究单个原子的行为,将低压气体密封在装有两个电极的玻璃管内,并在电极上加以高压,就可以使得低压气体发出电磁波。利用光栅可以将这些电磁波分开成一条条分立的谱线,称为**线性光谱**。图 7-11 是氖和汞光谱的可见部分,氖和汞的光谱让氖灯和汞灯具有特定的颜色。

氖(Ne)

汞(Hg)

图 7-11 氖和汞的线性光谱

最简单的线谱是氢原子的线谱。图 7-12 用简图说明了氢原子谱中的一些系列。线性系列在可见区域叫作巴尔末系,它是由一个瑞士教师巴尔末发现的。巴尔末找到了一个经验公式,给出了观测波长的值。下面给出巴尔末系以及适用于较短波长的莱曼系和较长波长的帕邢系的类似方程,这些波长也已在图 7-12 中示出。

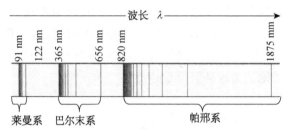

图 7-12 氢原子的线性光谱

莱曼系

$$\frac{1}{\lambda} = R\left(\frac{1}{1^2} - \frac{1}{n^2}\right) \qquad n = 2, 3, 4, \cdots \qquad (7\text{-}21)$$

巴尔末系

$$\frac{1}{\lambda} = R\left(\frac{1}{2^2} - \frac{1}{n^2}\right) \qquad n = 3, 4, 5, \cdots \qquad (7\text{-}22)$$

帕邢系

$$\frac{1}{\lambda} = R\left(\frac{1}{3^2} - \frac{1}{n^2}\right) \qquad n = 4, 5, 6, \cdots \qquad (7\text{-}23)$$

这些公式中,R 是常量,$R = 1.097 \times 10^7 \text{ m}^{-1}$ 称为里德伯常量。每组光线系中存在长波极限和短波极限,越靠近短波极限光谱线越密集,这是每一个线系所具有的共同特征。上面这些公式很好地表示出了氢原子辐射波长,然而这些公式是经验性的,并没有深入研究原子内在的本质规律。丹麦物理学家玻尔建立了第一个能够给出这些离散谱线的原子模型,玻尔模型使我们

理解了氢原子辐射的上述规律性。因其突出贡献,玻尔于1922
年获得了诺贝尔物理学奖。

7-2-3　氢原子的玻尔模型

1913年玻尔提出了一个氢原子模型,这个模型可以导出巴
尔末以及其他氢原子辐射波长的公式。玻尔的理论始于卢瑟福
的原子有核模型,即电子以圆轨道围绕原子核运动,同时,玻尔
的理论中还做了一定的假设,将普朗克和爱因斯坦的量子理论
与在匀速圆周运动中的经典粒子描述相结合。

采用普朗克关于量子化能级的理论,玻尔假设在氢原子能
级中,总能量(电子的动能和势能)的值是确定的。这使电子在
围绕原子核运动时,不同的电子轨道对应于不同的能级,并且较
大的轨道对应较大的能量。图7-13(a)展示了两个轨道。另外,
由于经典理论指出,当一个电子沿圆形轨道加速运动时会辐射
电磁波,辐射电磁波导致的能量损耗会使得轨道崩塌,因而玻尔
假设在这些轨道上运动的电子不会辐射电磁波,这种轨道被称
为定态轨道或者定态。玻尔承认定态轨道的假设违反了物理学
定律,但是他认为这种假设是必要的。

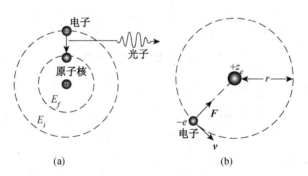

图 7-13　玻尔的原子模型

我们知道,原子处于稳态情况下,其中的电子是处于低能态
轨道上的,但当气体原子被加热或被施以高压,原子中的电子就
会获得能量进入高能量轨道。玻尔推断只有当电子从能量较高、
半径较大的轨道上跃迁到能量较低的、半径较小的轨道上时,光子
才会被发射出来,如图7-13(a)所示。根据能量守恒定律,当一个
电子从较高能量 E_i 的初始轨道跃迁到较低能量 E_f 的最终轨道时,
发射的光子具有能量 E_i-E_f。根据爱因斯坦的理论,光子的能量
是 $h\nu$,其中 ν 是它的频率,h 为普朗克常量,即有

$$E_i-E_f=h\nu \tag{7-24}$$

由于电磁波频率与波长的关系为 $\nu = c/\lambda$，玻尔便可以由式 (7-24)得到氢原子辐射的波长。那么我们首先要得到能量 E_i 和 E_f 的表达式。

1. 玻尔轨道的能量和半径

对于在半径为 r 的轨道上质量为 m、速度为 v 的一个电子，(图 7-13(b))，总能量是电子的动能加上电势能。氢原子的原子核只有 1 个质子，核电荷为 $+e$，则电子的电势能为 $-ke^2/r$，其中常量 k 为 8.988×10^9 N·m²C⁻²。于是原子的总能量为

$$E = \frac{1}{2}mv^2 - \frac{ke^2}{r} \qquad (7\text{-}25)$$

如图 7-13(b)所示，电子做圆周运动的向心力 mv^2/r 由原子核中的质子作用在电子上的静电吸引力 $\boldsymbol{F}$ 提供。根据库仑定律，静电力的大小为 $F = ke^2/r^2$，因此

$$mv^2 = \frac{ke^2}{r} \qquad (7\text{-}26)$$

我们可以利用式(7-26)来消除式(7-25)中的 mv^2 项，结果为

$$E = -\frac{ke^2}{2r} \qquad (7\text{-}27)$$

原子的总能量为负值。

为了确定轨道半径 r，玻尔对电子的轨道角动量作了假设。因角动量为 $L = mvr$，玻尔推测角动量仅能取某些特定的离散量，换句话说，L 是量子化的。他假定 L 允许的取值为 $\hbar$ 的整数倍

$$L_n = mv_n r_n = n\hbar \qquad n = 1, 2, 3, \cdots \qquad (7\text{-}28)$$

将上式代入式(7-26)，就可以得到下列关于第 n 个玻尔轨道半径为 r_n 的表达式

$$r_n = \frac{h^2 n^2}{4\pi^2 mke^2} \qquad n = 1, 2, 3, \cdots \qquad (7\text{-}29)$$

其中普朗克常数 $h = 6.626 \times 10^{-34}$ J·s，电子质量 $m = 9.109 \times 10^{-31}$ kg，库仑常数 $k = 8.988 \times 10^9$ N·m²·C⁻²，电子电荷 $e = 1.602 \times 10^{-19}$ C，这个表达式给出玻尔轨道半径

$$r_n = (5.29 \times 10^{-11} \text{ m})n^2 \qquad n = 1, 2, 3, \cdots \qquad (7\text{-}30)$$

因此，在氢原子中最小玻尔轨道($n=1$)的半径为 $r_1 = 5.29 \times 10^{-11}$ m，这个特殊值被称为玻尔半径。

将式(7-29)中的玻尔轨道半径代入式(7-27)中,得到对应的第 n 个轨道的总能量为

$$E_n = -\frac{2\pi^2 mk^2 e^4}{h^2} \frac{1}{n^2} \qquad n=1,2,3,\cdots \qquad (7\text{-}31)$$

将 h,m,k 和 e 的值代入这个表达式得到玻尔能级

$$E_n = -(2.18 \times 10^{-18} \text{ J}) \frac{1}{n^2} \qquad n=1,2,3,\cdots \qquad (7\text{-}32)$$

通常原子的能量以电子伏特(eV)为单位,由 1.60×10^{-19} J $=1$ eV,式(7-32)可以写成

$$E_n = -(13.6 \text{ eV}) \frac{1}{n^2} \qquad n=1,2,3,\cdots \qquad (7\text{-}33)$$

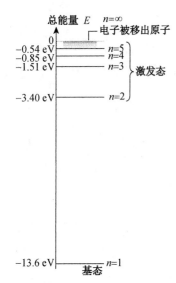

图 7-14　氢原子的能级图

将式(7-33)给出的能量值在能级图像上表示出来非常实用,如图 7-14 所示。在这个氢原子的能级图中,最高能级对应式(7-33)中 $n=\infty$ 的情况,并且能量为 0 eV。这是当电子完全从原子核中移出($r=\infty$)并处于静止时的能量。最低能级对应于 $n=1$,并且其值为 -13.6 eV。最低能级被称为基态,较高的能级称为激发态。可以看到激发态的能量间距随着 n 的增加变得越来越小。

氢原子中的电子在室温下大部分时间都处于基态。为了将电子从基态($n=1$)激发到最高的激发态($n=\infty$),需要提供 13.6 eV 的能量。利用这些能量将电子移出原子,产生氢离子 H^+。这是移出电子的最小的能量,被称为电离能。因此,玻尔模型预测原子氢的电离能为 13.6 eV,与实验值完全吻合。

例 7-9　用 12.6 eV 的电子轰击基态氢原子,求这些原子所能达到的最高态。

解　如果氢原子吸收了电子全部能量,则其能量为

$$E = E_1 + 12.6 = -13.6 + 12.6 = -1.0 \text{ eV}$$

而氢原子的玻尔能级为

$$E_n = -(13.6 \text{ eV}) \frac{1}{n^2} = -1.0 \text{ eV}$$

得

$$n = \sqrt{13.6} = 3.69$$

于是原子所能达到的最高态为 $n=3$。

2. 氢原子的线性光谱

为了预测氢原子线性光谱的波长。玻尔把他关于原子的模型假设(电子轨道是定态轨道,并且电子的角动量是量子化的)

同爱因斯坦的光子理论相结合。光子概念在式(7-24)体现出来，即光子的频率 ν 与氢原子间两个能级的差成正比。利用式(7-31)和式(7-24)，并由 $\nu=c/\lambda$，可得

$$\frac{1}{\lambda} = \frac{2\pi^2 mk^2 e^4}{h^3 c}\left(\frac{1}{n_f^2} - \frac{1}{n_i^2}\right) \quad n_i, n_f = 1, 2, 3, \cdots \text{ 并且 } n_i > n_f$$

$$(7\text{-}34)$$

利用已知的 h，m，k，e 和 c 的值，可知 $2\pi^2 mk^2 e^4/(h^3 c)=1.097\times 10^7\text{m}^{-1}$，与式(7-21)~式(7-23)中出现的里德伯常量 R 一致。里德伯常量理论值和实验值的一致性是玻尔理论值成功的重要标志。

$n_f=1$ 时，等式(7-34)给出了莱曼系的式(7-21)。这在玻尔模型中显示的是电子从较高的能级 $n_i=2,3,4,\cdots$ 跃迁到基态能级 $n_f=1$ 时，发出的光的波长为莱曼系。图7-15给出了这些跃迁。其中，当一个电子从 $n_i=2$ 跃迁到 $n_f=1$ 时，发出了莱曼系中最长波长的光子，对应的原子能量改变最小。当一个电子从最高能级（$n_i=\infty$）跃迁到最低能级（$n_f=1$）时，发出了莱曼系中最短波长的光子，对应的原子能量改变最大。随着较高能级逐渐地靠近，莱曼系中的谱线朝着短波长极限移动变得越来越密集，如图7-12和图7-15所示。莱曼系的上述特征，在其他线系中依然如此，只是能级下限不同而已。例如，巴尔末系的能级跃迁是从 $n_i=3,4,5,\cdots$ 向 $n_f=2$ 的跃迁，如图7-15所示；帕邢系的能级跃迁是从 $n_i=4,5,6,\cdots$ 向 $n_f=3$ 的跃迁。

在氢原子光谱中，当电子从较高的能级向较低的能级跃迁并发射出光子的时候，各种线系就会出现，因此这些光谱线被称为发射谱线。电子也可以进行从低能级到高能级的反向跃迁，这是一个吸收过程，吸收的能量恰好就是在这两高、低能级之间跃迁所发射的光子的能量，一系列这样的吸收线就组成吸收谱线。在具有连续波长的光通过一种较冷的气体后，用光栅分光镜进行分析，就会在连续谱背景中出现一系列的黑色线，这些黑色线显示的就是气体对连续光谱中的那些满足吸收跃迁的光波长，称作吸收线。这种吸收线可以在图7-16的太阳光谱中看到，它们就是位于太阳外层的较冷气体层的原子对来自太阳内部辐射的吸收所致。太阳的内部因热核反应形成等离子状态，因此内部发射的是连续波长的光谱。

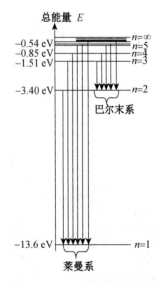

图7-15　莱曼系谱线和巴尔末系谱线

图片:太阳的光谱线

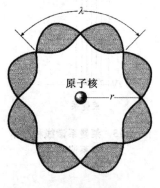

图 7-16　太阳的光谱线

玻尔模型提供了对原子结构的深入了解,不过现在已知该模型过于简化,并被薛定谔方程提供的更详细的图像所取代(见7-2-5 节)。

例 7-10　一离开质子相当远的电子以 2 eV 的动能向质子运动,并被质子俘获形成一个基态氢原子,求该过程发出光波的波长。

解　已知氢原子基态能量为-13.6 eV,而电子初始能量为2 eV,于是该过程中放出光子的能量为 15.6 eV。根据光子能量公式

$$\varepsilon = hc/\lambda$$

有

$$\lambda = hc/\varepsilon$$
$$= 6.63\times10^{-34}\times3\times10^{8}/(15.6\times1.6\times10^{-19})$$
$$= 8.0\times10^{-8} \text{ m}$$

7-2-4　玻尔角动量假设的德布罗意解释

玻尔关于他的氢原子模型做出的所有假设中,可能最令人困惑的是关于电子角动量的假设($L_n = mv_n r_n = n\hbar$, $n=1,2,3,\cdots$),为什么角动量只取整数倍的 $\hbar$？在玻尔提出该模型十年之后的 1923 年,上一节中德布罗意提出的粒子的波粒二象性可以给出这个问题的自然解答。

按照德布罗意的理论,电子在圆形玻尔轨道上运动可看作一个粒子波沿圆周传播,正如在弦上行进的弹性波,在稳定状态下粒子波会形成驻波。这样,在玻尔轨道中电子的稳态粒子波的条件是

$$2\pi r = n\lambda \qquad n=1,2,3,\cdots \qquad (7\text{-}35)$$

其中 n 是一个圆周长上波长的个数。由式(7-12),电子的德布罗意波长为 $\lambda = h/p$,其中 p 是电子动量的大小。如果电子的速度远小于光速,动量为 $p = mv$,稳态粒子波条件变为 $2\pi r = nh/(mv)$。将这个结果改写为

$$mvr = n\hbar \qquad n=1,2,3,\cdots \qquad (7\text{-}36)$$

这正是玻尔关于电子角动量的假设。作为一个例子,图7-17 给出了在一个玻尔轨道上的 $2\pi r = 4\lambda$ 的稳态粒子波。

玻尔关于角动量假设的德布罗意解释,说明粒子波在原子

图 7-17　角动量假设的
德布罗意解释

原子核

结构中有非常重要的作用。而且,量子力学的理论框架包含了决定粒子状态的波函数 Ψ。7-2-5 节将要介绍的由量子力学给出的原子结构的图像,是一个可以取代玻尔模型的图像。

7-2-5 氢原子的量子力学图像

量子力学,即薛定谔方程给出的氢原子的图像在许多方面都与玻尔模型存在差异。玻尔模型只要使用一个整数 n 来表明各种电子轨道和相关的能量,n 被称为量子数。相比之下,量子力学显示需要四个不同的量子数来描述氢原子的每个量子态,这四个量子数如下:

(1) 主量子数 n。和玻尔模型中的一样,这个数决定了原子的主能量部分,而且只能有整数值:$n=1,2,3,\cdots$。实际上薛定谔方程给出的氢原子的主能量与从玻尔模型中得到的总能量一致:$E_n = -(13.6\ \mathrm{eV})/n^2$。

(2) 轨道量子数 l。这个数决定了由于电子轨道运动而导致的角动量。l 的取值依赖于 n 的值,只能取下列整数:$l=0,1,2,\cdots,(n-1)$。

例如,如果 $n=1$,轨道角动量只能取 $l=0$;如果 $n=3$,可能取值有 $l=0,1,2$。这种依赖关系的半经典模型是,对应于一个量子数为 n 的主能量,有 $l=0,1,2,\cdots,(n-1)$ 个偏心轨道的状态存在,如果要区分这些轨道的能量,则将出现离心能量项,这将在主能量基础上出现次级能量部分。

电子的角动量 L 的大小为

$$L = \sqrt{l(l+1)}\,\hbar \tag{7-37}$$

(3) 磁量子数 m_l。磁量子数决定了式(7-37)反映的角动量沿特定方向的分量,通常称为 z 方向。m_l 的可能取值依赖于 l 的值,只有下列正负整数值可取

$$m_l = -l,\ \cdots,\ -2,\ -1,\ 0,\ +1,\ +2,\ \cdots,\ +l$$

例如,如果轨道量子数 $l=2$,则磁量子数可取的值有 $m_l=-2,-1,0,+1$ 和 $+2$。角动量沿 z 方向的分量 L_z 为

$$L_z = m_l \hbar \tag{7-38}$$

"磁"这个字用在这里是因为,当有一个外部施加的磁场存在时,将使原子对应的不同角动量的能量再一次发生"分裂",这个量子数被用来描述这种效应。由于这种效应是由荷兰物理学家塞曼发现的,所以被称为塞曼效应。当没有外磁场时,m_l 对能

量没有影响。

（4）自旋量子数 m_s。这个数的产生是因为电子有一个固有性质——自旋角动量。不严格地说，可以认为是电子在围绕原子核运行时的自转，类似于地球围绕太阳运行时的自转。对于电子的自旋量子数有两个可能的取值：

$$m_s = +\frac{1}{2}$$

或者

$$m_s = -\frac{1}{2}$$

有时使用"自旋向上"和"自旋向下"来表达与 m_s 值相关联的自旋角动量的方向。

表 7-1 概括了需要用来描述氢原子每个态的四个量子数。一组 n，l，m_l 和 m_s 的值对应一个态。随着主量子数 n 的增加，四个量子数的可能组合数迅速增加。

表 7-1　氢原子的量子数

名称	符号	可能取值
主量子数	n	$1,2,3,\cdots$
轨道量子数	l	$0,1,2,\cdots,(n-1)$
磁量子数	m_l	$-l,\cdots,-2,-1,0,+1,+2,\cdots,+l$
自旋量子数	m_s	$-\frac{1}{2},+\frac{1}{2}$

量子力学相比于玻尔模型提供了一个更加精确的原子结构图像，认识到两种图像的不同非常重要。根据玻尔模型，第 n 个轨道是半径 r_n 的圆，并且每次测量这个轨道上电子的位置时，这个电子恰好在离原子核 r_n 处。这个简化的图像现在认为是不正确的，而且被原子的量子力学图像所替代。假设电子在 $n=1$ 的量子力学态，可以假想做了大量的对电子位置的测量。我们将发现电子的位置不是确定的，有可能在原子核附近找到电子，有可能离核很远，有可能在中间位置。这种可能性是由波函数 Ψ 决定的。我们可以在电子被发现的每个位置标记一个点来作出一个三维图像。在出现点数越多的地方发现电子的可能性越高，经过大量的测试后，量子力学态的图像就浮现了。图 7-18 显示了一个电子在 $n=1$，$l=0$ 和 $m_l=0$ 的态中的空间分布。这个图像是由许多测量构成的，形成一种各处密度不同的概率"云"。密集区域是发现电子的可能性较高的地方，

密度较低的区域是发现电子的可能性较低的地方。可以证明，经典轨道位置正是密集区域最大值的地方。在图 7-18 中指出了量子力学预测在 $n=1$ 状态下发现电子径向距离的最大概率时的半径。这个半径恰好与第一玻尔轨道半径 5.29×10^{-11} m 相符。

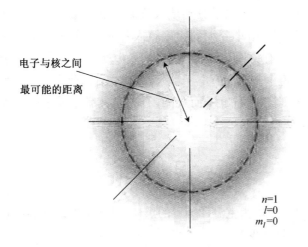

图 7-18　氢原子基态的电子概率"云"

当主量子数 $n=2$ 时，概率"云"与 $n=1$ 的时候不同。因为轨道量子数可以取 $l=0$ 或者 $l=1$，这对概率"云"的形状有重要的影响。图 7-19(a)给出了 $n=2$, $l=0$, $m_l=0$ 的概率"云"，图 7-19(b)显示了当 $n=2$, $l=1$, $m_l=0$ 时，概率"云"呈现一种双叶形，核心在两个叶片的中间。对更大值的 n，概率"云"就会变得越加复杂，会弥散在更大的空间上。

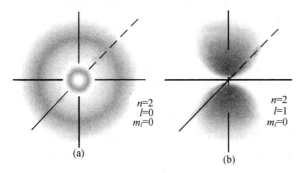

(a)　　　　　　　(b)

图 7-19　氢原子激发态的电子概率"云"

7-2-6　泡利不相容原理和能量最小原则

在上一节中我们已经知道要确定原子中电子的状态需要四个量子数。泡利在 1925 年提出：在同一个原子内不可能有两个或者两个以上电子具有相同的状态,即一个原子内任何两个电子不可能具有完全相同的四个量子数,这就是泡利不相容原理。

原子中的电子在正常状态下都趋于首先占据能量最低的能级,使整个原子处于稳定状态,这个假设称为能量最小原则。

按照上述两个原理,原子中的电子由低能级($n=1$)开始填充,直至所有核外电子分别填入可能占据的最低能级为止。电子一般是按 n 由小到大的次序填入各能级,但由于能级还和轨道量子数 l 有关,所以在有些情况下,n 较小的轨道尚未填满时,n 较大轨道上就开始有电子填入。原则上说,化学元素周期表就是按上述原理排布电子而成的,有兴趣及教学要求的可参考其他教材。

习　题

7-1　温度为室温(20℃)的黑体,其热辐射的峰值波长与辐出度分别是多少?

7-2　在加热黑体的过程中,其热辐射的峰值波长由 0.69 μm 变化到 0.50 μm,其辐射出射度是原来的多少倍?

7-3　已知太阳的辐射光谱与 5 900 K 的黑体辐射谱相似,太阳的直径为 1.39×10^9 m。试估计由于辐射,太阳每年失去的质量。

7-4　若一无线电接收机接收到频率为 10^8 Hz 的电磁波的功率为 1 μW。试求该接收机每秒接收到的光子数量。

7-5　一单色光照射在钠表面上,测得光电子的最大动能是 1.2 eV。已知与钠的红限频率对应的波长为 540 nm,试求入射光的波长。

7-6　当波长为 300 nm 的光照射在某金属表面时,测得光电子的能量范围为 0 到 4.0×10^{-19} J。试求上述光电效应实验的遏止电压与该金属的红限频率。

7-7　设康普顿效应中入射 X 射线波长为 0.070 nm,散射线与入射线相垂直,求反冲电子的动能以及反冲电子的运动方向偏离入射 X 射线的夹角。

7-8　利用动量守恒定律和能量守恒定律证明:一个自由电子不能一次完全吸收一个光子。

7-9　若不考虑相对论效应,则波长为 550 nm 的电子的动能是多少电子伏特?

7-10　试求波长为下列数值的光子的能量、动量及质量:

（1）波长为 1 500 nm 的红外线；

（2）波长为 500 nm 的可见光；

（3）波长为 20 nm 的紫外线；

（4）波长为 0.15 nm 的 X 射线；

（5）波长为 1.0×10^{-3} nm 的 γ 射线。

7-11　电子位置的不确定量为 5.0×10^{-2} nm 时,其速率的不确定量是多少?

7-12　在电子单缝衍射实验中,若缝宽为 $b=0.1$ nm,电子束垂直射在单缝面上,求衍射电子横向动量的最小不确定量 Δp_y。

7-13　计算氢原子光谱中莱曼系的最短和最长波长,并指出是否为可见光。

7-14　在玻尔的氢原子理论中,当电子由量子数 $n_i=5$ 的轨道跃迁到 $n_f=2$ 的轨道上时,对外辐射光的波长为多少? 若再将该电子从 $n_f=2$ 的轨道上跃迁到最高能级 $n_f=\infty$,外界需要提供多少能量?

7-15　在描述原子内电子状态的量子数 n, l, m_l 中：

（1）当 $n=5$ 时,l 的可能值是多少?

（2）当 $l=5$ 时,m_l 的可能值是多少?

（3）当 $l=4$ 时,n 的最小可能值是多少?

（4）当 $n=3$ 时,电子可能的状态数是多少?

习 题 答 案

第一章

1-1 104 m,84 m/s,46 m/s²

1-2 5 m/s,2 m/s²

1-3 (1) 45.3 m;(2) 8 m/s²

1-4 (1) 200 m;(2) 20 m/s

1-5 (1) 5 m/s;(2) 1.67 m/s²

1-6 (1) 0.1 m/s;(2) 2.59 s,−20.4 m/s

1-7 (1) 1.51 s;(2) 6.95 m;(3) 下降

1-8 (1) 62.5 m;(2) 282 m/s

1-9 $t=\dfrac{\sqrt{v_t^2-v_0^2}}{g}$

1-10 4.9 N

1-11 1.5 m/s²,2.7 m/s

1-12 343 N

1-13 (1) 132.3 N;(2) 1.5 m/s²,66.6 N

1-14 2.68×10⁴ N,2.94×10⁴ N

1-15 (1) $\dfrac{mg}{\cos\theta}$;(2) $g\tan\theta$;(3) $\sin\theta\sqrt{\dfrac{gl}{\cos\theta}}$

1-16 7.61 m/s²,19.4 N

1-17 (1) $\dfrac{11}{16}mL^2$;(2) $\dfrac{7}{48}ML^2+\dfrac{11}{16}mL^2$

1-18 (1) 8.71 rad/s²;(2) 4.36 m/s²;(3) 54.5 N;(4) 变大

1-19 7.61 m/s²,438.0 N

1-20 (1) 200 r/min;

(2) −4.19×10² N・m・s,4.19×10² N・m・s

1-21 (1) 8.88 rad/s;(2) 93°33′

1-22 (1)1.29×10³ kg・m⁻³;(2) 54.8 N

1-23 (1) $2\sqrt{h(H-h)}$;(2) $H-h$;(3) $H/2,H$

1-24 (1) 0.75 m/s,3.0 m/s;(2) 4.22×10³ Pa;(3) 3.42 cm

第二章

2-1　C

2-2　D

2-3　B

2-4　B

2-5　B

2-6　D

2-7　D

2-8　B

2-9　$x=2\cos\left(2.5t-\dfrac{\pi}{2}\right)$ cm

2-10　(1) $x=A\cos\left(\dfrac{2\pi}{T}t-\dfrac{\pi}{2}\right)$ m;(2) $x=A\cos\left(\dfrac{2\pi}{T}t+\dfrac{\pi}{3}\right)$ m

2-11　$A=0.05$ m;$\varphi=-37°$

2-12　0.02

2-13　π

2-14　$T=0.25$ s,$A=0.1$ m,$\varphi=\dfrac{2}{3}\pi$,$v_m=0.8\pi$ m/s,
　　　$a_m=6.4\pi^2$ m/s^2

2-15　(1) $\dfrac{4}{3}\pi$ s;(2) 4.5×10^{-2} m/s^2;
　　　(3) $2\times10^{-2}\cos\left(1.5t+\dfrac{\pi}{2}\right)$ m

2-16　$A/2$,$x=\dfrac{A}{2}\cos\left(\dfrac{2\pi}{T}t+\dfrac{\pi}{2}\right)$

2-17　D

2-18　A

2-19　D

2-20　C

2-21　C

2-22　B

2-23　A

2-24　C

2-25　125 rad/s;337.8 m/s;16.98 m

2-26　0.5 或 2.5

2-27　0

2-28　1.5

2-29　$A\cos2\pi\left(\dfrac{t}{T}-\dfrac{x}{\lambda}\right)$;$A$

2-30 $>;71$

2-31 (1) $y = 3\cos\left(4\pi t + \dfrac{\pi}{5}x\right)$;

(2) $y = 3\cos\left[4\pi t + \dfrac{\pi}{5}(x - AB)\right]$

2-32 (1) $y = 0.02\cos\left(\dfrac{\pi}{2}t - \dfrac{\pi}{2}\right)$;

(2) $y = 0.02\cos\left[\dfrac{\pi}{2}\left(t - \dfrac{x}{5}\right) - \dfrac{\pi}{2}\right]$;

(3) $y = 0.02\cos\left(\dfrac{\pi}{2}t - 3\pi\right)$

第三章

3-1 C

3-2 A

3-3 D

3-4 B

3-5 D

3-6 C

3-7 $W = \dfrac{1}{2}(p_A + p_B)(V_B - V_A), \Delta E = \dfrac{3}{2}(p_B V_B - p_A V_A),$

$Q = \dfrac{1}{2}(p_A + p_B)(V_B - V_A) + \dfrac{3}{2}(p_B V_B - p_A V_A)$

3-8 $1:2;5:3;5:7$

3-9 $S_1 + S_2; -S_1$

3-10 等压;等压;等压

3-11 热功转化;热传递

3-12 $Q = 30.5\ \text{kJ}, \Delta E = 12.5\ \text{kJ}; W = 18.0\ \text{kJ}$

3-13 (1) $T_B = 225\ \text{K}, T_C = 75\ \text{K}$

(2) $A \rightarrow B: \Delta E_1 = -500\ \text{J}$

$B \rightarrow C: \Delta E_2 = -1\ 000\ \text{J}$

$C \rightarrow A: \Delta E_3 = 1\ 500\ \text{J}$

$A \rightarrow B: W_1 = 1\ 000\ \text{J}$

$B \rightarrow C: W_2 = -400\ \text{J}$

$C \rightarrow A: W_3 = 0$

$A \rightarrow B: Q_1 = 500\ \text{J}$

$B \rightarrow C: Q_2 = -1\ 400\ \text{J}$

$C \rightarrow A: Q_3 = 1\ 500\ \text{J}$

3-14 (1) $\Delta E_1 = 300\ \text{J}$;(2) $Q_2 = -600\ \text{J}$;(3) 25%

3-15   (1) $\Delta E=1\ 246.5$ J,$A=2\ 033.3$ J,$Q=3\ 279.8$ J

       (2) $\Delta E=1\ 246.5$ J,$A=1\ 687.7$ J,$Q=2\ 934.2$ J

图略

第四章

4-1   相距 1 m 时,$F=9\times10^9$ N,相距 1 km 时,$F'=9\ 000$ N;库仑力在距离靠近时会急剧增加

4-2 $\boldsymbol{F}=q\boldsymbol{E}=\dfrac{\lambda q}{4\pi\varepsilon_0 R}(\boldsymbol{i}+\boldsymbol{j})$

4-3 $E=\dfrac{kR^4}{\varepsilon_0 r'^2}$

4-4 $v_B=\left[\dfrac{qQ}{2\pi\varepsilon_0 m}\left(\dfrac{1}{\sqrt{R^2+x_A^2}}-\dfrac{1}{\sqrt{R^2+x_B^2}}\right)\right]^{1/2}$

4-5   (1) 1×10^{-8} C/m²,1×10^{-8} C/m²;(2) $\Delta U\approx-2.26$ V

4-6   未插入玻璃时,电容器不会被击穿;插入玻璃后,电容器完全被击穿

4-7 $B=\dfrac{\mu_0 Q\omega}{4\pi a}\ln\dfrac{a+b}{b}$

4-8 $B_{内}=\dfrac{\mu_0 I}{2\pi R^2}r$;$B_{外}=\dfrac{\mu_0 I}{2\pi r}$

4-9 $B=7.02\times10^{-4}$ T,$\alpha=\arctan2$

4-10 $\dfrac{7}{15}$

4-11 $T=1.79\times10^{-10}$ s,$h=1.65\times10^{-4}$ m

4-12 $\mathscr{E}_i=B\tan\theta v^2 t$,逆时针方向

4-13 $\mathscr{E}_i=\dfrac{1}{2}hkl$

4-14 $\mathscr{E}_i=3.0\times10^{-3}$ V,顺时针方向

4-15 $M=\dfrac{\mu_0 Na}{2\pi}\ln2$

第五章

5-1   0.295 mm

5-2   4 μm

5-3 $0.673(2m+1)$ μm

5-4   100 nm

5-5   0.14 mm

5-6   551 nm

5-7   (1) 明环;(2) 7

5-8 5.85 μm

5-9 532 nm

5-10 9 443 m

5-11 0.84 mm

5-12 (1) 第五级;(2) 第十级;(3) 0.113 m

5-13 (1) 5.6 μm;(2) 4.2 μm;(3) 屏上实际呈现的全部级数为 $0,\pm1,\pm2,\pm3,\pm5,\pm6,\pm7,\pm9$,共 15 条光强主极大

5-14 (1) 54.7°;(2) 35.3°

5-15 36.5°

5-16 (1) 55.03°;(2) 1.00

第六章

6-1 (1) 1.25×10^{-7} s;(2) 2.25×10^{-7} s

6-2 $x=93$ m,$y=0,z=0,t=2.5\times10^{-7}$ s

6-3 (1) 能;(2) 1.73×10^{-6} s

6-4 -9.26×10^{-14} s

6-5 (1) 1.94×10^{8} m/s;(2) c

6-6 c

6-7 25 s

6-8 $-0.988c,1.7c$

6-9 (1) $u_x=0.83c,u_y=u_z=0$;

(2) $u_x=-0.76c,u_y=u_z=0$;

(3) $u_x=0.1c,u_y=0.80c,u_z=0$

6-10 $\dfrac{c}{n}+v(1-\dfrac{1}{n^2})$

6-11 (1) $-0.95c$;(2) 4 s

6-12 1.34×10^{9} m

6-13 -5.77×10^{-6} s

6-14 $L=L_0\sqrt{(c^2-u^2)(c^2-v^2)}/(c^2-uv)$

6-15 $L=L_0\dfrac{c^2-v^2}{c^2+v^2}$

6-16 $E_0=0.152$ MeV,$E_k=4.488$ MeV, $p=2.65\times10^{-21}$ kg/m/s, $v=0.995c$

6-17 $W=2.58\times10^{3}$ eV,$W'=3.21\times10^{5}$ eV

6-18 $v=Ftc/\sqrt{F^2t^2+m_0^2c^2}$,$x=\dfrac{c}{F}(\sqrt{F^2t^2+m_0^2c^2}-m_0c)$

6-19 (1) $E_0=2.808\times10^{3}$ MeV;(2) $\Delta E=5.49$ MeV;

(3) $E = 5.49$ MeV

6-20　$0.866c, 0.999\ 996\ 89c, 1.000\ 003$

第七章

7-1　9.89×10^{-6} m,418 W $\cdot$ m^{-2}

7-2　3.63

7-3　1.47×10^{17} kg

7-4　1.5×10^{19}

7-5　355 nm

7-6　2.5 V,4.0×10^{14} Hz

7-7　9.42×10^{-17} J,44.0°

7-8　略

7-9　4.98×10^{-6} eV

7-10　(1) $E_1 = 1.33 \times 10^{-19}$ J,$p_1 = 4.42 \times 10^{-28}$ kg $\cdot$ m $\cdot$ s^{-1},
$m_1 = 1.47 \times 10^{-36}$ kg

(2) $E_2 = 3.99 \times 10^{-19}$ J,$p_2 = 1.33 \times 10^{-27}$ kg $\cdot$ m $\cdot$ s^{-1},
$m_2 = 4.41 \times 10^{-36}$ kg

(3) $E_3 = 9.97 \times 10^{-18}$ J,$p_3 = 3.31 \times 10^{-26}$ kg $\cdot$ m $\cdot$ s^{-1},
$m_3 = 1.10 \times 10^{-34}$ kg

(4) $E_4 = 1.33 \times 10^{-15}$ J,$p_4 = 4.42 \times 10^{-24}$ kg $\cdot$ m $\cdot$ s^{-1},
$m_4 = 1.47 \times 10^{-32}$ kg

(5) $E_5 = 1.99 \times 10^{-13}$ J,$p_5 = 6.63 \times 10^{-22}$ kg $\cdot$ m $\cdot$ s^{-1},
$m_5 = 2.21 \times 10^{-30}$ kg

7-11　1.46×10^7 m $\cdot$ s^{-1}

7-12　5.28×10^{-25} kg $\cdot$ m $\cdot$ s^{-1}

7-13　91.2 nm,121.5 nm,非可见光

7-14　434 nm,-3.4 eV

7-15　(1) 0,1,2,3,4;(2) 0,±1,±2,±3,±4,±5;(3) 5;
(4) 18

参 考 文 献

［1］Cutnell J D，Johnson K W. Physics，Volume Two ［M］. New York：Wiley，1992.

［2］Ohanian H C，Markert J T. Physics for engineers and scientists，Volume 2［M］. New York：W. W. Norton & Company，2007.

［3］曾谨言. 量子力学：卷 I［M］. 北京：科学出版社，2013.

［4］周世勋. 量子力学教程［M］. 2 版. 北京：高等教育出版社. 2009.

［5］苏汝铿. 量子力学［M］. 2 版. 北京：高等教育出版社，2002.

［6］全国成人高等教育学会物理分委员会. 应用物理学简明教程［M］. 北京：清华大学出版社，2014.

［7］马文蔚，周雨青. 物理学教程［M］. 2 版. 北京：高等教育出版社，2012.

［8］马文蔚，周雨青，解希顺. 物理学［M］. 6 版. 北京：高等教育出版社，2014.

［9］马文蔚，苏惠惠，董科. 物理学原理在工程技术中的应用［M］. 4 版. 北京：高等教育出版社，2015.